공업수학

장영범 지음

Engineering Mathematics

도서출판 홍릉

저자소개

장영범

1977 ~ 1981 연세대학교 전기공학과 공학사
1988 ~ 1990 NYU Polytechnic Institute 전기공학과 공학석사
1990 ~ 1994 NYU Polytechnic Institute 전기공학과 공학박사
1981 ~ 1983 수도기계화보병사단 통신장교
1983 ~ 1999 삼성전자 시스템LSI사업부 수석연구원
2000 ~ 2002 이화여자대학교 정보통신학과 연구교수
2005 ~ 2018 삼성전자공과대학교 초빙교수
2002 ~ 현재 상명대학교 공과대학 스마트정보통신공학과 교수

공업수학

인 쇄 : 2022년 11월 7일 초판 1쇄
발 행 : 2022년 11월 11일 초판 1쇄

저 자 : 장영범
발행인 : 송 준
발행처 : 도서출판 홍릉
주 소 : 01093 서울시 강북구 인수봉로 50길 10
등 록 : 1976년 10월 21일 제5-66호

전 화 : 02-999-2274~5, 903-7037
팩 스 : 02-905-6729
e-mail : hongpub@hongpub.co.kr
http://www.hongpub.co.kr
ISBN : 979-11-5600-070-9(93410)

정 가 : 25,000원

머리말

이 책에는 전기/전자/정보통신 공학에서 필요로 하는 최소한의 수학적 지식을 담았으며, 소수의 문제를 깊이 사고함으로써 수학에 흥미를 느낄 수 있도록 기술하였다. 이 책의 각 장의 특징은 다음과 같다.

1장 : 수

이 장에서는 특히 컴퓨터에서 사용되는 이진수에 대하여 다룬다.

2장 : 함수

전기/전자/정보통신 공학에서는 함수를 신호라고 부르는데, 이 장에서는 특히 sin 신호에 정보를 어떻게 담는지에 대하여 다룬다.

3장 : 미분

이 장에서는 특히 AI에서 미분이 사용되는 분야인 경사하강법에 대하여 다룬다.

4장 : 적분

이 장에서는 적분을 이용하여 면적, 부피, 곡선의 길이, 표면적 등을 계산하는 방법을 다룬다.

5장 : 행렬

이 장에서는 행렬을 이용하여 연립방정식을 푸는 방법과 AI에서 사용되는 CNN 연산에 대하여 다룬다.

6장 : 벡터

이 장에서는 특히 벡터를 사용하여 모터의 동작을 해석하는 방법을 다룬다.

7장 : 복소수

전기/전자/정보통신 공학에서는 실수만 사용해서는 시스템의 해석이 불충분하다. 특히 푸리에 변환이나 라플라스 변환에서는 복소수의 이해가 필수적이다.

8장 : 미분방정식

시스템의 입력신호와 출력신호의 관계는 미분방정식으로 규정된다. 이 장에서는 미분방정식의 해를 구하는 방법에 대하여 다룬다.

9장 : 푸리에 변환

이 장에서는 특히 주기함수를 해석하는 푸리에 급수가 일반함수를 해석하는 푸리에 변환으로 연결되는 방법에 대하여 다룬다.

10장 : 라플라스 변환

이 장에서는 특히 푸리에 변환이 어떻게 라플라스 변환으로 확장되는지에 대하여 다룬다.

11장 : 확률변수

정보를 필요한 곳으로 송신할 때에, 수신 측에서는 수신된 정보를 확률적으로 해석한다. 이 장에서는 특히 확률변수의 통계적 특성에 대하여 다룬다.

아무쪼록 독자들이 이 책을 통하여 공업수학을 쉽게 이해하고, 나아가서 응용능력을 향상시키기를 바란다. 이 책을 집필하는데 도움을 준 연세대학교 의과대학 의학공학교실 유선국교수와 연세대학교 소프트웨어디지털헬스케어융합대학 의공학부 양세정교수에게 감사드린다. 그리고 도서출판 홍릉의 최윤석이사님과 박찬혁 과장님께도 감사드린다.

2012년 7월

저자

차례

CHAPTER 03 미분

CHAPTER 04 적분

CHAPTER 05 행렬

CHAPTER 06 벡터

CHAPTER 07 복소수

CHAPTER 08 미분방정식

CHAPTER 09 푸리에 변환

CHAPTER 10 라플라스 변환

CHAPTER 01

수

1.1 수의 종류

수(number)란 무엇일까? 그리스의 수학자 피타고라스는 “만물의 근원은 수다.”라고 했다. 그는 우주가 수 또는 수들의 관계에 의해 모두 설명할 수 있다고 믿었다. 그의 믿음대로 현대에 와서 우주나 우리 주위의 자연현상을 수들의 관계로 어느 정도 설명할 수 있게 되었다. 뿐만 아니라 한발 더 나아가서 수들의 관계를 이용하여 수많은 전자제품들이 창의적으로 만들어지고 있다. 즉, 인공지능(AI, Artificial Intelligence)을 비롯한 거의 모든 전자기기의 동작이 수의 연산으로 이루어지고 있다. 수를 집합으로 표기하면 다음 그림과 같다.

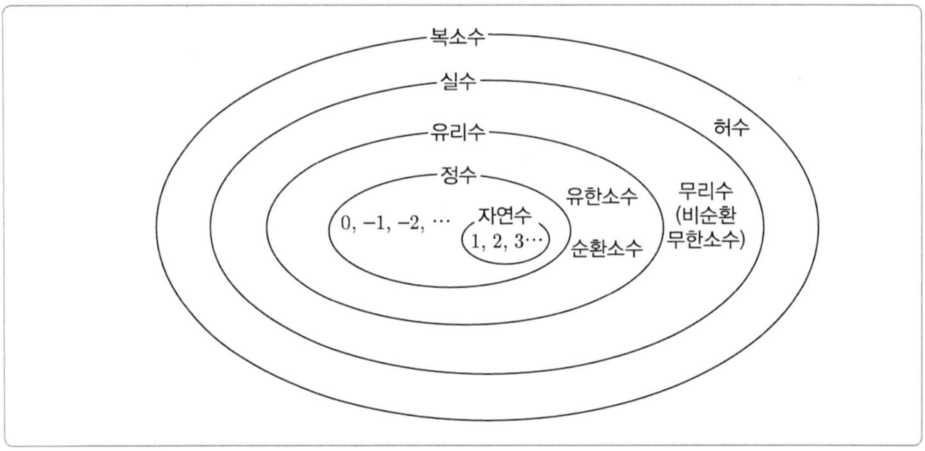

그림 1-1 수의 집합

1.1.1 자연수

그림에서 보듯이 가장 기본적인 수의 집합은 자연수(natural number)이다. 자연수는 자연에 있는 물건들을 셀 때 사용하는 수이다. 우리는 사과의 수를 셀 때, 1, 2, 3 등의 자연수를 사용한다.

1.1.2 정수

사과를 10개 꿔 주었는데 오늘 3개를 돌려받았다면 몇 개 남았는가? 답은 7개이다. 그렇다면 사과를 10개 꿔 주었는데 오늘 12개를 돌려받았다면 몇 개 남았는가? 자연수를 사용해서는 답을 구할 수 없다. 이런 경우에 음의 자연수 즉 정수가 필요하다. 즉 답은 −2개이다. 이와 같이 자연수, 0, 음의 자연수 집합을 합하여 정수(integer number)라고 한다.

1.1.3 유리수

실생활에서 정수로 해결되지 않는 문제가 많이 있다. 사과가 5개 있다고 가정해 보자. 두 명이 나누면 $\frac{5}{2}=2.5$개가 된다. 세 명이 나누면 $\frac{5}{3}=1.666666666\cdots$개가 되고 네 명이 나누면 $\frac{5}{4}=1.25$개가 된다. 이와 같이 정수와 정수의 분수로 표기할 수 있는 수를 유리수(rational number)라고 한다.

이 예에서 2.5나 1.25와 같이 유한개의 수로 표현이 가능한 수를 유한소수라고 부른다. 그리고 $1.666666666\cdots$과 같이 끝이 없는 소수를 무한소수라고 정의한다. 무한소수 중에서도 특정한 수가 반복적으로 나타나는 소수를 순환소수라고 부른다. 따라서 $1.666666666\cdots$은 순환소수이다. 위의 그림에서 보듯이 정수, 유한소수, 순환소수를 합해 유리수(rational number)라고 한다. 다음의 수는 모두 유리수이다.

$$\frac{5}{5}=1 \ : \text{정수}$$

$$\frac{5}{2}=2.5 \ : \text{유한소수}$$

$$\frac{5}{3}=1.666666666\cdots \ : \text{순환소수}$$

수학에서는 유리수를 나타낼 때에 분수를 주로 사용한다. 예를 들면 사과 한 개를 3으로 나누면 수학에서는 $\frac{1}{3}$로 표기한다. 그런데 공학에서는 다음과 같이 소수로 표기하는 것이 일반적이다.

$$\frac{1}{3}=0.333333333333333\cdots$$

위의 수를 소수로 표기하면 숫자의 길이가 끝이 없으므로 어디까지 표기하는 것이 적당할지 알아보기로 한다. 일반적인 공학용계산기는 다음과 같이 소수점 이하

10자리까지 표기한다.

$$\frac{1}{3} = 0.3333333333$$

또한 $\frac{2}{3}$의 경우에는 소수점 이하 11자리에서 반올림하여 표기한다.

$$\frac{2}{3} = 0.666666666666666\cdots \quad \rightarrow \quad \frac{2}{3} = 0.6666666667$$

위에서 보듯이 계산기는 10자리의 유효 자릿수를 사용하여 유리수를 표기하는데 엔지니어가 유리수를 기록할 때에는 유효 자릿수를 몇 자리를 사용하는 것이 좋을까? 일반적으로 최종적인 유리수를 기록할 때에 3자리에서 5자리 정도의 유효 자릿수를 사용하는 것이 좋다. 예를 들면 계산기의 최종 결과가 0.6666666667일 때에 0.667, 0.6667, 또는 0.66667 정도로 표기하는 것이 일반적이다. 물론 계산기의 결과인 0.6666666667로 적어도 된다.

요약하면 유리수를 기록할 때에, 수학에서는 분수를 주로 사용하지만 공학에서는 소수의 꼴로 나타내는 것이 일반적이다. 이때에 유효 자릿수는 3에서 5정도를 사용한다.

1.1.4 실수

정사각형의 땅이 있다고 가정해보자. 면적이 $4\,\text{km}^2$인 땅의 한 변의 길이를 구하기 위해서 루트($\sqrt{\ }$)라는 기호를 사용한다. 즉 제곱해서 4가 되는 수를 다음과 같이 구한다.

$$\sqrt{4} = 2$$

면적이 $16\,\text{km}^2$인 땅의 한 변의 길이는 다음과 같이 구한다.

$$\sqrt{16} = 4$$

그렇다면 면적이 $2\,\text{km}^2$인 땅의 한 변의 길이는 어떻게 될까?

$$\sqrt{2} = 1.414213562\cdots$$

이 수는 어떤 반복되는 형태가 없는 무한소수(비순환 무한소수)이다. 이와 같은 수를 무리수(irrational number)라고 부른다. 공학에서 많이 사용하는 무리수는 다음과 같은 것들이 있다.

$$\pi = 3.141592654\cdots$$

$$e = 2.718281828\cdots$$

위에서 알아본 무리수와 유리수의 집합을 합해 실수(real number)라고 한다. 이와 같은 실수를 표기하는 한 개의 직선을 수직선이라고 한다. 실수는 연속성이라는 성질이 있다. 이 성질은 서로 다른 두 개의 값 사이가 수들로 빈틈없이 꽉 차 있다는 의미이다.

1.1.5 복소수

다음의 방정식을 보자.

$$x^2 + 1 = 0$$

이 방정식을 만족하는 x의 값을 구해보자.

$$x^2 = -1$$

제곱해서 −1이 되는 수는 실수의 집합 안에는 존재하지 않는다. 그런데 공학에서는 제곱해서 −1이 되는 수가 있어야 해결되는 문제가 많이 있다. 따라서 위의 값을 다음과 같이 정의한다.

$$x^2 = -1 \;\rightarrow\; x = \pm\sqrt{-1}$$

$$\sqrt{-1} = j = i$$

즉 제곱해서 −1이 되는 수를 j 또는 i로 표기하기로 약속한다. 그런데 전기/전자/정보통신 공학에서는 전류를 i로 표기하므로 혼돈을 없애기 위하여 j를 주로 사용한다. 이와 같은 j로 표기되는 수를 허수(imaginary number)라고 한다. 영어의 이름에서도 보듯이 허수는 상상의 수이다.

지금까지 알아본 허수와 실수의 집합을 모두 합하여 복소수(complex number)라고 정의한다. 실수는 수직선에 표기할 수 있으나, 복소수는 실수값과 허수값을 갖고 있으므로 복소평면(complex plane)이라고 하는 평면에 표기할 수 있다.

1.2 아주 큰 수와 아주 작은 수의 표기

공학에서는 아주 큰 수와 아주 작은 수가 많이 사용되고 있다. 반도체 공학을 예로 들어보자. 반도체 칩 안에서 어느 점과 다른 점을 연결하는 데에는 알루미늄이라는 소재가 사용되며 이 알루미늄의 선폭을 얼마나 작게 만드느냐 하는 것이 중요한 기술이다. 예를 들어 반도체 칩에서 사용되고 있는 선폭이 0.000000018 m일 때, 이같이 0이 너무 많은 작은 수의 표기는 지수를 사용하면 편리하다. 따라서 아주 큰 수와 아주 작은 수를 표기할 때에는 다음과 같이 1 이상 10 미만의 수와 10의 거듭제곱의 곱으로 표기하기로 약속한다.

$$0.000000018\ \text{m} = 1.8 \times 10^{-8}\ \text{m}$$

아주 큰 수의 예로 세계 인구를 표기해 보자. 현재 세계 인구가 6,365,200,000명이라고 가정하고 이 수를 1 이상 10 미만의 수와 10의 거듭제곱의 곱으로 표기하면 다음과 같다.

$$6{,}365{,}200{,}000 = 6.3652 \times 10^{9}\text{명}$$

위의 두 예에서 보듯이 아주 작은 수나 큰 수를 나타낼 때에 1 이상 10 미만의 수와 10의 거듭제곱으로 나타내면 편리하다. 그런데 이와 같은 10의 거듭제곱 중에서 몇몇 개는 특별한 수학기호를 사용하여 나타내기도 한다. 10의 거듭제곱을 나타내는 수학기호는 표 1-1과 같다.

예를 들어 10의 거듭제곱으로 표기된 반도체 칩의 선폭을 수학기호를 사용하여 표기하면 다음과 같다.

$$0.000000018\ \text{m} = 1.8 \times 10^{-8}\ \text{m} = 18 \times 10^{-9}\ \text{m} = 18\ \text{nm}$$

스마트폰에서 사용되고 있는 무선통신 주파수 1,000,000,000 Hz를 수학기호를 사용하여 나타내면 다음과 같다.

$$1{,}000{,}000{,}000\ \text{Hz} = 1 \times 10^{9}\ \text{Hz} = 1\ \text{GHz}$$

위의 두 예에서 보듯이 아주 작은 수나 큰 수를 나타낼 때에 수학기호를 사용하면 편리하다. 이와 같은 수학기호들은 10의 거듭제곱과 더불어 공학에서 많이 사용되고 있다.

| 표 1-1 | 10의 거듭제곱 수학기호

수	10의 거듭제곱	수학기호	명칭
1000000000000000	10^{15}	P	페타(peta)
100000000000000	10^{14}		
10000000000000	10^{13}		
1000000000000	10^{12}	T	테라(tera)
100000000000	10^{11}		
10000000000	10^{10}		
1000000000	10^{9}	G	기가(giga)
100000000	10^{8}		
10000000	10^{7}		
1000000	10^{6}	M	메가(mega)
100000	10^{5}		
10000	10^{4}		
1000	10^{3}	k	킬로(kilo)
100	10^{2}		
10	10^{1}		
1	10^{0}		
0.1	10^{-1}		
0.01	10^{-2}		
0.001	10^{-3}	m	밀리(milli)
0.0001	10^{-4}		
0.00001	10^{-5}		
0.000001	10^{-6}	μ	마이크로(micro)
0.0000001	10^{-7}		
0.00000001	10^{-8}		
0.000000001	10^{-9}	n	나노(nano)

| 표 1-1 | (계속)10의 거듭제곱 수학기호

수	10의 거듭제곱	수학기호	명칭
0.0000000001	10^{-10}		
0.00000000001	10^{-11}		
0.000000000001	10^{-12}	p	피코(pico)
0.0000000000001	10^{-13}		
0.00000000000001	10^{-14}		
0.000000000000001	10^{-15}	f	펨토(femto)

알아두면 편리!!!

컴퓨터나 반도체에서 사용되는 메모리의 용량을 표기하는 수학기호는 약간 다른 의미로 사용된다. 그 이유는 메모리 용량을 표기할 때에는 2진수를 사용하기 때문이다. 예를 들어 1 Mbit DRAM의 실제 비트 수는 1,000,000비트가 아니라 1,048,576비트이다. 컴퓨터에서 사용되는 수는 2진수인데 메모리 용량도 2의 거듭제곱의 형태로 만들어 진다. 1 Mbit DRAM 반도체의 실제 구조를 보면 가로 방향으로 1,024비트, 세로 방향으로 1,024비트의 저장 공간으로 구성되어 있다.

즉 M이라는 수학기호는 10진수로 사용될 때에는 1,000,000을 나타내는 기호로 쓰이고, 2진수로 사용될 떼에는 1,048,576을 나타내는 수로 쓰인다. 이와 같이 2진수에서 사용되는 수학기호를 정리하면 다음과 같다.

| 표 1-2 | 2진수에서의 수학기호

수학기호	명칭	2진수	구분
T	테라(tera)	2^{40}=1.099511628×10^{12}	약 1조
G	기가(giga)	2^{30}=1,073,741,824	약 10억
M	메가(mega)	2^{20}=1,048,576	약 백만
k	킬로(kilo)	2^{10}=1,024	약 1,000

위의 표에서 보듯이 k, M, G, T 등의 수학기호는 10진수와 2진수에서 차이가 난다.

1.3 이진수 표기방식

사람들이 주로 사용하는 수는 십진수(decimal number)이다. 이에 반하여, 컴퓨터 내에서 사용되는 수는 이진수(binary number)이다. 컴퓨터 내에서 계산을 담당하는 것은 반도체인데 반도체는 내부 구조가 스위치로 구성되어 있어서 스위치가 붙으면 1로 인식하고 스위치가 떨어지면 0으로 인식한다. 즉 반도체는 구조적으로 ON/OFF 스위치로 되어 있어서 이진수 연산을 효과적으로 수행할 수 있는 구조이다.

이 절에서는 반도체 내에서 사용되는 이진수에 대하여 알아보기로 한다. 십진수와 이진수의 증가하는 형태는 각각 다음과 같다.

$$0, 1, 2, 3, 4, 5, 6, 7, 8, 9, 10, 11, 12, 13, 14, \cdots$$

$$0, 1, 10, 11, 100, 101, 110, 111, 1000, 1001, 1010, \cdots$$

위에서 보듯이 이진수는 0과 1을 사용하여 수를 나타낸다. 이진수를 나타내는 방법은 고정소수점 방식과 부동소수점 방식으로 나눌 수 있다. 고정소수점 방식은 소수점의 위치를 고정시켜서 이진수를 나타내는 방식이고 부동소수점 방식은 소수점의 위치가 가변적인 표기 방식이다. 이제부터 고정소수점 방식과 부동소수점 방식의 이진수 표기방법에 대하여 알아보기로 한다.

1.3.1 고정소수점 표기방식

이진수의 고정소수점 표기방식에서 가장 많이 사용되는 2의보수형(2's complement) 표기방식을 알아보기로 한다. 수를 고정소수점으로 표기하려면 먼저 전체 비트의 길이를 정해야 하고 그 다음 소수점의 위치를 정해야 한다.

첫 번째 예제

전체 비트의 길이를 8비트로 정하고, 소수점의 위치를 다음 그림처럼 4번째 비트와 5번째 비트 사이에 고정시키면 다음 그림과 같다.

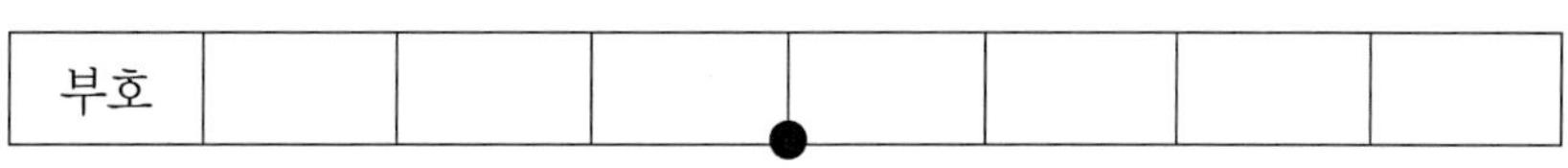

위의 그림에서 보듯이 MSB(Most Significant Bit)는 부호비트가 된다. 이와 같은 8비트의 고정소수점이 표기할 수 있는 수의 범위는 다음과 같이 결정된다.

	부호	2^2	2^1	2^0	2^{-1}	2^{-2}	2^{-3}	2^{-4}	십진수
양수 128개	0	1	1	1	1	1	1	1	7.9375
	0	1	1	1	1	1	1	0	7.875
	⋮	⋮	⋮	⋮	⋮	⋮	⋮	⋮	
	0	0	0	0	0	0	0	1	0.0625
	0	0	0	0	0	0	0	0	0
음수 128개	1	1	1	1	1	1	1	1	−0.0625
	1	1	1	1	1	1	1	0	−0.125
	⋮	⋮	⋮	⋮	⋮	⋮	⋮	⋮	
	1	0	0	0	0	0	0	1	−7.9375
	1	0	0	0	0	0	0	0	−8

총 8비트이므로 위의 표에서 보듯이 256개의 이진수를 만들 수 있다. 이중에서 양의 수는 부호비트를 0으로 표기하고, 음의 수는 부호비트를 1로 표기한다.

그리고 고정된 소수점의 왼쪽 방향의 비트는 각각 2^0(1), 2^1(2), 2^2(4)을 나타내는 정수 비트가 된다. 또한 고정된 소수점의 오른쪽 방향의 비트는 각각 2^{-1}(0.5), 2^{-2}(0.25), 2^{-3}(0.125), 2^{-4}(0.0625)을 나타내는 소수 비트이다. 따라서 이 8비트의 고정소수점 이진수가 표기하는 수의 범위는 −8 ~ 7.9375가 되고, 수와 수의 간격은 2^{-4}(0.0625)이 된다.

이와 같이 정의된 이진수를 십진수로 변환하는 방법은 다음과 같다. 먼저 이 이진수는 8비트이므로 다음과 같이 정의해 보자.

$$a_0 a_1 a_2 a_3 a_4 a_5 a_6 a_7$$

이 이진수는 다음과 같이 십진수로 변환된다.

$$a_0 a_1 a_2 a_3 a_4 a_5 a_6 a_7 = -a_0 2^3 + a_1 2^2 + a_2 2^1 + a_3 2^0 + a_4 2^{-1} + a_5 2^{-2} + a_6 2^{-3} + a_7 2^{-4}$$

예제 위에서 정의된 2의보수형 이진수가 다음과 같다. 십진수로 변환하시오.

(a) 01110011

(b) 11000001

풀이 (a) $0111.0011 = 2^2 + 2^1 + 2^0 + 2^{-3} + 2^{-4} = 7.1875$

(b) $1100.0001 = -2^3 + 2^2 + 2^{-4} = -3.9375$

두 번째 예제

전체 비트의 길이를 8비트로 정하고, 소수점의 위치를 다음 그림처럼 8번째 비트의 오른쪽에 고정시키면 다음 그림과 같다.

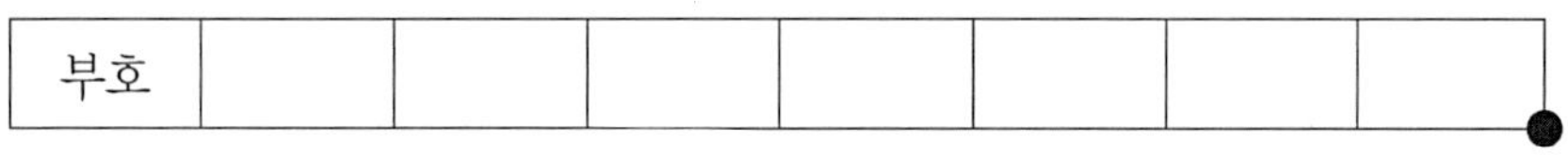

위의 그림에서 보듯이 MSB는 부호비트이다. 이와 같은 8비트의 고정소수점이 표기할 수 있는 수의 범위는 다음과 같이 결정된다.

	부호	2^6	2^5	2^4	2^3	2^2	2^1	2^0	십진수
양수 128개	0	1	1	1	1	1	1	1	127
	0	1	1	1	1	1	1	0	126
	⋮	⋮	⋮	⋮	⋮	⋮	⋮	⋮	⋮
	0	0	0	0	0	0	0	1	1
	0	0	0	0	0	0	0	0	0
음수 128개	1	1	1	1	1	1	1	1	−1
	1	1	1	1	1	1	1	0	−2
	⋮	⋮	⋮	⋮	⋮	⋮	⋮	⋮	⋮
	1	0	0	0	0	0	0	1	−127
	1	0	0	0	0	0	0	0	−128

총 8비트이므로 위의 표에서 보듯이 256개의 이진수를 만들 수 있다. 이중에서 양의 수는 부호비트를 0으로 표기하고, 음의 수는 부호비트를 1로 표기한다.

그리고 고정된 소수점의 왼쪽 방향의 비트는 각각 $2^0(1)$, $2^1(2)$, $2^2(4)$, $2^3(8)$, $2^4(16)$, $2^5(32)$, $2^6(64)$을 나타내는 정수 비트가 된다. 따라서 이 8비트의 고정소수

점 이진수가 표기하는 수의 범위는 −128 ~ 127의 정수가 되고, 수의 간격은 $2^0(1)$이 된다.

세 번째 예제

전체 비트의 길이를 8비트로 정하고, 소수점의 위치를 다음 그림처럼 부호 비트와 두 번째 비트 사이에 고정시키면 다음 그림과 같다.

부호							

위의 그림에서 보듯이 MSB는 부호비트이다. 이와 같은 8비트의 고정소수점이 표기할 수 있는 수의 범위는 다음과 같이 결정된다.

	부호	2^{-1}	2^{-2}	2^{-3}	2^{-4}	2^{-5}	2^{-6}	2^{-7}	십진수
양수 128개	0	1	1	1	1	1	1	1	0.9921875
	0	1	1	1	1	1	1	0	0.984375
	⋮	⋮	⋮	⋮	⋮	⋮	⋮	⋮	⋮
	0	0	0	0	0	0	0	1	0.0078125
	0	0	0	0	0	0	0	0	0
음수 128개	1	1	1	1	1	1	1	1	−0.0078125
	1	1	1	1	1	1	1	0	−0.015625
	⋮	⋮	⋮	⋮	⋮	⋮	⋮	⋮	⋮
	1	0	0	0	0	0	0	1	−0.9921875
	1	0	0	0	0	0	0	0	-1

총 8비트이므로 위의 표에서 보듯이 256개의 이진수를 만들 수 있다. 이중에서 양의 수는 부호비트를 0으로 표기하고, 음의 수는 부호비트를 1로 표기한다.

고정된 소수점의 오른쪽 방향의 비트는 각각 $2^{-1}(0.5)$, $2^{-2}(0.25)$, $2^{-3}(0.125)$, $2^{-4}(0.0625)$, $2^{-5}(0.03125)$, $2^{-6}(0.015625)$, $2^{-7}(0.0078125)$을 나타내는 소수 비트이다. 따라서 이 8비트의 고정소수점 이진수가 표기하는 수의 범위는 −1 ~ 0.9921875가 되고, 수의 간격은 $2^{-7}(0.0078125)$이 된다.

지금까지 세 개의 예제에서 보듯이 전체 비트의 길이와 소수점의 위치가 결정되면, 나타낼 수 있는 이진수의 범위와 수의 간격이 결정됨을 알 수 있다.

1.3.2 부동소수점 표기방식

고정소수점 표기방식은 소수점의 위치가 고정되어있으므로 표기할 수 있는 수의 범위와 정세도가 상대적으로 좁다. 이런 단점을 보완하기 위하여 부동소수점 표기방식이 만들어졌으며 컴퓨터는 부동소수점의 방식을 사용하여 이진수를 저장하고 연산한다. 부동소수점 방식은 소수점의 위치를 고정하지 않고 유효숫자를 나타내는 가수(mantissa)와 소수점의 위치를 나타내는 지수(exponent)로 나누어 이진수를 표기하는 방식이다. 여기에서는 IEEE에서 제정한 부동소수점 표준인 IEEE 754를 알아보기로 한다. IEEE 754 표준은 32비트로 나타내는 단정도(single precision) 표준과 64비트로 나타내는 배정도(double precision) 표준의 두 가지가 사용된다.

이제부터 단정도 표준을 알아보기로 한다. IEEE 754 단정도 부동소수점 표준은 다음과 같이 32비트로 구성된다.

부	지수(8비트)								가수(23비트)																						
31	30	29	28	27	26	25	24	23	22	21	20	19	18	17	16	15	14	13	12	11	10	9	8	7	6	5	4	3	2	1	0

비트 31은 부호비트이며, 비트 30부터 비트 23까지 8비트는 지수를 나타낸다. 그리고 비트 22부터 비트 0까지 23비트는 가수를 나타내고 있다.

여러 가지 예제를 통하여 IEEE 754 단정도 부동소수점 표준을 알아보기로 한다.

14.625의 단정도 부동소수점 표기

① 십진수의 절댓값을 이진수로 변환

$$14.625 \rightarrow 1110.101$$

② 정규화 : 소수점의 위치를 맨 처음 1의 수 다음으로 위치시킨다.

$$1110.101 \rightarrow 1.110101 \times 2^3$$

③ 부호비트 : 양수이므로 부호비트는 0이다.

부	지수(8비트)								가수(23비트)																						
0																															

④ 지수부 : 지수가 3(00000011)이고 바이어스(bias)는 127(01111111)이므로 127 + 3 = 130(10000010)이 된다.

바이어스를 사용하는 이유는 지수가 음수인 경우도 있기 때문이다. 지수비트는 총 8비트이므로 0(00000000)부터 255(11111111)까지 표기할 수 있다. 따라서 중간 지점인 127(01111111)을 기준점인 바이어스로 정한다. 지수가 양수인 경우에는 바이어스 127에 지수를 더하게 되고, 지수가 음수인 경우에는 바이어스 127에서 지수를 빼게 된다.

부	지수(8비트)								가수(23비트)																						
0	1	0	0	0	0	0	1	0																							

⑤ 가수부 : 이진수의 소수점 오른쪽 부분을 앞에서부터 채운다.(나머지 하위비트는 0을 채운다.)

부	지수(8비트)								가수(23비트)																						
0	1	0	0	0	0	0	1	0	1	1	0	1	0	1	0	0	0	0	0	0	0	0	0	0	0	0	0	0	0	0	0

109.875의 단정도 부동소수점 표기

① 십진수의 절댓값을 이진수로 변환

$$109.875 \rightarrow 1101101.111$$

② 정규화 : 소수점의 위치를 맨 처음 1의 수 다음으로 위치시킨다.

$$1101101.111 = 1.101101111 \times 2^6$$

③ 부호비트 : 양수이므로 부호비트는 0이다.

부	지수(8비트)								가수(23비트)																						
0																															

④ 지수부 : 지수가 6(00000110)이고 바이어스(bias)는 127(01111111)이므로 127+6 = 133(10000101)이 된다.

부	지수(8비트)								가수(23비트)																						
0	1	0	0	0	0	1	0	1																							

⑤ 가수부 : 이진수의 소수점 오른쪽 부분을 앞에서부터 채운다.(나머지 하위비트는 0을 채운다.)

부	지수(8비트)								가수(23비트)																						
0	1	0	0	0	0	1	0	1	1	0	1	1	0	1	1	1	1	0	0	0	0	0	0	0	0	0	0	0	0	0	0

-6.9375의 단정도 부동소수점 표기

① 십진수의 절댓값을 이진수로 변환

$$6.9375 \rightarrow 110.1111$$

② 정규화 : 소수점의 위치를 맨 처음 1의 수 다음으로 위치시킨다.

$$110.1111 \rightarrow 1.101111 \times 2^2$$

③ 부호비트 : 음수이므로 부호비트는 1이다.

부	지수(8비트)								가수(23비트)																						
1																															

④ 지수부 : 지수가 2(00000010)이고 바이어스(bias)는 127(01111111)이므로 127+2=129(10000001)이 된다.

부	지수(8비트)								가수(23비트)																						
1	1	0	0	0	0	0	0	1																							

⑤ 가수부 : 이진수의 소수점 오른쪽 부분을 앞에서부터 채운다.(나머지 하위비트는 0을 채운다.)

부	지수(8비트)								가수(23비트)																						
1	1	0	0	0	0	0	0	1	1	0	1	1	1	1	0	0	0	0	0	0	0	0	0	0	0	0	0	0	0	0	0

-118.625의 단정도 부동소수점 표기

① 십진수의 절댓값을 이진수로 변환

$$118.625 \rightarrow 1110110.101$$

② 정규화 : 소수점의 위치를 맨 처음 1의 수 다음으로 위치시킨다.

$$1110110.101 = 1.110110101 \times 2^6$$

③ 부호비트 : 음수이므로 부호비트는 1이다.

부	지수(8비트)								가수(23비트)																						
1																															

④ 지수부 : 지수가 6(00000110)이고 바이어스(bias)는 127(01111111)이므로 127+6=133(10000101)이 된다.

부	지수(8비트)								가수(23비트)																						
1	1	0	0	0	0	1	0	1																							

⑤ 가수부 : 이진수의 소수점 오른쪽 부분을 앞에서부터 채운다.(나머지 하위비트는 0을 채운다.)

부	지수(8비트)								가수(23비트)																						
1	1	0	0	0	0	1	0	1	1	1	0	1	1	0	1	0	1	0	0	0	0	0	0	0	0	0	0	0	0	0	0

지금까지 단정도 부동소수점에 대하여 알아보았다. 이번에는 배정도 부동소수점에 대하여 알아보기로 한다. IEEE 754 배정도(double precision) 부동소수점 표준은 다음과 같이 64비트로 구성된다.

부	지수(11비트)	가수(52비트)
63	62~52	51~0

비트 63은 부호비트이며, 비트 62부터 비트 52까지 11비트는 지수를 나타낸다. 그리고 비트 51부터 비트 0까지 52비트는 가수를 나타내고 있다. 표기되는 원리는 단정도 부동소수점과 같다.

연습문제

1-1 수의 집합 중에서 가장 범위가 큰(넓은) 수의 집합은 다음 중 어느 것인가?

(1) 정수 (2) 복소수 (3) 실수 (4) 유리수

1-2 분자와 분모가 각각 정수인 분수로 표기가 가능한 수를 무슨 수라고 하는가?

(1) 유리수 (2) 복소수 (3) 허수 (4) 실수

1-3 다음 수 가운데서 수직선에 나타내기 어려운 수는 어느 것인가?

(1) 정수 (2) 유리수 (3) 복소수 (4) 무리수

1-4 수학기호 중에서 10의 12승을 나타내는 기호는 다음 중 어느 것인가?

(1) P (2) M (3) G (4) T

1-5 수학기호 중에서 10의 –9승을 나타내는 기호는 다음 중 어느 것인가?

(1) n (2) p (3) m (4) f

1-6 어느 고정소수점 2의보수형 이진수가 다음 그림과 같이 길이는 8비트이고, 소수점의 위치는 5번째 비트와 6번째 비트 사이에 고정되었다.

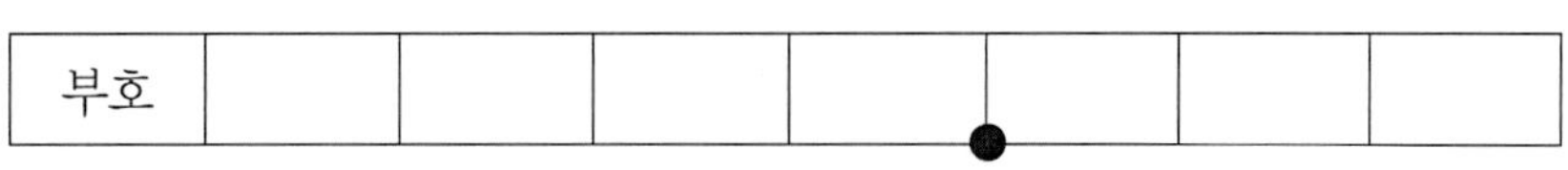

(a) 이 고정소수점 이진수가 표기하는 수의 범위를 구하시오.

(b) 이 고정소수점 이진수에서 인접한 수와 수의 간격을 구하시오.

(c) 이 고정소수점 이진수로 표기된 11000001을 십진수로 변환하시오.

CHAPTER 02

함수

2.1 함수란?

두 집합 사이의 원소들을 연결하는 관계를 함수라고 한다. 여기에 공집합이 아닌 두 집합 X와 Y가 있다. 집합 X의 각 원소에 집합 Y의 단 하나의 원소가 대응하는 규칙을 집합 X에서 집합 Y로의 함수(function)라고 하며 다음과 같이 나타낸다.

$$f: X \to Y$$

일반적으로 집합 X와 집합 Y는 모든 실수(real number)의 집합이며 이 함수를 그림으로 나타내면 다음과 같다.

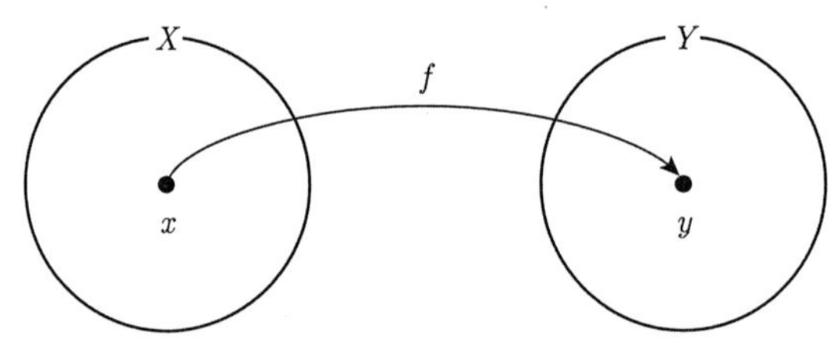

| 그림 2-1 | 함수의 정의

함수 $f: X \to Y$에서 X의 각 원소 x에 대응하는 Y의 원소를 $f(x)$로 나타내고 이 $f(x)$를 x에서의 함숫값이라고 한다. 즉, 함수 $f: X \to Y$에 의하여 X의 원소 x에 Y의 원소 y가 대응하면 다음과 같이 나타낸다.

$$y = f(x)$$

이와 같은 함수의 기본적인 용도를 알아보기로 한다. 1500원짜리 사과를 사는데 필요한 돈의 예를 보기로 한다. 이 사과를 사는데 필요한 돈은 개수별로 다음과 같다.

1개　1500원
2개　3000원
3개　4500원
4개　6000원
⋮　⋮

사과의 개수를 x라고 하고 필요한 돈을 y라고 하면 다음과 같이 대응하고 있음을 알 수 있다. 즉

$$f(1) = 1500$$
$$f(2) = 3000$$
$$f(3) = 4500$$
$$f(4) = 6000$$
$$\vdots \qquad \vdots$$

위의 대응하는 관계를 함수로 표현하면 다음과 같다.

$$f(x) = 1500x$$

이와 같이 f라는 함수기계에 x라는 원료를 넣으면 $1500x$라는 제품이 만들어진다. 다음과 같은 또 다른 함수를 보자. 10문제의 수학시험으로 만들어지는 함수이며, 10문제 다 맞추면 100점이 되고 기본점수는 50점이다. 맞춘 문제 수와 점수는 다음과 같다.

0개 50점
1개 55점
2개 60점
3개 65점
4개 70점
⋮ ⋮
10개 100점

맞춘 문제의 수를 x라고 하고 수학점수를 y라고 하면 다음과 같이 대응하고 있음을 알 수 있다. 즉

$$f(0) = 50$$
$$f(1) = 55$$
$$f(2) = 60$$
$$f(3) = 65$$
$$f(4) = 70$$
$$\vdots \qquad \vdots$$
$$f(10) = 100$$

위의 대응하는 관계를 함수로 표현하면 다음과 같다.

$$f(x) = 5x + 50$$

여기서는 f라는 함수기계에 x라는 원료를 넣으면 $5x+50$라는 제품이 만들어진다. 이와 같이 함수를 알면 실생활에서도 편리하게 사용할 수 있다.

이 함수에서 x를 독립변수(independent variable), y를 종속변수(dependent variable)라고 한다. 수학에서는 독립변수와 종속변수로 주로 각각 x와 y를 사용하고 함수 표기로는 $f(x)$, $g(x)$ 등을 사용한다.

함수에서 종속변수 y가 존재하게 하는 원소 x들의 집합을 이 함수의 정의역(domain)이라 하고, 모든 원소들에 의하여 만들어지는 함숫값의 집합 $f(X)$를 이 함수의 치역(range)이라고 한다.

함수 $y = x^2$의 그래프에서 정의역과 치역을 살펴보기로 한다.

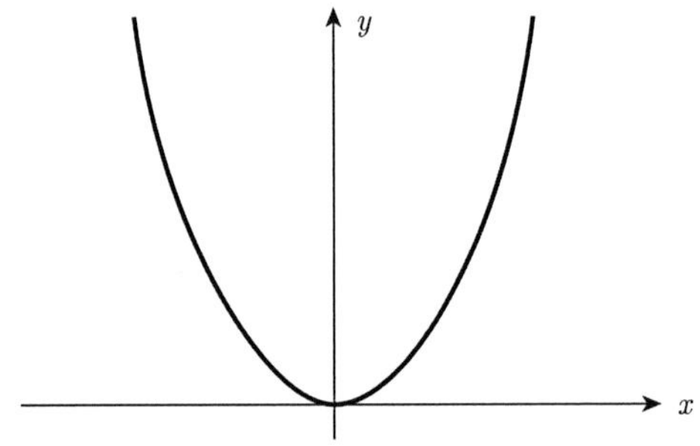

▌그림 2-2▐ 함수 $y = x^2$의 그래프

이 함수의 그래프에서 보듯이 함수의 정의역은 모든 실수이며. 이 함수의 치역인 집합 $f(X)$는 양의 실수이다.

예제 다음 함수들의 정의역, 치역을 구하시오.

(a) $y = 2x + 1$ (b) $y = x^2 - 3$ (c) $y = \sqrt{x}$

풀이 (a) 정의역은 실수, 치역은 실수

(b) 정의역은 실수, 치역은 −3과 같거나 큰 실수($y \geq -3$)

(c) 정의역은 양의 실수($x \geq 0$), 치역은 양의 실수($y \geq 0$)

2.1.1 일대일함수

서로 다른 두 원소 x_1과 x_2에 대하여 $f(x_1) \neq f(x_2)$이면 이 함수를 단사함수(injective function) 또는 일대일함수(one-to-one function)라고 한다. 예를 들면 $y=2x+1$과 같은 함수가 일대일함수이다. 이 함수는 어떤 서로 다른 두 원소 x_1과 x_2에 대하여도 $f(x_1)$과 $f(x_2)$가 다르므로 일대일함수이다.

그림 2-2의 함수 $y=x^2$는 일대일함수일까? 두 원소 $x_1=2$와 $x_2=-2$에 대하여 $f(x_1)=f(x_2)=4$이다. 집합으로 나타내면 다음 그림과 같다.

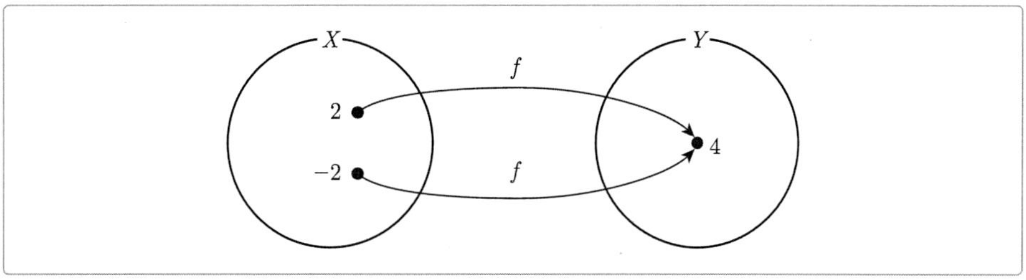

| 그림 2-3 | 함수 $y=x^2$에서 $x_1=2$와 $x_2=-2$의 함숫값

위의 그림에서 보듯이 서로 다른 x에 대한 함숫값이 같으므로 함수 $y=x^2$는 일대일함수가 아니다.

2.1.2 역함수

어떤 함수 $y=f(x)$에서 집합 X의 원소 x_1이 집합 Y의 원소 y_1으로 대응되었을 때, 집합 Y의 원소 y_1에서 집합 X의 원소 x_1을 거꾸로 찾아야 하는 경우가 있다. 이 경우에 원래의 x_1을 찾는 함수를 함수 $y=f(x)$의 역함수(inverse function)라고 한다. 그런데 원래의 함수 $y=f(x)$가 일대일함수이어야 역함수가 존재한다. 주어진 함수에서 x에 y를 대입하고, y에 x를 대입하면 역함수를 쉽게 찾을 수 있다.

예제 함수 $y=2x$의 역함수를 찾으시오.

풀이 주어진 함수에서 x에 y를 대입하고, y에 x를 대입하면 다음과 같다.

$$x = 2y \;\rightarrow\; y = \frac{1}{2}x$$

위의 예제에서도 알 수 있듯이 역함수는 $y = x$에 대하여 대칭이다.

응용학문인 전기/전자/정보통신 공학에서는 독립변수로 t를 주로 사용하고, 함수 표기로는 $v(t)$, $i(t)$, $x(t)$, $y(t)$ 등을 사용한다. 즉, x와 y가 독립변수나 종속변수로 사용되지 않고 함수 표기로 사용된다. $v(t)$는 전압 함수(신호)를 나타낼 때, 그리고 $i(t)$는 전류 함수(신호)를 나타낼 때 주로 사용한다. $x(t)$는 시스템의 입력 함수(신호)로 사용되고, $y(t)$는 시스템의 출력 함수(신호)로 주로 사용된다.

2.1.3 함수의 종류

함수의 종류는 다음과 같다.

- 대수함수(algebraic function)
  - 다항함수(polynomial function)
  - 유리함수(rational function)
  - 무리함수(irrational function)
- 초월함수(transcendental function)
  - 지수함수(exponential function)
  - 로그함수(logarithmic function)
  - 삼각함수(trigonometric function)

대수 함수에는 다항함수/유리함수/무리함수가 있다. 먼저 다항함수는 다음과 같이 함수가 다항식(polynomial)으로 나타내어지는 함수이다.

$$f(x) = 2x^3 - 5x^2 + 4x - 3$$

유리함수는 다음과 같이 분자다항식과 분모다항식의 비로 나타내어지는 함수이다.

$$f(x) = \frac{x^2 - 7x + 3}{x^2 - 3x + 1}$$

무리함수는 다음과 같이 루트가 사용되는 함수이다.

$$f(x) = \sqrt{x}$$

$$g(x) = \sqrt{x^3 - 2x^2 + 4x - 2}$$

$$h(x) = \sqrt{\frac{x^2 - 2}{x^3 + 4x^2 - x + 5}}$$

초월함수인 지수함수/로그함수/삼각함수는 다음 절에서 자세히 다룬다.

2.2 지수함수

다음 식과 같이 나타내지는 함수를 지수함수(exponential function)라고 한다.

$$y = a^x$$

여기에서 a를 밑(base)이라고 부른다. 그런데 이 a는 반드시 양수여야 함수가 된다. 만일 a가 음수이면 왜 함수가 안 되는지 알아본다. 다음의 예를 보자.

$$y = (-2)^x$$

x가 다음의 값일 때 y의 값을 구해보자.

x	1	1.5	2	2.5
y	-2	$\sqrt{-8}$	4	$\sqrt{-32}$

위의 표에서 보듯이 y의 값이 실수가 아닌 경우가 생기므로, 실수의 범위 내에서 함수가 아니다. 따라서 지수함수에서 밑 a는 양수이며 다음과 같은 그래프로 나타내어진다.

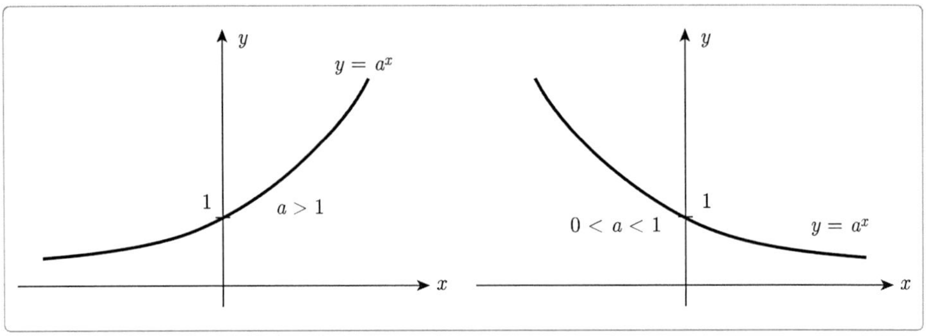

| 그림 2-4 | 지수함수

그림에서 보듯이 $a > 1$이면 증가하는 함수가 되고, $0 < a < 1$이면 감소하는 함수가 된다. 지수함수는 독립변수 x의 정의역은 모든 실수이고, 종속변수 y의 치역은 양의 실수가 된다.

함수 $y = 0.5^x$는 다음과 같이 표기할 수 있다.

$$y = 0.5^x = \left(\frac{1}{2}\right)^x = \frac{1}{2^x} = 2^{-x}$$

위의 식에서 보듯이 밑이 1보다 작은 경우, 그 밑의 역수의 $-x$승으로 표기할 수 있다.

예제 지수함수 $y = 2^x$에서 $x = 3.7$에서의 함숫값 y를 구하시오.

풀이 공학용계산기에서 다음과 같이 누른다.

[2] [^] [3] [.] [7] [=] 12.99603834

또는 다음과 누르는 계산기도 있다.

[2] [Y^X] [3] [.] [7] [=] 12.99603834

전기/전자/정보통신 공학에서는 다음의 지수함수가 많이 사용된다.

$$x(t) = e^t$$

밑으로는 e가 사용되고 독립변수로 t가 사용된다. e는 매우 신비로운 수이며 베르누이가 발견하고 오일러가 이름을 붙였기 때문에 오일러상수라고 부른다.

e는 이자를 계산하는 복리계산에서 우연히 발견되었다. 즉, 복리계산의 이자계산을 자주 할수록 원금+이자가 커지는데, 이 값이 어떤 값에 가까워지는 것을 발견하였다.

예를 들어 1원을 예금하고 연이율 100%인 복리계산의 1년 후의 원리합계를 생각해 보자.

1) 1년마다 이자계산 : 1년 후 원리합계는 $(1+1)^1 = 2$원

2) 6개월마다 이자계산 : 1년 후 원리합계는 $\left(1+\frac{1}{2}\right)^2 = 2.25$원

3) 1개월마다 이자계산 : 1년 후 원리합계는 $\left(1+\frac{1}{12}\right)^{12} = 2.61303529$원

4) 하루마다 이자계산 : 1년 후 원리합계는 $\left(1+\frac{1}{365}\right)^{365} = 2.714567482$원

5) 1시간마다 이자계산 : 1년 후 원리합계는 $\left(1+\frac{1}{8760}\right)^{8760} = 2.718126692$원

위와 같이 이자계산을 자주하니 원리합계는 어떤 값에 가까워진다. 이 극한값을 e라고 부르며, 다음 식과 같이 정의한다. 이 값은 무리수이므로 정확한 값은 알지 못한다.

$$e = \lim_{n\to\infty}\left(1+\frac{1}{n}\right)^n = 2.718281828\cdots$$

베르누이가 발견한 이 오일러상수는 후에 자연과학과 공학 발전에 엄청난 기여를 하게 된다. 이 수를 사용한 복소함수로 말미암아 미분, 미분방정식의 해, 푸리에 변환, 라플라스 변환 등이 만들어져 오늘날의 전기/전자/정보통신 공학의 밑거름이 된 신비의 수이다.

이 오일러상수를 다음과 같이 정의하기도 한다.

$$e = \lim_{n\to 0}(1+n)^{\frac{1}{n}}$$

$$e = \sum_{n=0}^{\infty}\frac{1}{n!} = 1+\frac{1}{1!}+\frac{1}{2!}+\frac{1}{3!}+\frac{1}{4!}+\cdots$$

$$= 1+1+\frac{1}{2}+\frac{1}{6}+\frac{1}{24}+\cdots$$

$x(t)=e^t$의 그래프는 다음과 같다.

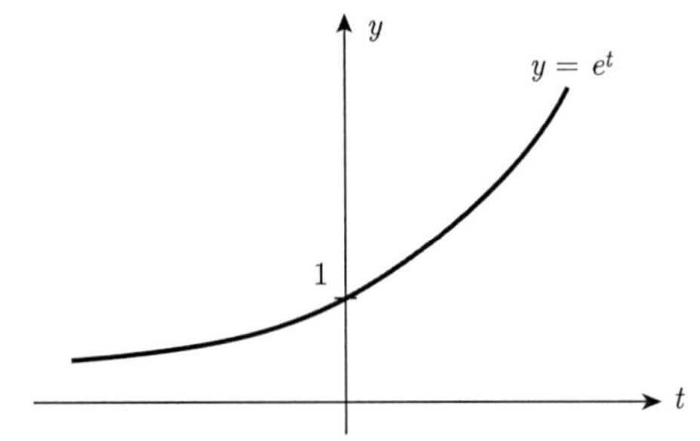

▎그림 2-5▐ $x(t)=e^t$의 그래프

함수 $x(t)=0.3679^t$는 다음과 같이 표기할 수 있다.

$$x(t)=0.3679^t=\left(\frac{1}{2.718}\right)^t=\frac{1}{e^t}=e^{-t}$$

위의 식에서 알 수 있듯이 $x(t)=0.3679^t$의 표기보다 $x(t)=e^{-t}$의 표기방식이 주로 사용된다.

예제 지수함수 $x(t)=e^{-t}$에서 $t=2$에서의 함숫값을 구하시오.

풀이 공학용계산기에서 다음과 같이 누른다.

[e^x] [−2] [=] 0.1353352832

예제 어떤 하나의 세포가 2개로 분열하는데 20분이 걸린다고 한다. 이 하나의 세포가 분열을 시작하여 8,192개가 되는데 걸리는 시간을 구하시오.

풀이 1시간이 지나면 2^3개가 되고, 2시간이 지나면 $2^3 2^3=2^6$개가 된다. 따라서 임의의 t시간이 지나면 세포의 수는 2^{3t}개가 된다. 따라서 다음의 식을 만들 수 있다.

$$2^{3t}=8192 \rightarrow 2^{3t}=2^{13} \rightarrow 3t=13 \rightarrow t=4\frac{1}{3}$$

$$\therefore t=4\text{시간 } 20\text{분}$$

지수법칙

지수의 연산에서 많이 사용되는 지수법칙은 다음과 같다. 실수 a, b와 정수 m, n에 대하여 다음의 지수법칙이 성립한다.

1. $a^m a^n = a^{m+n}$
2. $(a^m)^n = a^{mn}$
3. $(ab)^n = a^n b^n$
4. $a^{-n} = \dfrac{1}{a^n}$, $(a \neq 0)$
5. $\left(\dfrac{a}{b}\right)^n = \dfrac{a^n}{b^n}$, $(b \neq 0)$
6. $\dfrac{a^m}{a^n} = a^{m-n}$, $(a \neq 0)$

2.3 로그함수

다음의 지수함수를 보자.

$$y = a^x \quad (a > 0,\ a \neq 1)$$

이 지수함수에서 집합 X의 원소 x_1이 정해지면 집합 Y에서 함숫값 y_1을 구할 수 있다. 이제 이 지수함수의 역함수를 만들어 보자. 즉, 함숫값 y_1으로부터 원소 x_1을 찾는 함수를 구해본다. 역함수를 찾기 위해서 x와 y를 바꾸면 다음과 같다.

$$x = a^y$$

이 식을 다음과 같이 표기하기로 약속한다.

$$y = \log_a x$$

이 함수를 밑(base)이 a인 로그함수라고 한다. 이 로그함수는 지수함수의 역함수이므로 다음 그림과 같다.

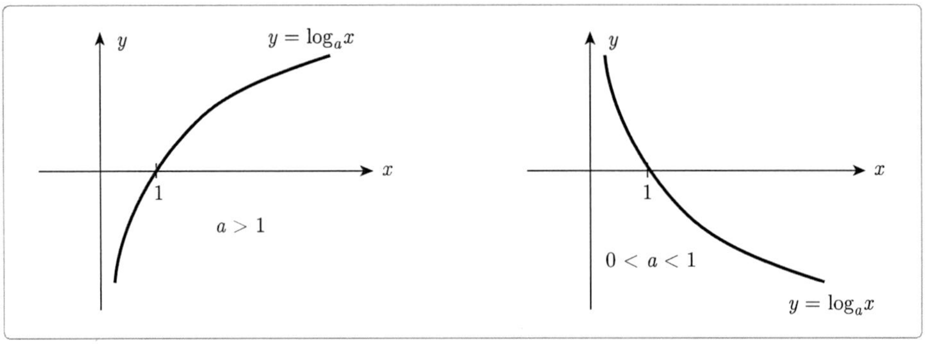

❙ 그림 2-6 ❙ 로그함수

그림과 같이 로그함수의 정의역은 양의 실수이고, 치역은 모든 실수이다. 로그함수 중에서 밑이 10인 경우와 e인 경우가, 많이 사용되는 로그함수이다. 밑이 10인 로그를 상용로그라 부르고 밑이 e인 로그를 자연로그라고 부른다.

특별히 밑이 e인 로그함수를 다음과 같이 표기한다.

$$y = \log_e x = \ln x$$

로그법칙

로그의 연산에 사용된 많이 사용되는 법칙은 다음과 같다.

p와 q는 양의 실수이고, $a > 0$, $a \neq 1$이다.

1. $\log_a pq = \log_a p + \log_a q$
2. $\log_a \dfrac{p}{q} = \log_a p - \log_a q$
3. $\log_a a^n = n$
4. $\log_a p^n = n \log_a p$
5. $\log_a 1 = 0$
6. $\log_a p = \dfrac{\log_b p}{\log_b a}$, $(b > 0,\ b \neq 1)$

예제 다음의 식에서 a를 구하시오.

$$\log_a 1000 = \frac{3}{2}$$

풀이 $\log_a 1000 = 3\log_a 10 = \frac{3}{2} \rightarrow \log_a 10 = \frac{1}{2} \rightarrow a^{1/2} = 10$

$\sqrt{a} = 10 \quad \therefore a = 100$

예제 다음의 식을 간단히 하시오.

$$\log_{\frac{1}{3}} 9$$

풀이 $\log_{\frac{1}{3}} 9 = \dfrac{\log_3 9}{\log_3 \frac{1}{3}} = \dfrac{\log_3 3^2}{\log_3 3^{-1}} = \dfrac{2}{-1} = -2$

예제 어느 세포군이 2배로 커지는데 20분이 걸린다고 한다. 이 세포군이 20,000배로 커지는데 걸리는 시간을 구하시오.

풀이 1시간이 지나면 2^3배로 커지고, 2시간이 지나면 $2^3 2^3 = 2^6$배로 커진다. 따라서 임의의 t시간이 지나면 세포군의 크기는 2^{3t}배가 된다. 따라서 다음의 식을 만들 수 있다.

$$2^{3t} = 20000$$

로그를 이용하여 다음과 같이 시간을 구할 수 있다.

$$2^{3t} = 20000 \rightarrow \log_{10} 2^{3t} = \log_{10} 20000$$

$$3t \log_{10} 2 = \log_{10} 2 + \log_{10} 10000$$

$$3t(0.301) = 0.301 + 4 \rightarrow t = \frac{4.301}{3(0.301)} = 4.763$$

$$\therefore t = 4\text{시간 } 46\text{분}$$

2.4 삼각함수

다음과 같은 직각 삼각형을 보자.

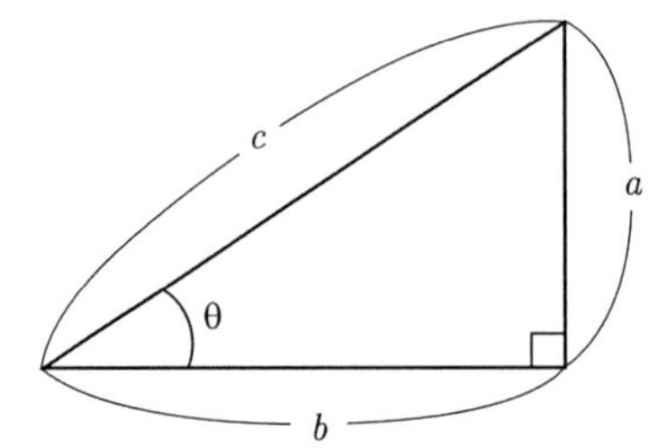

| 그림 2-7 | 직각 삼각형에서의 sin, cos, tan

이 직각 삼각형에서 sin, cos, tan의 정의는 각각 다음과 같다.

$$\sin\theta = \frac{a}{c},\quad \cos\theta = \frac{b}{c},\quad \tan\theta = \frac{a}{b}$$

그런데 이 $\sin, \cos, \tan$를 이용해서 함수를 만들 수 있다.

2.4.1 sin 함수

다음의 반지름이 1인 원에서 sin이 만드는 다음 그림의 함수를 보자(삼각형의 높이가 만드는 함수).

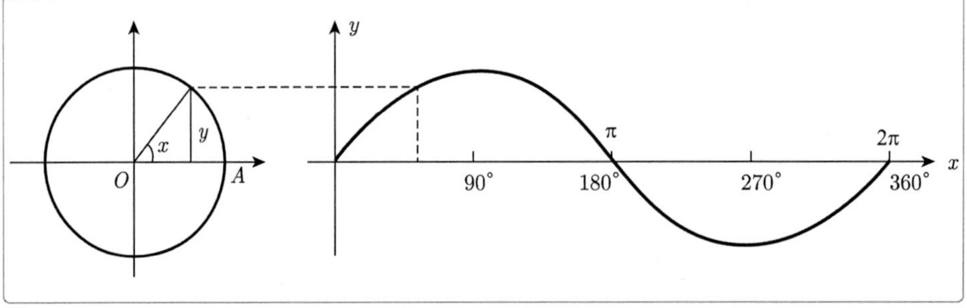

| 그림 2-8 | 원에서의 sin

그림에서 기선 $\overrightarrow{OA}$가 원을 따라 회전한다고 가정한다. 이 기선 $\overrightarrow{OA}$가 시계 반대방향으로 회전하여 생기는 각을 양의 각(+)이라고 하고, 시계 방향으로 회전하여 생기는 각을 음의 각(-)이라고 한다. 이때 회전하는 각도를 독립변수 x라고 하면 다음과 같은 함수를 만들 수 있다.

$$y = \sin x$$

한 바퀴의 회전을 360으로 표기하는 방식을 도(degree) 표기법이라고 하며 °를 붙여서 표기한다. 따라서 0°, 30°, 45°, 60°, 90°에서의 sin 값은 다음과 같다.

$$\sin 0° = 0,\ \sin 30° = \frac{1}{2} = 0.5,\ \sin 45° = \frac{1}{\sqrt{2}} = 0.7071,$$
$$\sin 60° = \frac{\sqrt{3}}{2} = 0.866,\ \sin 90° = 1$$

그리고 출발부터 90°씩 다음과 같이 명명한다.

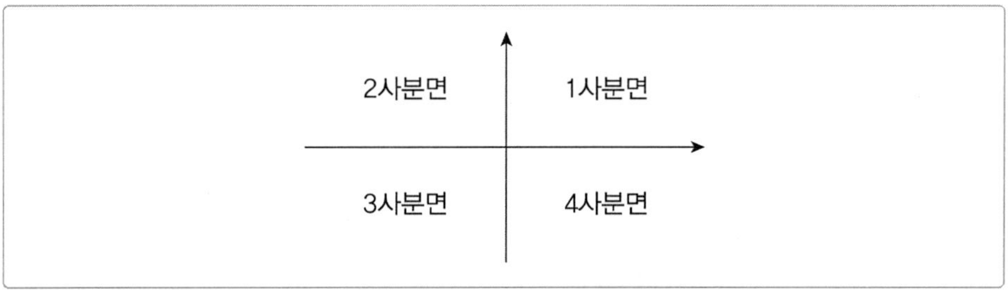

| 그림 2-9 | 사분면의 명칭

위의 그림에서 보듯이 0°부터 90° 사이를 1사분면이라고 부른다. 그리고 90°부터 180°, 180°부터 270°, 270°부터 360° 사이를 각각 2사분면, 3사분면, 4사분면이라고 부른다. 그런데 기선 $\overrightarrow{OA}$가 원을 따라 시계 반대방향으로 회전하는 양을 나타내는 방법이 도표기법 이외에 호도법(radian)이 있다. 호도법이란 기선 $\overrightarrow{OA}$가 회전한 원주의 길이를 반지름으로 나눈 값으로 각을 나타내는 방법이다. 예를 들면 기선 $\overrightarrow{OA}$가 180° 회전하면 원주의 길이가 πr이므로 반지름 r로 나누면 π가 된다.

60분법	0°	30°	45°	60°	90°	180°
호도법	0	$\frac{\pi}{6}$	$\frac{\pi}{4}$	$\frac{\pi}{3}$	$\frac{\pi}{2}$	π

우리 주위에서 볼 수 있는 sin 함수로는 다음 그림과 같은 대관람차가 있다.

▌그림 2-10▐ sin 함수와 대관람차

예제 공학용계산기로 다음을 계산하시오.

(a) $\sin 30°$ (b) $\sin \frac{\pi}{6}$

풀이 공학용계산기의 모드를 확인한다. 각도 표기는 3가지가 사용된다. Degree 모드는 도표기법이고 Radian 모드는 호도법이다. Gradient 모드도 있다.

(a) Degree 모드 확인 후

[sin] [30] [=] 버튼을 누른다. 0.5

(b) Radian 모드 확인 후

[sin] [( ] [π] [/] [6] [ )] [=] 버튼을 누른다. 0.5

그런데 $y=\sin x$는 수학에서 사용되는 sin 함수이며, 전기/전자/정보통신 공학에서는 다음과 같이 표기가 주로 사용된다.

$$x(t)=\sin t$$

이 식에서 보듯이 독립변수로 시간을 나타내는 t가 사용되며 단위는 sec 또는 초이다. 그리고 가장 기본이 되는 sin 함수는 다음과 같다.

$$x(t)=\sin 2\pi t$$

이 기본 sin 함수의 그래프는 다음과 같다.

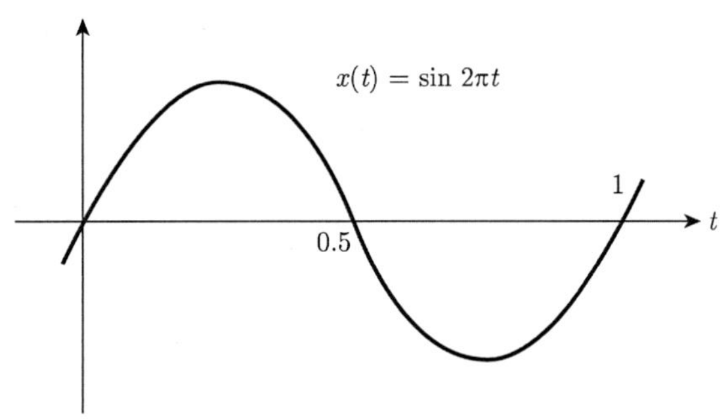

| 그림 2-11 | 기본 sin 함수(1 Hz)

이 기본 sin 함수는 기선 $\overrightarrow{OA}$가 원을 한 바퀴 도는데 1 sec가 걸리는 함수이다. 그런데 이 기본 sin 함수를 다음과 같이 f를 첨가하여 표기하기도 한다.

$$x(t)=\sin 2\pi ft$$

여기에서 $f=1$이다. 위의 식에서 f를 첨가한 이유는 이 기본 함수보다 더 빠르거나 느린 sin 함수를 나타내기 위해서이다.

위의 식에서 f를 주파수라 하고 단위는 Hz(헤르츠)이다.

이번에는 기선 $\overrightarrow{OA}$가 1초에 원을 1000 바퀴 도는 sin 함수를 생각해 보자. 이 sin 함수는 다음과 같이 나타낸다.

$$x(t)=\sin 2\pi ft$$

여기에서 $f=1{,}000\text{ Hz}=1\text{ kHz}$이다.

기선 $\overrightarrow{OA}$가 원을 한 바퀴 도는데 걸리는 시간을 주기 T라고 한다. 따라서 이 식에서 주기는 다음과 같다.

$$T = \frac{1}{1000}\,\mathrm{sec}$$

위의 식에서 보듯이 기선 $\overrightarrow{OA}$가 1초에 원을 1000 바퀴 돌았으므로 주파수 f는 1000 Hz가 되고 주기 T는 1/1000 sec가 된다. 즉, 주파수와 주기는 다음의 관계가 있다.

$$T = \frac{1}{f}$$

이번에는 기선 $\overrightarrow{OA}$가 1초에 원을 백만 바퀴 도는 sin 함수를 생각해 보자. 이 sin 함수는 다음과 같이 나타낸다.

$$x(t) = \sin 2\pi f t$$

여기에서 $f = 1{,}000{,}000\,\mathrm{Hz} = 1\mathrm{MHz}$, $T = \dfrac{1}{1{,}000{,}000}\,\mathrm{sec} = 10^{-6}\,\mathrm{sec}$이다.

이번에는 기선 $\overrightarrow{OA}$가 1초에 원을 10억 바퀴 도는 sin 함수를 생각해 보자. 이 sin 함수는 다음과 같이 나타낸다.

$$x(t) = \sin 2\pi f t$$

여기에서 $f = 1{,}000{,}000{,}000\,\mathrm{Hz} = 1\mathrm{GHz}$, $T = \dfrac{1}{1{,}000{,}000{,}000}\,\mathrm{sec} = 10^{-9}\,\mathrm{sec}$이다.

sin 함수를 나타내는 또 다른 표기 방법은 다음 식과 같다.

$$x(t) = \sin 2\pi f t = \sin\omega t$$

주파수 표기 방법을 구분하기 위하여 f를 헤르츠 주파수라고 정의하고, ω를 각주파수(radian frequency)라고 정의한다. 따라서 각주파수와 헤르츠 주파수는 다음의 관계가 있다.

$$\omega = 2\pi f$$

이와 같은 sin 신호는 통신시스템에서 많이 사용된다. 예를 들어 무선통신시스템의 안테나에서 발사되는 전파(radio wave)에서 sin 신호가 어떻게 사용되는지 알아보기로 한다. 안테나에서 정보를 공기 중을 통하여 전달하기 위해서는 전파를 날려 보내야 하는데 이때에 다음과 같은 sin 신호를 사용하게 된다.

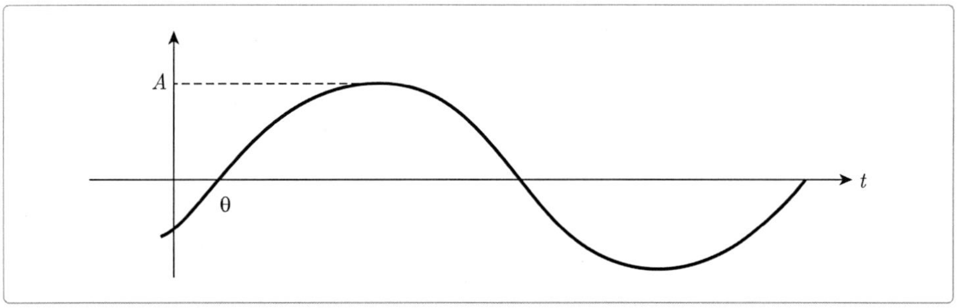

Ⅰ그림 2-12Ⅰ 무선통신에서 사용되는 전파 신호

위와 같은 sin 신호는 다음과 같이 나타낼 수 있다.

$$x(t) = A\sin(2\pi f t - \theta) = A\sin(\omega t - \theta)$$

위의 식에서의 이름은 각각 다음과 같다.

A : 진폭(magnitude, amplitude)
f : 헤르츠 주파수(frequency, Hz)
ω : 라디안 주파수(radian frequency)
θ : 위상각(phase angle)

위의 그래프와 같은 sin 신호에서 A, f, θ에 각각 정보를 실어서 전송할 수 있다. 예를 들어 진폭 A에 정보를 싣는 방법은 다음과 같다. 즉, 디지털 정보 1을 전송할 때는 $A=10$을 사용하고, 디지털 정보 0을 전송할 때는 $A=5$를 사용할 수 있다. 주파수 f에도 정보를 실을 수 있다. 즉, 디지털 정보 1을 전송할 때는 $f=10$ MHz를 사용하고, 디지털 정보 0을 전송할 때는 $f=5$ MHz를 사용하여 정보를 전송할 수 있다. 또한 위상 θ에도 정보를 실을 수 있다. 즉, 디지털 정보 1을 전송할 때는 $\theta=\pi$를 사용하여 전송하고, 디지털 정보 0을 전송할 때는 $\theta=0$을 사용하여 전송할 수 있다. 이와 같이 sin 신호는 통신에서 없어서는 안 되는 중요한 신호이다.

2.4.2 cos 함수

다음의 원에서 cos이 만드는 함수를 보자.

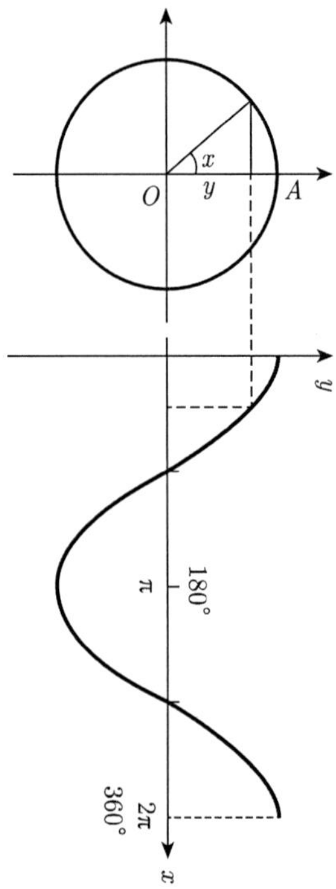

| 그림 2-13 | 원에서의 cos 함수

그림에서 기선 $\overrightarrow{OA}$가 원을 따라 회전한다고 가정한다. 이때 회전하는 각을 독립 변수 x라고 하면 다음과 같은 삼각형의 밑변이 만드는 함수를 만들 수 있다.

$$y = \cos x$$

위의 함수에서 도표기법을 사용하면 0°, 30°, 45°, 60°, 90°에서의 cos 값은 각각 다음과 같다.

$$\cos 0° = 1,\quad \cos 30° = \frac{\sqrt{3}}{2} = 0.866,\quad \cos 45° = \frac{1}{\sqrt{2}} = 0.707,$$
$$\cos 60° = \frac{1}{2} = 0.5,\quad \cos 90° = 0$$

cos 함수에서도 도표기법 외에 호도법도 많이 사용된다.

예제 공학용계산기로 다음을 계산하시오.

(a) $\cos 30°$ (b) $\cos \frac{\pi}{4}$

풀이 공학용계산기의 모드를 확인한다. 각 표기는 2가지가 주로 사용된다. Degree 모드는 도표기법이고 Radian 모드는 호도법이다.

(a) Degree 모드 확인 후

[cos] [30] [=] 버튼을 누른다. 0.8660254038

(b) Radian 모드 확인 후

[cos] [( ] [π] [/] [4] [ )] [=] 버튼을 누른다. 0.7071067812

전기/전자/정보통신 공학에서는 다음과 같이 표기가 주로 사용된다.

$$x(t) = \cos t$$

위의 식에서 보듯이 독립변수로 시간을 나타내는 t가 사용되며 단위는 sec 또는 초이다. 그리고 가장 기본이 되는 cos 함수는 다음과 같다.

$$x(t) = \cos 2\pi t$$

위의 기본 cos 함수의 그래프는 다음과 같다.

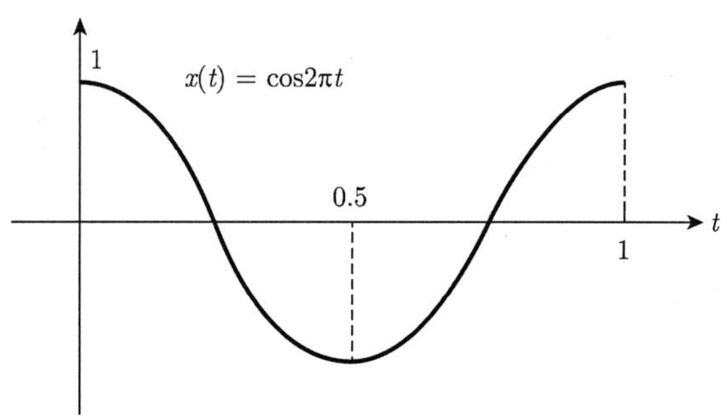

▎그림 2-14▎ 기본 cos 함수(1 Hz)

위의 기본 cos 함수는 기선 $\overrightarrow{OA}$가 원을 한 바퀴 도는데 1 sec가 걸리는 함수이다. 위의 기본 cos 함수를 다음과 같이 표기하기로 한다.

$$x(t) = \cos 2\pi f t$$

여기에서 $f = 1$이다.

위의 식에서 f를 주파수라 하고 단위는 Hz(헤르츠)이다. cos 함수도 다음과 같이 라디안 주파수 ω를 사용하여 표기하기도 한다.

$$x(t) = \cos 2\pi f t = \cos \omega t$$

2.4.3 tan 함수

다음의 원에서 tan가 만드는 함수를 보자.

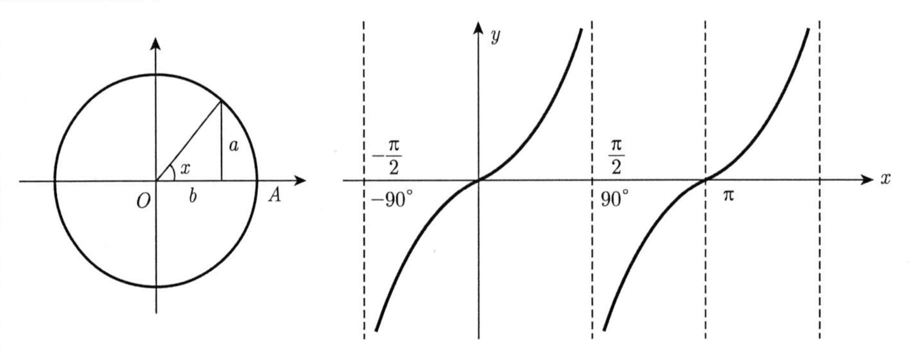

| 그림 2-15 | 원에서의 tan

그림에서 기선 $\overrightarrow{OA}$가 원을 따라 회전한다고 가정한다. 이때 회전하는 각을 독립변수 x라고 하면 다음과 같은 함수를 만들 수 있다.

$$y = \tan x$$

즉 tan 함수는 x 각에서의 밑변분의 높이로 정의되는 함수이다. 여기서 x는 도 표기법이나 호도법의 각으로 표기한다. 따라서 0°, 30°, 45°, 60°, 90°에서의 tan 값은 다음과 같다.

$$\tan 0^\circ = 0,\quad \tan 30^\circ = 0.5774,\quad \tan 45^\circ = 1,$$

$$\tan 60^\circ = 1.7321,\quad \tan 90^\circ = \infty$$

예제 공학용계산기로 다음을 계산하시오.

(a) $\tan 30^\circ$　　(b) $\tan \dfrac{\pi}{6}$

풀이 공학용계산기의 모드를 확인한다.

(a) Degree 모드 확인 후

[tan] [30] [=] 버튼을 누른다. 0.5773502692

(b) Radian 모드 확인 후

[tan] [( ] [π] [/] [6] [ )] [=] 버튼을 누른다. 0.5773502692

2.5 역삼각함수

2.5.1 역 sin 함수

다음의 sin 함수를 보자.

$$y = \sin x$$

$x = \pi/6$에서의 sin 값은 다음과 같다.

$$\sin \frac{\pi}{6} = 0.5$$

이 sin 함수의 역함수를 구해보기로 한다. 즉, 0.5로부터 $\pi/6$를 찾는 함수를 찾아보기로 한다. 그런데 일반적으로 sin 함수는 일대일 함수가 아니므로 역함수가 없다. 만일 sin 함수의 정의역을 $[-\pi/2, \pi/2]$로 제한하면 일대일 함수가 되므로 다음 그림과 같이 역함수가 존재한다.

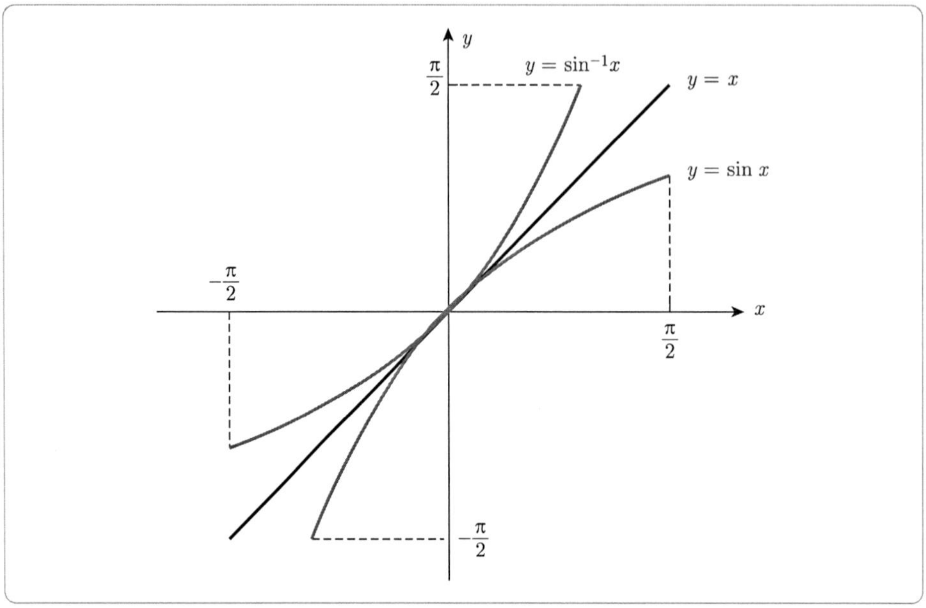

▌그림 2-16▐ sin 함수와 그 역함수

$y = \sin x$의 역함수를 찾기 위해서 x와 y를 바꾸면 $x = \sin y$가 얻어진다. 이 식을 다음과 같이 표기하기로 약속한다.

$$y = \sin^{-1} x$$

이 함수를 역 sin 함수(inverse sin function)라고 정의한다.

예제 공학용계산기로 다음을 계산하시오.

(a) $\sin^{-1} 0.5$

(b) $\sin^{-1} 0.7071 = \sin^{-1}\left(\dfrac{1}{\sqrt{2}}\right)$

(c) $\sin^{-1} 0.866 = \sin^{-1}\left(\dfrac{\sqrt{3}}{2}\right)$

풀이 (a) [$\sin^{-1}$] [0] [.] [5] [=] 0.5235987756 (=$\pi/6$)

(b) [$\sin^{-1}$] [0] [.] [7] [0] [7] [1] [=] 0.7853981634 (=$\pi/4$)

(c) [$\sin^{-1}$] [0] [.] [8] [6] [6] [=] 1.047197551 (=$\pi/3$)

2.5.2 역 cos 함수

다음의 cos 함수의 역함수를 구해보기로 한다.

$$y = \cos x$$

일반적으로 cos 함수는 일대일 함수가 아니므로 역함수가 없다. 만일 cos 함수의 정의역을 $[0,\ \pi]$로 제한하면 일대일 함수가 되므로 다음 그림과 같이 역함수가 존재한다.

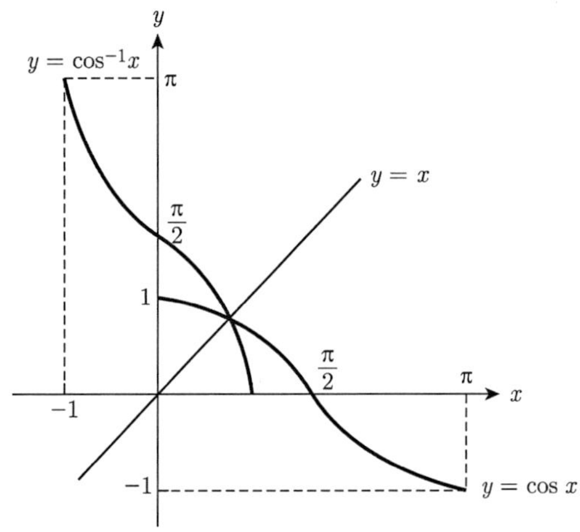

| 그림 2-17 | cos 함수와 그 역함수

$y = \cos x$의 역함수를 찾기 위해서 x와 y를 바꾸면 $x = \cos y$가 얻어진다. 이 식을 다음과 같이 표기하기로 약속한다.

$$y = \cos^{-1} x$$

이 함수를 역 cos 함수(inverse cos function)라고 정의한다.

예제 공학용계산기로 다음을 계산하시오.

(a) $\cos^{-1} 0.5$ (b) $\cos^{-1} 0.7071 = \cos^{-1}\left(\dfrac{1}{\sqrt{2}}\right)$

(c) $\cos^{-1} 0.866 = \cos^{-1}\left(\frac{\sqrt{3}}{2}\right)$

풀이 (a) [$\cos^{-1}$] [0] [.] [5] [=] 1.047197551 (=$\pi/3$)

(b) [$\cos^{-1}$] [0] [.] [7] [0] [7] [1] [=] 0.7853981634 (=$\pi/4$)

(c) [$\cos^{-1}$] [0] [.] [8] [6] [6] [=] 0.5235987756 (=$\pi/6$)

2.5.3 역 tan 함수

다음의 tan 함수의 역함수를 구해보기로 한다.

$$y = \tan x$$

일반적으로 tan 함수는 일대일 함수가 아니므로 역함수가 없다. 만일 tan 함수의 정의역을 $[-\pi/2, \pi/2]$로 제한하면 일대일 함수가 되므로 다음 그림과 같이 역함수가 존재한다.

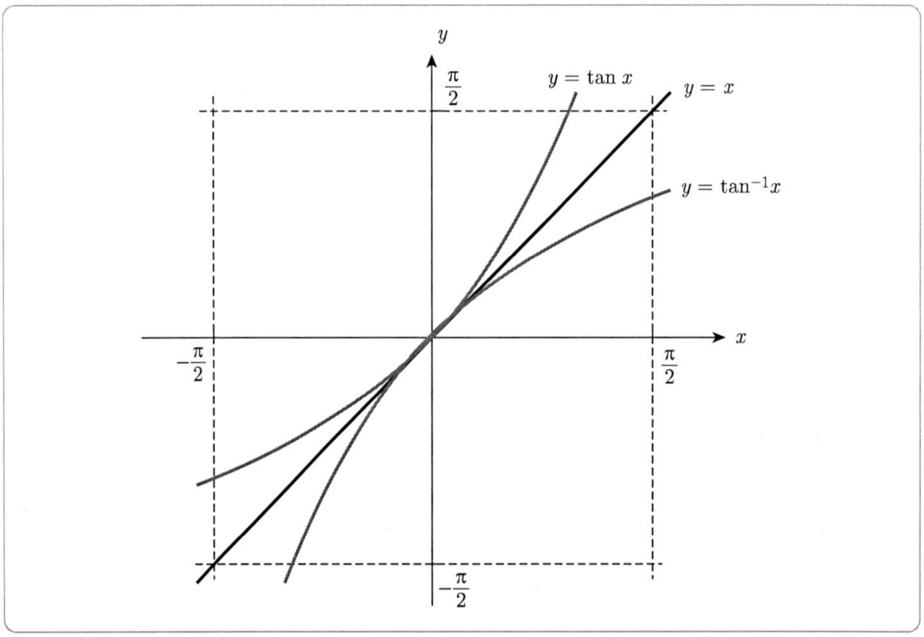

그림 2-18 tan 함수와 그 역함수

$y = \tan x$의 역함수를 찾기 위해서 x와 y를 바꾸면 $x = \tan y$가 얻어진다. 이 식을 다음과 같이 표기하기로 약속한다.

$$y = \tan^{-1} x$$

이 함수를 역 tan 함수(inverse tan function)라고 정의한다.

예제 공학용계산기로 다음을 계산하시오.

(a) $\tan^{-1}\left(\dfrac{1}{\sqrt{3}}\right)$ (b) $\tan^{-1} 1$

풀이 (a) [$\tan^{-1}$] [(] [1] [/] [$\sqrt{\ }$] [3] [)] [=] 0.5235987756 (=$\pi/6$)

(b) [$\tan^{-1}$] [1] [=] 0.7853981634 (=$\pi/4$)

2.6 AI 함수

지금까지 알아본 함수와 조금 다른 AI(Artificial Intelligence, 인공지능) 함수에 대하여 알아보기로 한다. 이 장에서 지금까지 다루었던 $y = 5x + 50$이나 $y = x^2$처럼 독립변수를 사용하여 명확하게 정의되는 함수도 있지만 다음 그림과 같이 동물들의 영상 집합이 동물들의 종류 집합으로 대응되는 함수도 있다.

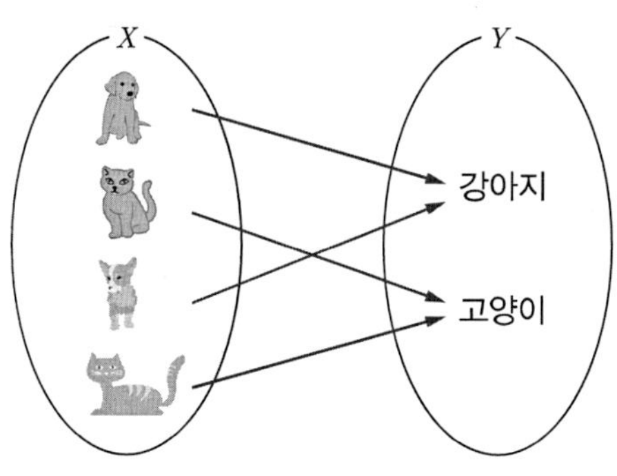

그림 2-19 영상인식 AI 함수

위의 그림은 X 집합의 각 동물들의 원소 들이 Y 집합의 동물 종류의 원소로 대응되고 있는 함수이다. 그런데 이 함수는 수학으로 바로 정의되는 함수가 아니라 영상인식 학습을 통하여 대응되는 함수이다. 바로 어린 아이가 사용하는 함수이다.

요즈음 사용되는 반도체 1개의 연산속도는 수십억 명의 인간이 연산하는 속도보다 빠르다. 그런데 이와 같이 빠른 반도체도 수학연산 만으로는 이 함수를 계산하지 못한다. 어린 아이는 알고 있는 이 함수를 반도체는 찾아내지 못하는 것이다.

그런데 AI가 내장된 반도체는 이 함수를 찾아낼 수 있다. 이 AI 반도체는 학습이라고 하는 인간의 지능을 모방한 방법을 통해 이 함수를 찾아낸다.

이 AI 함수는 함수의 정의에 부합되지만 이 장에서 알아본 함수들처럼 독립변수를 사용하여 바로 정의되는 함수가 아니라 화살표를 찾아가는 과정이라고 할 수 있다. 이 찾아가는 과정을 익히기 위하여 반도체는 학습이 필요하며, 학습을 통하여 함수를 찾아가는 과정에는 여러 가지 수학을 이용한다. 즉 AI에서는 미분, 행렬, 벡터 등의 수학을 사용한다.

연습문제

2-1 $x(t) = \sin(2\pi \times 1000)t$의 함수에서 이 함수의 주파수 f를 구하시오.

2-2 $x(t) = \sin 10000t$의 함수에서 이 함수의 주파수 f를 구하시오.

2-3 $x(t) = \sin 1000t$의 함수에서 이 함수의 주기 T를 구하시오.

2-4 다음 식에서 a를 구하시오.

$$\log_a 1000 = 5$$

2-5 다음 sin 함수의 주기 T를 구하시오.

$$x(t) = \sin 3141592t$$

2-6 A 지점에는 목표물이 있고, B 지점과 C 지점에는 각각 관측자가 있다. B 지점에서 관측한 $\measuredangle ABC$ 는 65도이고, C 지점에서 관측한 $\measuredangle ACB$ 도 역시 65도이다. B 지점과 C 지점의 관측자 사이의 거리는 2 km이다. B 지점에서 A 지점 사이의 거리를 구하시오.

2-7 서울 북한산(A 지점)과 강원도 설악산(B 지점)에 각각 마이크로웨이브 무선통신 장비를 설치하여 통신하려고 한다. 북한산 해발 0 m에 통신장비를 설치하였다. 설악산의 해발 몇 m에 통신장비를 설치해야 하는가?(마이크로웨이브 전자기파는 굴절하지 않는다고 가정, 북한산과 설악산의 거리는 140 km, 지구의 반지름은 6400 km)

2-8 문제 1–4에서 A 지점의 통신장비 설치고도와 두 지점의 거리를 알고 있을 때, B 지점의 통신장비 설치고도를 찾는 문제를 프로그램하시오.(마이크로웨이브 전자기파는 굴절하지 않는다고 가정, 지구의 반지름은 6400 km)

2-9 어느 세포군이 2배로 커지는데 2시간이 걸린다. 이 세포군이 2000배로 커지는데 걸리는 시간을 구하시오.(참고 : $\log_{10}2 = 0.301$)

CHAPTER 03

미분

3.1 미분의 용도

미분은 영어로 differentiation이라고 하는데, 이는 원래 구별이라는 뜻이다. 즉, 잘 안 보이는 것도 가까이 가면 구별할 수 있다. 아주 작은 것을 구별하려면 현미경을 사용하는데, 현미경을 사용하면 아주 작다고 알려진 분자도 볼 수 있다. 물리학에서 현미경이 아주 작은 것을 볼 수 있는 도구라면, 수학에서는 미분이 아주 작은 변화를 분석할 수 있는 도구이다.

미분은 한자로는 微分이라고 적는다. 微는 작다는 뜻이고 分은 분해 즉 나눈다는 뜻이다. 이를 합하면 잘게 나눈다는 의미이다. 미분에 대한 영어와 한자의 의미는 약간의 차이가 있다. 영어로 "구별한다."는 가까이 다가가는 행동의 결과이며, 한자의 "잘게 나눈다."는 구별하기 위한 행동이다. 이제부터 미지의 세계를 경험할 수 있는 미분의 세계로 들어가 보기로 한다.

전기/전자/정보통신 공학에서는 미분이 많이 사용되고 있다. 그 중에서 중요한 몇 가지 용도를 기술하면 다음과 같다.

- 극댓값과 극솟값 : 함수(신호)가 계속 변화하고 있을 때, 미분을 사용하여 그 함수의 극댓값과 극솟값을 구할 수 있다.
- 미분방정식 : 시스템이란 어떤 신호가 입력되어 다른 신호로 변화되는 규칙이다. 그런데 시스템의 입력 신호와 출력 신호의 관계를 나타내는 방정식이 미분방정식이다. 이 미분방정식에 미분이 사용된다.
- AI : AI는 음성인식이나 영상인식 분야에서 많이 사용되고 있으며, 다양한 분야로 용도를 확장하고 있다. AI는 반도체로 구현되는데, 이 AI 반도체는 훈련 집합을 사용하여 학습한다. AI 반도체가 학습을 통하여 가설을 찾아낼 때, 미분을 사용한다.

3.2 미분계수와 도함수

독립변수 x로 정의되는 다음 그림과 같은 연속 함수 $y=f(x)$를 생각해 보자.

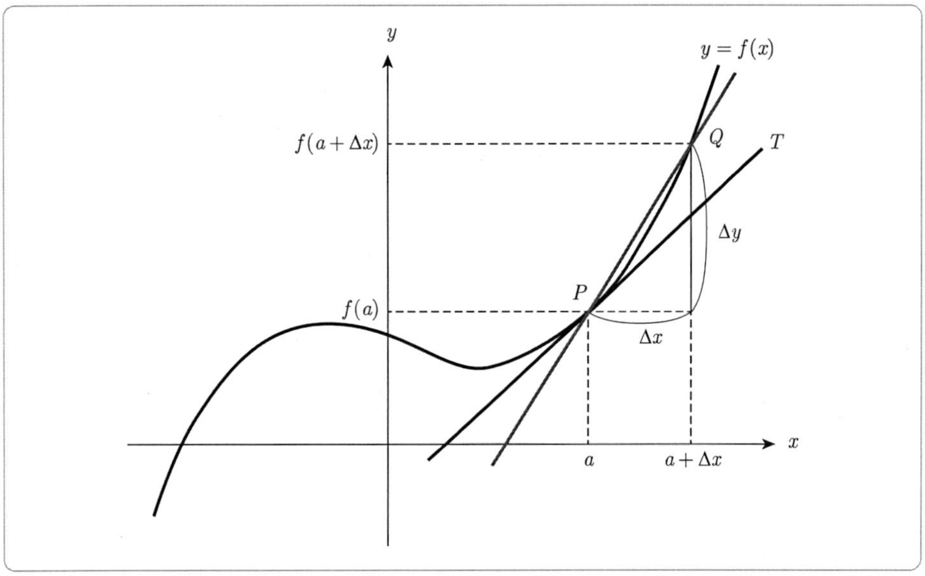

| 그림 3-1 | 예제의 연속 함수

이 그래프에서 x가 $x=a$에서부터 Δx 만큼 증가할 때 y는 Δy 만큼 증가하고 있다. 이때 다음의 값을 구할 수 있으면 "함수 $y=f(x)$는 $x=a$에서 미분 가능하다(differentiable)."라고 한다.

$$\lim_{\Delta x \to 0} \frac{f(a+\Delta x)-f(a)}{\Delta x} = \lim_{t \to a} \frac{f(t)-f(a)}{t-a}$$

그리고 위의 식을 다음과 같이 $f'(a)$로 나타내기로 약속한다.

$$f'(a) = \lim_{\Delta x \to 0} \frac{f(a+\Delta x)-f(a)}{\Delta x} = \lim_{t \to a} \frac{f(t)-f(a)}{t-a}$$

이 $f'(a)$를 함수 $y=f(x)$의 $x=a$에서의 미분계수(differential coefficient)라고 부른다. 그리고 Δx와 Δy를 각각 x와 y의 증분(increment)이라고 부른다.

$f'(a)$의 물리적인 의미를 살펴보자. 그림에서 Δx를 0으로 수렴시키면 직선 PQ는 점 P에서의 접선 PT에 한없이 가까워지는 것을 알 수 있다. 즉 $f'(a)$는 $x=a$에서의 접선의 기울기를 의미한다. 그러면 이 접선의 방정식도 구해보자. 먼저 일차방정식의 일반형은 다음과 같다.

$$y=f'(a)x+b$$

이 일반형에서 y 절편인 b를 구하기 위해 다음과 같이 $x=a$일 때 $y=f(a)$를 이용한다.

$$f(a)=f'(a)a+b \ \therefore b=f(a)-f'(a)a$$

이 결과를 대입하면 다음의 접선의 방정식을 구할 수 있다.

$$y=f'(a)(x-a)+f(a)$$

지금까지는 함수 $y=f(x)$의 $x=a$에서 미분계수에 대하여 알아보았다. 이제 모든 x에 대하여 미분계수를 생각해보기로 한다. 먼저 함수 $y=f(x)$의 $x=a$에서뿐 아니라 모든 구간에서 미분이 가능하다고 가정한다. 그러면 그 구간의 모든 x에 대하여 $f'(x)$를 생각할 수 있으며 이 $f'(x)$는 다음과 같은 x의 함수가 된다.

$$f'(x)=\lim_{\Delta x\to 0}\frac{f(x+\Delta x)-f(x)}{\Delta x}$$

이 $f'(x)$를 $f(x)$의 도함수(derivative)라고 하며, 이 도함수를 구하는 것을 "**미분한다**(differentiate)"고 한다. 함수 $y=f(x)$의 도함수는 다음과 같이 여러 가지의 표기법이 있다.

$$y' \quad f'(x) \quad \frac{dy}{dx} \quad \frac{df(x)}{dx} \quad Df(x)$$

예제 다음 함수의 도함수를 구하시오.

(1) $f(x)=3$

(2) $f(x)=x^2+5x+2$

(3) $f(x)=\sqrt{x}$

(4) $f(x) = \dfrac{1}{x}$

풀이 (1) $f'(x) = \lim_{\Delta x \to 0} \dfrac{f(x+\Delta x) - f(x)}{\Delta x} = \lim_{\Delta x \to 0} \dfrac{3-3}{\Delta x} = 0$

(2) $$\begin{aligned} f'(x) &= \lim_{\Delta x \to 0} \frac{f(x+\Delta x) - f(x)}{\Delta x} \\ &= \lim_{\Delta x \to 0} \frac{(x+\Delta x)^2 + 5(x+\Delta x) + 2 - (x^2+5x+2)}{\Delta x} \\ &= \lim_{\Delta x \to 0} \frac{2x\Delta x + \Delta x^2 + 5\Delta x}{\Delta x} \\ &= \lim_{\Delta x \to 0} (2x + \Delta x + 5) \\ &= 2x + 5 \end{aligned}$$

(3) $$\begin{aligned} f'(x) &= \lim_{\Delta x \to 0} \frac{f(x+\Delta x) - f(x)}{\Delta x} = \lim_{\Delta x \to 0} \frac{\sqrt{x+\Delta x} - \sqrt{x}}{\Delta x} \\ &= \lim_{\Delta x \to 0} \frac{(\sqrt{x+\Delta x} - \sqrt{x})(\sqrt{x+\Delta x} + \sqrt{x})}{\Delta x(\sqrt{x+\Delta x} + \sqrt{x})} \\ &= \lim_{\Delta x \to 0} \frac{\Delta x}{\Delta x(\sqrt{x+\Delta x} + \sqrt{x})} \\ &= \lim_{\Delta x \to 0} \frac{1}{\sqrt{x+\Delta x} + \sqrt{x}} \\ &= \frac{1}{2\sqrt{x}} \end{aligned}$$

(4) $$\begin{aligned} f'(x) &= \lim_{\Delta x \to 0} \frac{f(x+\Delta x) - f(x)}{\Delta x} = \lim_{\Delta x \to 0} \frac{\dfrac{1}{x+\Delta x} - \dfrac{1}{x}}{\Delta x} \\ &= \lim_{\Delta x \to 0} \frac{\dfrac{-\Delta x}{(x+\Delta x)x}}{\Delta x} = \lim_{\Delta x \to 0} \frac{-1}{(x+\Delta x)x} \\ &= -\frac{1}{x^2} \end{aligned}$$

이번에는 곱으로 된 함수 $y = f(x)g(x)$의 도함수에 대하여 알아본다. 곱으로 된 함수를 도함수의 정의에 대입하면 다음의 결과를 얻는다.

$$
\begin{aligned}
(f(x)g(x))' &= \lim_{\Delta x \to 0} \frac{f(x+\Delta x)g(x+\Delta x)-f(x)g(x)}{\Delta x} \\
&= \lim_{\Delta x \to 0} \frac{f(x+\Delta x)g(x+\Delta x)-f(x)g(x+\Delta x)+f(x)g(x+\Delta x)-f(x)g(x)}{\Delta x} \\
&= \lim_{\Delta x \to 0} \left[\frac{f(x+\Delta x)-f(x)}{\Delta x} g(x+\Delta x) + f(x)\frac{g(x+\Delta x)-g(x)}{\Delta x} \right] \\
&= f'(x)g(x)+f(x)g'(x)
\end{aligned}
$$

예제 다음 함수의 도함수를 구하시오.

$$y=(x^2+2x+2)(x^3-1)$$

풀이 (1) $y' = f'(x)g(x)+f(x)g'(x)$

$$
\begin{aligned}
&= (2x+2)(x^3-1)+(x^2+2x+2)(3x^2) \\
&= 2x^4+2x^3-2x-2+3x^4+6x^3+6x^2 \\
&= 5x^4+8x^3+6x^2-2x-2
\end{aligned}
$$

이번에는 나눗셈으로 된 함수 $y=\dfrac{f(x)}{g(x)}$의 도함수에 대하여 알아본다. 나눗셈으로 된 함수를 도함수의 정의에 대입하면 다음의 결과를 얻는다.

$$
\begin{aligned}
\left(\frac{f(x)}{g(x)}\right)' &= \lim_{\Delta x \to 0} \frac{\dfrac{f(x+\Delta x)}{g(x+\Delta x)} - \dfrac{f(x)}{g(x)}}{\Delta x} \\
&= \lim_{\Delta x \to 0} \frac{\dfrac{f(x+\Delta x)g(x)-f(x)g(x+\Delta x)}{g(x+\Delta x)g(x)}}{\Delta x} \\
&= \lim_{\Delta x \to 0} \frac{f(x+\Delta x)g(x)-f(x)g(x+\Delta x)}{g(x+\Delta x)g(x)\Delta x} \\
&= \lim_{\Delta x \to 0} \frac{[f(x+\Delta x)g(x)-f(x)g(x)]-[f(x)g(x+\Delta x)-f(x)g(x)]}{g(x+\Delta x)g(x)\Delta x} \\
&= \frac{f'(x)g(x)-f(x)g'(x)}{[g(x)]^2}
\end{aligned}
$$

예제 다음 함수의 도함수를 구하시오.

$$y = \frac{x-2}{x+1}$$

풀이 (1) $y' = \frac{(x+1)-(x-2)}{(x+1)^2} = \frac{3}{(x+1)^2}$

도함수의 중요 공식은 다음과 같다.

(1) $f(x) = c, \quad f'(x) = 0$

(2) $f(x) = x^n, \quad f'(x) = nx^{n-1}$

(3) $(f(x) \pm g(x))' = f'(x) \pm g'(x)$

(4) $(kf(x))' = kf'(x)$

(5) $(f(x)g(x))' = f'(x)g(x) + f(x)g'(x)$

(6) $\left(\frac{f(x)}{g(x)}\right)' = \frac{f'(x)g(x) - f(x)g'(x)}{[g(x)]^2}$

3.2.1 합성함수의 미분

다음과 같은 함수의 도함수를 구해보자.

$$y = (x^3 - 2x^2 + 3x + 1)^5$$

우변의 5제곱을 모두 전개하여 도함수를 구하는 것은 시간이 너무 많이 걸린다. 이런 경우 다음과 같이 정의해 보자.

$$z = x^3 - 2x^2 + 3x + 1$$

따라서 다음과 같은 2개의 함수가 만들어진다.

$$y = z^5, \quad z = x^3 - 2x^2 + 3x + 1$$

이 함수의 도함수는 다음과 같이 구한다.

$$\frac{dy}{dx} = \frac{dy}{dz}\frac{dz}{dx} = 5z^4(3x^2 - 4x + 3) = 5(x^3 - 2x^2 + 3x + 1)^4(3x^2 - 4x + 3)$$

예제 다음 함수의 도함수를 구하시오.

$$y = \sqrt{x^2 - 3x + 5}$$

풀이 먼저 다음과 같이 정의해 보자.

$$z = x^2 - 3x + 5$$

따라서 다음과 같은 2개의 함수가 만들어진다.

$$y = \sqrt{z}, \quad z = x^2 - 3x + 5$$

이 함수의 도함수는 다음과 같다.

$$\frac{dy}{dx} = \frac{dy}{dz}\frac{dz}{dx} = \frac{1}{2\sqrt{z}}(2x-3) = \frac{2x-3}{2\sqrt{x^2-3x+5}}$$

3.2.2 삼각함수의 미분

다음과 같은 sin 함수의 도함수를 구해보자.

$$y = \sin x$$

도함수의 정의를 사용하여 다음과 같이 구할 수 있다.

$$\begin{aligned} y' = (\sin x)' &= \lim_{\Delta x \to 0} \frac{\sin(x+\Delta x) - \sin x}{\Delta x} \\ &= \lim_{\Delta x \to 0} \frac{2\sin\frac{\Delta x}{2}\cos\left(x + \frac{\Delta x}{2}\right)}{\Delta x} = \cos x \lim_{\Delta x \to 0} \frac{\sin(\Delta x/2)}{(\Delta x/2)} = \cos x \end{aligned}$$

참고 $\lim_{x \to 0} \frac{\sin x}{x} = \frac{0}{0}$의 부정형에서는 극한 값을 구하려면 로피탈의 정리를 이용한다. 즉, 다음과 같이 분자 분모를 미분하여 극한값을 구한다.

$$\lim_{x \to 0} \frac{\sin x}{x} = \lim_{x \to 0} \frac{(\sin x)'}{x'} = \lim_{x \to 0} \frac{\cos x}{1} = 1$$

이번에는 다음과 같은 cos 함수의 도함수를 구해보자.

$$y = \cos x$$

도함수는 다음과 같이 구할 수 있다.

$$y' = (\cos x)' = \left(\sin\left(x + \frac{\pi}{2}\right)\right)' = \cos\left(x + \frac{\pi}{2}\right) = -\sin x$$

마지막으로 다음과 같은 tan 함수의 도함수를 구해보자.

$$y = \tan x$$

도함수는 다음과 같이 구할 수 있다.

$$y' = (\tan x)' = \left(\frac{\sin x}{\cos x}\right)' = \frac{\cos^2 x + \sin^2 x}{\cos^2 x} = \frac{1}{\cos^2 x} = \sec^2 x$$

예제 다음 함수의 도함수를 구하시오.

(1) $y = \sin(x^2 + 3x + 1)$

(2) $y = \cos^2 x$

(3) $y = \tan^2 x + \tan x$

풀이 (1) $y' = (\sin(x^2 + 3x + 1))'$

$= [\cos(x^2 + 3x + 1)](x^2 + 3x + 1)' = (2x + 3)\cos(x^2 + 3x + 1)$

(2) $y' = (\cos^2 x)' = 2\cos x(\cos x)' = -2\cos x \sin x$

(3) $y' = (\tan^2 x + \tan x)'$

$= 2\tan x(\tan x)' + \sec^2 x = 2\tan x \sec^2 x + \sec^2 x$

$= (2\tan x + 1)\sec^2 x$

3.2.3 지수함수의 미분

다음과 같은 지수함수의 도함수를 구해보자.

$$y = e^x$$

도함수의 정의를 먼저 사용한다.

$$y' = \lim_{\Delta x \to 0} \frac{f(x+\Delta x) - f(x)}{\Delta x} = \lim_{\Delta x \to 0} \frac{e^{x+\Delta x} - e^x}{\Delta x} = e^x \lim_{\Delta x \to 0} \frac{e^{\Delta x} - 1}{\Delta x}$$

위의 식에서 다음을 구해보자.

$$\lim_{\Delta x \to 0} \frac{e^{\Delta x} - 1}{\Delta x}$$

위의 식에서 분자를 다음과 같이 정의한다.

$$z = e^{\Delta x} - 1$$

그러면 분모 Δx는 다음과 같이 나타낼 수 있다.

$$e^{\Delta x} = 1 + z \quad \rightarrow \quad \Delta x = \ln(1+z)$$

따라서 다음과 같이 값을 구할 수 있다.

$$\lim_{\Delta x \to 0} \frac{e^{\Delta x} - 1}{\Delta x} = \lim_{z \to 0} \frac{z}{\ln(1+z)} = \lim_{z \to 0} \frac{1}{\ln(1+z)^{\frac{1}{z}}} = \frac{1}{\ln e} = 1$$

참고 e의 정의

$$e = \lim_{z \to 0}(1+z)^{\frac{1}{z}} = \lim_{z \to \infty}\left(1 + \frac{1}{z}\right)^z$$

따라서 e^x의 도함수는 다음과 같이 구해진다.

$$y' = e^x$$

이 결과에서 보듯이 지수함수 e^x는 도함수도 e^x가 되는 특이한 함수이다. 즉 x의 모든 점에서는 기울기가 바로 그 함수의 함숫값이 되는 특이한 함수이다.

일반 지수함수의 도함수는 다음과 같다.

$$y = a^x, \quad y' = a^x \ln a$$

여기에서 a는 1인 아닌 양수이다. 이를 증명하는 과정은 다음과 같다. 먼저 a^x은 다음의 식으로 변형할 수 있다.

$$a^x = e^{x \ln a}$$

위의 변형식을 증명하기 위해 먼저 다음과 같이 정의하자.

$$e^{x \ln a} = p$$

양변에 로그를 취하면 다음과 같이 변형식이 증명된다.

$$x \ln a = \ln p \rightarrow p = a^x \qquad \therefore a^x = e^{x \ln a}$$

이렇게 변형시키면 다음과 같이 도함수를 구할 수 있다.

$$y = e^{x \ln a}, \qquad y' = (e^{x \ln a})' = e^{x \ln a}(x \ln a)' = e^{x \ln a} \ln a = a^x \ln a$$

예제 다음 함수의 도함수를 구하시오.

(1) $y = 5^x$

(2) $y = e^{x^2+2x+2}$

풀이 (1) $y' = 5^x \ln 5$

(2) $y' = e^{x^2+2x+2}(2x+2)$

3.2.4 로그함수의 미분

로그함수의 도함수는 다음과 같다.

$$y = \log_a x, \qquad y' = \frac{1}{x \ln a}$$

이의 증명은 다음과 같다.

$$y = \log_a x \quad \rightarrow \quad x = a^y$$

$$y' = \frac{dy}{dx} = \frac{1}{\frac{dx}{dy}} = \frac{1}{a^y \ln a} = \frac{1}{x \ln a}$$

자연로그의 도함수는 위의 특별한 경우이므로 위의 결과를 이용하여 다음과 같이 구할 수 있다.

$$y = \ln x, \qquad y' = \frac{1}{x}$$

예제 다음 함수의 도함수를 구하시오.

(1) $y = \log_3 x$

(2) $y = \ln(x^2 + 4x + 2)$

풀이 (1) $y' = \dfrac{1}{x\ln 3}$

(2) $y' = \dfrac{1}{x^2 + 4x + 2}(x^2 + 4x + 2)' = \dfrac{2x + 4}{x^2 + 4x + 2}$

3.3 고계 도함수

어떤 함수 $y = f(x)$를 한번 미분한 함수 $y' = f'(x)$를 1계 도함수라고 부른다. 그리고 한 번 더 미분한 함수를 2계 도함수라고 부르며 다음과 같은 여러 가지 표기 방식이 사용된다.

$$y'', \quad f''(x), \quad \frac{d^2y}{dx^2}, \quad D^2y$$

이와 같은 방법으로 원 함수를 n번 미분한 함수를 n계 도함수라고 부르며 다음과 같이 표기한다.

$$y^{(n)}, \quad f^{(n)}(x), \quad \frac{d^ny}{dx^n}, \quad D^ny$$

예제 다음 함수의 3계 도함수를 구하시오.

(1) $y = x^5 + 3x^4 - 2x^3 + 4x^2 + 3x + 5$

(2) $y = \dfrac{1}{x}$

풀이 (1) $y' = (x^5 + 3x^4 - 2x^3 + 4x^2 + 3x + 5)' = 5x^4 + 12x^3 - 6x^2 + 8x + 3$

$y'' = (5x^4 + 12x^3 - 6x^2 + 8x + 3)' = 20x^3 + 36x^2 - 12x + 8$

$y''' = (20x^3 + 36x^2 - 12x + 8)' = 60x^2 + 72x - 12$

(2) $y' = (x^{-1})' = -x^{-2}$

$$y'' = (-x^{-2})' = 2x^{-3}$$
$$y''' = (2x^{-3})' = -6x^{-4}$$

3.4 편미분

두 개의 변수에 의해 만들어지는 다음의 함수를 보자.

$$z = f(x, y)$$

이와 같은 함수를 독립변수가 x와 y의 두 개이므로 이변수 함수(function of two variables)라고 부른다. 일변수 함수 $y = f(x)$는 종이 위에 그려진 곡선이지만 이변수 함수 $z = f(x, y)$는 3차원 공간의 곡면이 된다. 즉, x와 y의 값에 의해 높이 z가 정해지므로 이 z의 점이 모이면 곡면이 된다.

편미분계수

이변수 함수 $z = f(x, y)$에서 다음의 값을 구할 수 있으면 "함수 $z = f(x, y)$는 좌표 (a, b)에서 x에 대하여 편미분 가능하다(partial differentiable)."라고 한다.

$$\lim_{\Delta x \to 0} \frac{f(a+\Delta x, b) - f(a, b)}{\Delta x}$$

그리고 위의 식을 다음과 같이 나타내기로 약속한다.

$$f_x(a, b) = \lim_{\Delta x \to 0} \frac{f(a+\Delta x, b) - f(a, b)}{\Delta x}$$

이 $f_x(a, b)$를 함수 $z = f(x, y)$의 좌표 (a, b)에서의 x에 대한 편미분계수(partial differential coefficient)라고 부른다.

따라서 함수 $z = f(x, y)$의 좌표 (a, b)에서의 y에 대한 편미분계수는 다음과 같다.

$$f_y(a, b) = \lim_{\Delta y \to 0} \frac{f(a, b+\Delta y) - f(a, b)}{\Delta y}$$

편도함수

지금까지 함수 $z=f(x, y)$의 좌표 (a, b)에서 x에 대한 편미분계수에 대하여 알아보았다. 이제 모든 좌표에서의 x에 대하여 미분 계수를 생각해보기로 한다. 먼저 함수 $z=f(x, y)$가 모든 좌표에서 x에 대하여 편미분 가능으로 가정한다. 그러면 그 구간의 모든 좌표에서 x에 대하여 다음의 $f_x(x, y)$를 정의할 수 있다.

$$f_x(x, y)=\lim_{\Delta x\to 0}\frac{f(x+\Delta x, y)-f(x, y)}{\Delta x}$$

이 $f_x(x, y)$를 x에 대한 $f(x, y)$의 편도함수(partial derivative)라고 한다. 이와 마찬가지로 y에 대한 편도함수는 다음과 같다.

$$f_y(x, y)=\lim_{\Delta y\to 0}\frac{f(x, y+\Delta y)-f(x, y)}{\Delta y}$$

x에 대한 편도함수와 y에 대한 편도함수는 각각 다음과 같이 여러 가지의 표기법이 있다.

$$f_x(x, y) \quad \frac{\partial z}{\partial x} \quad \frac{\partial f}{\partial x} \quad \frac{\partial}{\partial x}f(x, y)$$

$$f_y(x, y) \quad \frac{\partial z}{\partial y} \quad \frac{\partial f}{\partial y} \quad \frac{\partial}{\partial y}f(x, y)$$

예제 다음 함수의 x에 대한 편도함수와 y에 대한 편도함수를 각각 구하시오.

$$f(x, y)=x^2+4xy+y^2$$

풀이 x에 대한 편도함수는 다음과 같다.

$$\begin{aligned}\frac{\partial}{\partial x}f(x, y)&=\lim_{\Delta x\to 0}\frac{f(x+\Delta x, y)-f(x, y)}{\Delta x}\\&=\lim_{\Delta x\to 0}\frac{((x+\Delta x)^2+4(x+\Delta x)y+y^2)-(x^2+4xy+y^2)}{\Delta x}\\&=\lim_{\Delta x\to 0}\frac{2x\Delta x+\Delta x^2+4\Delta xy}{\Delta x}\\&=\lim_{\Delta x\to 0}(2x+\Delta x+4y)\\&=2x+4y\end{aligned}$$

이 결과를 보면 y를 상수로 보고 미분한 것과 같음을 알 수 있다. 따라서 y에 대한 편도함수는 다음과 같다.

$$\frac{\partial}{\partial y} f(x,\ y) = 4x + 2y$$

예제 다음 함수의 x에 대한 편도함수와 y에 대한 편도함수를 각각 구하시오.

$$z = \ln(x^2 + 3y)$$

풀이 x에 대한 편도함수는 다음과 같다.

$$\frac{\partial z}{\partial x} = \frac{2x}{x^2 + 3y}$$

y에 대한 편도함수는 다음과 같다.

$$\frac{\partial z}{\partial y} = \frac{3}{x^2 + 3y}$$

예제 다음 그림과 같은 반구 형태의 돔구장이 있다.
이 돔구장 외벽의 방정식은 다음과 같다(단위는 m).

$$x^2 + y^2 + z^2 = 100^2$$

(a) $x = 50,\ y = 0$에서의 돔구장의 높이를 구하시오.
(b) $x = 50,\ y = 0$에서의 x 방향의 기울기를 구하시오.

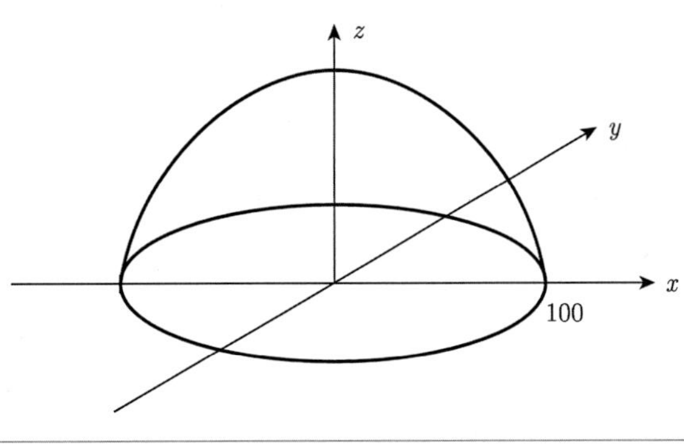

| 그림 3-2 | 돔구장

풀이 (a) $z^2 = 100^2 - x^2 - y^2$

$$z = \sqrt{10000 - x^2 - y^2} = \sqrt{10000 - 2500 - 0}$$
$$= \sqrt{7500} = 86.6\,\mathrm{m}$$

(b) $z = \sqrt{10000 - x^2 - y^2}$

이 식에서 $10000 - x^2 - y^2 = p$로 치환한다. 따라서 $z = \sqrt{p}$로 나타낼 수 있다. x 방향의 기울기는 다음과 같다.

$$\frac{\partial z}{\partial x} = \frac{\partial z}{\partial p}\frac{\partial p}{\partial x} = \frac{1}{2\sqrt{p}}(-2x) = \frac{-2x}{2\sqrt{10000 - x^2 - y^2}}$$
$$= \frac{-x}{\sqrt{10000 - x^2 - y^2}}$$

따라서 $x = 50,\ y = 0$에서의 x 방향의 기울기는 다음과 같다.

$$\frac{\partial z}{\partial x} = \frac{-50}{\sqrt{10000 - 2500 - 0}} = -0.5774$$

3.5 미분의 활용 : 극댓값과 극솟값

고차함수에서 미분을 사용하면 극댓값과 극솟값을 구할 수 있다. 다음의 3차 함수를 보자.

$$y = x^3 - 3x + 3$$

미분은 함수의 기울기이므로 기울기가 0인 x의 값을 다음과 같이 찾을 수 있다.

$$y' = 3x^2 - 3 = 0,\ 3(x^2 - 1) = 0$$
$$3(x-1)(x+1) = 0,\ \therefore x = 1, -1$$

$x = 1$과 $x = -1$에서의 y의 값은 각각 다음과 같다.

$$x = 1,\quad y = 1 - 3 + 3 = 1$$
$$x = -1,\ y = -1 + 3 + 3 = 5$$

따라서 이 3차 함수의 극댓값은 $x=-1$일 때의 $y=5$이고, 극솟값은 $x=1$일 때의 $y=1$이다.

예제 미국의 농구선수 마이클 조던의 어느 덩크슛의 농구공 궤적은 다음 그림과 같다.

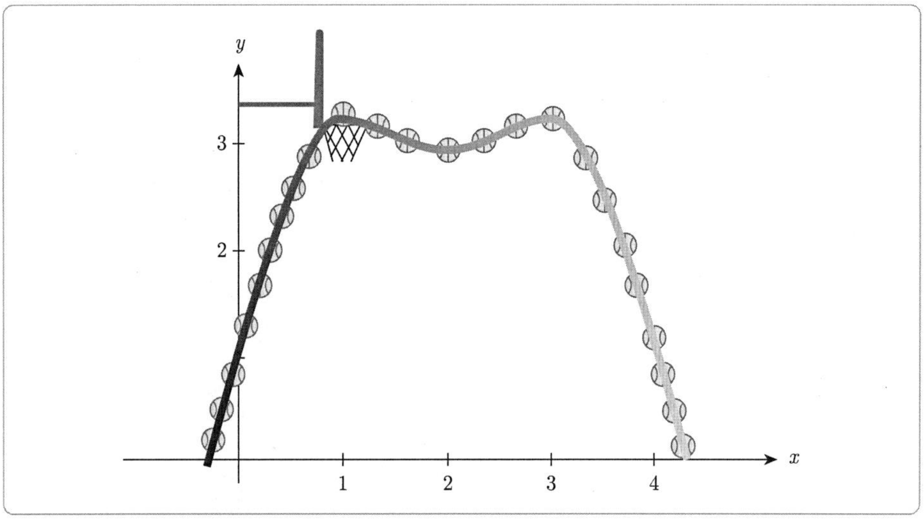

| 그림 3-3 | 마이클 조던의 덩크슛 궤적

이 농구공 궤적의 함수는 다음과 같은 4차 함수이다. 극댓값과 극솟값의 좌표를 구하시오(단위는 m).

$$y=-0.25x^4+2x^3-5.5x^2+6x+1$$

풀이 기울기가 0인 x의 값을 다음과 같이 찾을 수 있다.

$$y'=-x^3+6x^2-11x+6=0, \quad -(x^3-6x^2+11x-6)=0$$

$$-(x-1)(x-2)(x-3)=0, \quad \therefore x=1,\ 2,\ 3$$

$x=1, 2, 3$에서의 y의 값은 각각 다음과 같다.

$$x=1, \quad y=3.25(\text{극댓값})$$
$$x=2, \quad y=3(\text{극솟값})$$
$$x=3, \quad y=3.25(\text{극댓값})$$

3.6 미분의 활용 : 미분방정식

3.6.1 인덕터가 사용된 시스템의 미분방정식

전기/전자/정보통신 공학에서는 다음 그림과 같은 인덕터(inductor)가 많이 사용된다.

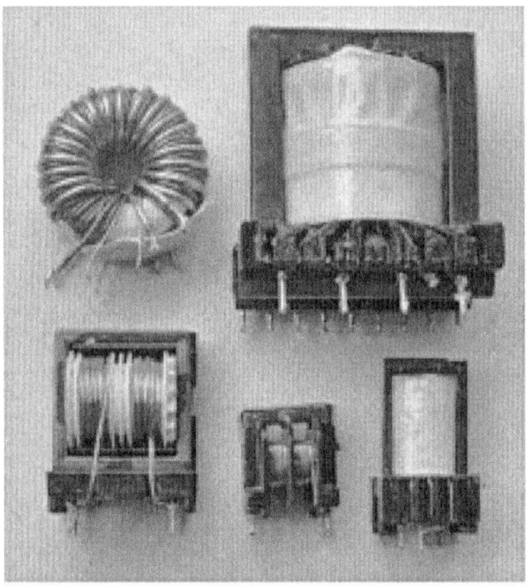

(a)

(b)

┃그림 3-4┃ 인덕터 소자

그림에서 보듯이 인덕터는 감겨있는 코일이다. 이 인덕터 소자는 그림의 (b)와 같이 표기한다. 이 인덕터의 물성을 알아보기로 한다. 이 인덕터에 걸리는 전압은 다음과 같이 전류의 미분이 되는 성질을 갖고 있다.

$$v(t) = L\frac{di(t)}{dt}$$

즉, 인덕터의 전압은 흐르는 전류의 미분에 비례한다. 이때 비례상수를 L이라고 하며 단위는 H(헨리)이다. 만일 이 인덕터에 $i(t) = \sin t$의 전류가 흐르고 있다면 인덕터 전압은 다음과 같다.

$$v(t) = L\frac{di(t)}{dt} = L\cos t$$

이제 이 인덕터 소자를 사용한 시스템에서 미분방정식을 구해보기로 한다.

아날로그 신호 $x(t)$가 입력되어 아날로그 신호 $y(t)$가 출력되는 시스템을 시스템이라고 부른다. 그런데 이 입력신호와 출력신호의 관계가 미분방정식으로 규정되는 경우가 많다.

전기/전자/정보통신 공학에서는 다음 그림과 같은 인덕터(inductor) 소자와 저항으로 구성된 시스템이 저역통과필터(Low-Pass Filter, LPF)의 목적으로 사용된다. 미분소자로 구성된 시스템은 미분방정식으로 만들어 해석된다. 이 절에서는 다음 그림과 같은 저항과 인덕터로 만들어진 RL 시스템의 미분방정식을 구해보기로 한다.

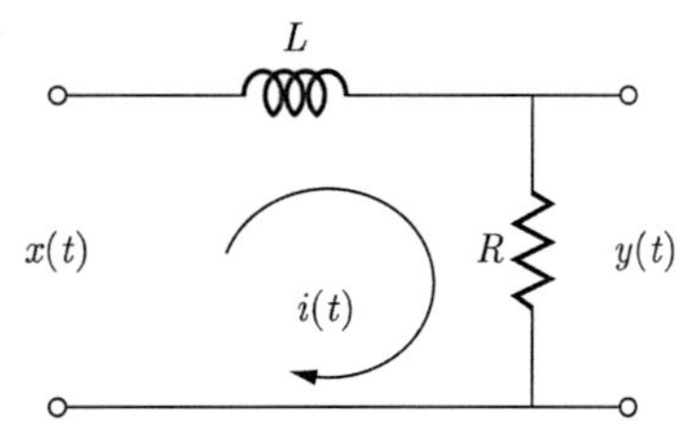

▌그림 3-5▐ 예제의 RL 시스템

그림에서 보듯이 이 시스템에서 입력신호는 좌측에 인가되고 출력신호는 저항에 걸린 전압이다. 전류 $i(t)$를 사용한 이 시스템의 미분방정식은 다음과 같다.

$$L\frac{di(t)}{dt} + Ri(t) = x(t)$$

전류 $i(t)$를 다음 식과 같이 $y(t)$를 사용하여 나타낼 수 있다.

$$y(t) = Ri(t) \rightarrow i(t) = \frac{1}{R}y(t) \rightarrow \frac{di(t)}{dt} = \frac{1}{R}\frac{dy(t)}{dt}$$

위의 식을 이용하여 입력과 출력의 미분방정식을 구하면 다음과 같다.

$$\frac{dy(t)}{dt}+\frac{R}{L}y(t)=\frac{R}{L}x(t)$$

이 미분방정식을 풀면 출력 함수(신호) $y(t)$가 어떻게 변하는지 해석할 수 있다.

3.6.2 커패시터가 사용된 시스템의 미분방정식

전기/전자/정보통신 공학에서는 다음 그림과 같은 커패시터(capacitor)도 많이 사용된다.

(a)

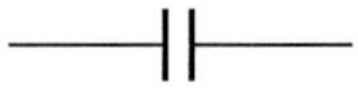

(b)

❙ 그림 3-6 ❙ 커패시터 소자

그림의 커패시터는 두 개의 도체판 사이에 유전체를 넣어 만든다. 이 커패시터 소자는 그림 3-6(b)와 같이 표기한다.

이 커패시터의 물성을 알아보기로 한다. 이 커패시터에 흐르는 전류는 다음과 같이 전압의 미분이 되는 성질을 갖고 있다.

$$i(t)=C\frac{dv(t)}{dt}$$

즉, 커패시터의 전류는 커패시터에 걸린 전압의 미분에 비례한다. 이때 비례상수를 C라고 하며 단위는 F(파라드)이다. 만일 이 커패시터에 $v(t) = \sin t$의 전압이 걸려 있다면 이 커패시터 전류는 다음과 같다.

$$i(t) = C\frac{dv(t)}{dt} = C\cos t$$

이제 이 커패시터 소자를 사용한 시스템에서 미분방정식을 구해보기로 한다.

다음 그림과 같은 커패시터 소자와 저항으로 구성된 시스템은 저역통과 필터(Low-Pass Filter, LPF)의 목적으로 사용된다. 이제 다음 그림과 같은 저항과 커패시터로 만들어진 RC 시스템의 미분방정식을 구해보기로 한다.

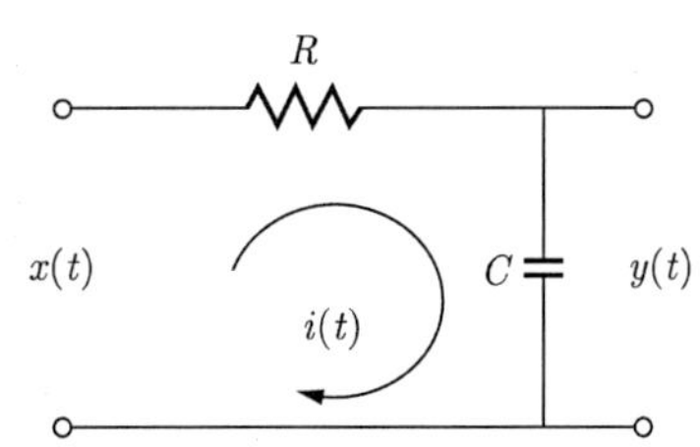

| 그림 3-7 | 예제의 RC 시스템

전류 $i(t)$를 사용한 이 시스템의 미분방정식은 다음과 같다.

$$Ri(t) + y(t) = x(t)$$

커패시터에 흐르는 전류 $i(t)$는 전압의 미분에 비례하므로 $i(t)$는 다음 식과 같이 $y(t)$를 사용하여 나타낼 수 있다.

$$i(t) = C\frac{dy(t)}{dt}$$

따라서 입력과 출력의 미분방정식은 다음과 같다.

$$RC\frac{dy(t)}{dt} + y(t) = x(t) \quad \Rightarrow \quad \frac{dy(t)}{dt} + \frac{1}{RC}y(t) = \frac{1}{RC}x(t)$$

이 미분방정식을 풀면 출력 함수(신호) $y(t)$가 어떻게 변하는지 해석할 수 있다.

3.6.3 미분방정식을 사용한 시스템 표기

어떤 신호를 또 다른 신호로 매핑하는 것을 시스템이라고 부른다. 시스템은 일반적으로 다음 그림과 같이 표기한다.

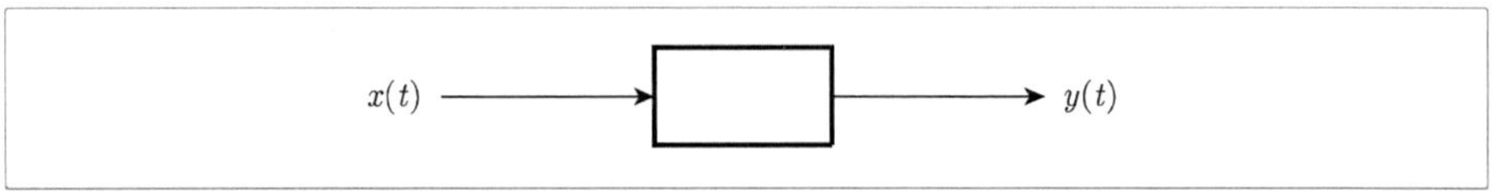

| 그림 3-8 | 시스템 블록도

대부분의 시스템에서 입력신호 $x(t)$와 출력신호 $y(t)$의 관계는 미분방정식으로 나타내어진다. 예를 들면 다음 식과 같다.

$$\frac{d^2y(t)}{dt^2}+a_1\frac{dy(t)}{dt}+a_0y(t)=b_2\frac{d^2x(t)}{dt^2}+b_1\frac{dx(t)}{dt}+b_0x(t)$$

즉, 시스템을 설계한 후의 최종 결과물은 위와 같은 미분방정식이 된다.

3.7 미분의 활용 : AI의 경사하강법

최근 AI(Artificial Intelligence, 인공지능)가 빠른 속도로 발전하고 있다. 이 AI는 학문분야이기도 하지만 실생활에서 이미 여러 분야에서 사용되고 있다. 그 중에서도 가장 활발하게 사용되고 있는 AI는 음성인식(speech recognition), 영상인식(image recognition)과 같은 인식분야이다. 이 절에서는 이와 같은 AI 분야에서 미분이 어떻게 사용되고 있는지 알아보기로 한다.

3.7.1 학습

AI의 하드웨어는 수많은 반도체 칩으로 구성된다. 인공지능의 유명한 예는 바둑용 AI를 탑재한 알파고이다. 이 알파고는 구글 딥마인드가 개발한 AI로서 2016년에 이세돌 9단과 대결하여 4승1패로 승리를 거두었다. 이 알파고의 하드웨어는 1202

개의 CPU(Central Processor Unit)와 176개의 GPU(Graphic Processor Unit)로 구성되었다. 이 알파고의 CPU 연산속도는 다음과 같이 초당 약 50조의 연산을 수행한다.

$$1202\ \text{CPU} \times 15\ \text{Core} \times 2.8\ \text{GHz} \cong 50\ \text{Tera/sec}$$

이와 같이 알파고는 거의 슈퍼컴퓨터 급의 하드웨어를 갖고 있다. 그런데 알파고가 하드웨어의 빠른 연산만으로 바둑을 잘 두는 것은 아니다. 바로 학습을 통하여 지능을 쌓아나가기 때문이다.

AI가 학습을 통하여 가설(hypothesis)이라고 부르는 함수를 얻는 과정을 기계학습(machine learning)이라고 부른다. 기계학습 방식에는 지도학습(supervised learning)과 비지도학습(unsupervised learning)이 있다. 여기서는 지도학습의 개념을 기술한다.

학습을 통한 hypothesis

학습을 수행하기 위해서는 데이터가 주어져 있어야 하며, 이 데이터를 훈련 집합(training set)이라고 부른다. 따라서 AI는 이 훈련 집합을 사용하여 학습을 통하여 다음과 같이 가설을 찾아내어야 한다.

훈련 집합 → 학습 → 가설

훈련 집합으로부터 가설을 찾는 예를 들어보기로 한다. 다음 그래프와 같은 데이터로 구성된 훈련 집합을 보자.

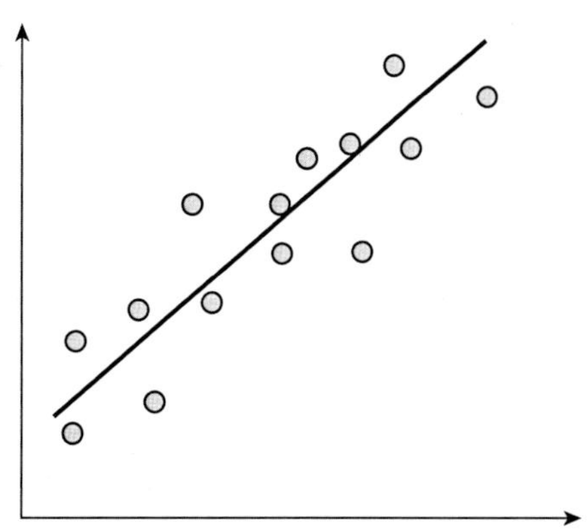

▎그림 3-9▐ 훈련 집합을 학습한 가설

위의 그림의 훈련 집합에서 다음과 같이 가설을 가정한다.

$$h_\theta(x) = \theta_0 + \theta_1 x$$

where θ_0, θ_1 : parameters, x : input

그리고 여러 개의 데이터들의 훈련 집합의 학습을 통하여 파라미터 θ_0와 θ_1의 최적의 값을 찾는다.

3.7.2 MSE와 LMS 알고리즘

공학에서 실제값과 측정값의 오차를 수치화하는 문제는 중요한 문제이다. 다음과 같이 10번의 측정값이 있다고 가정해보자.

i	1	2	3	4	5	6	7	8	9	10
a_i	1	1	1	1	1	1	1	1	1	1
b_i	0.9	1.1	0.9	1.1	0.9	1.1	0.9	1.1	0.9	1.1

오차를 수치화하는 유용한 방법으로 MSE(Mean Squared Error)라는 방식이 주로 사용된다. 즉 제곱오차의 평균값이라는 의미이며 다음 식과 같이 각각의 오차의 제곱을 다 더해서 10으로 나누는 방법이다.

$$\begin{aligned} \text{MSE} &= \frac{1}{10}\sum_{i=1}^{10}(a_i - b_i)^2 \\ &= \frac{1}{10}(0.01+0.01+0.01+0.01+0.01+0.01+0.01+0.01+0.10+0.01) \\ &= 0.01 \end{aligned}$$

이 MSE는 제곱오차의 평균값이라는 의미이며 다음 식과 같이 정의한다.

$$\text{MSE} = \frac{1}{m}\sum_{i=1}^{m}(a_i - b_i)^2$$

위와 같이 MSE는 제곱으로 표기되는 함수이므로 미분하여 0으로 놓고 풀면 극솟값을 구할 수 있다. 이와 같이 정의된 MSE의 최솟값을 구하는 알고리즘을 LMS (Least Mean Squared) 알고리즘이라고 부른다. 이 LMS 알고리즘이 사용되는 예는 다음과 같은 것들이 있다.

- 통신용 채널에서의 등화기
- 신호 압축용 DPCM
- AI용 비용함수

3.7.3 비용함수

AI에서 어떤 특정한 목적을 이루기 위하여 지불되는 비용을 비용함수(cost function)라고 부른다. AI에서 비용함수가 어떻게 정의되는지 알아보기로 한다. 여러 개의 실제 출력값 y와 예측 함수인 hypothesis $h_\theta(x)=\theta_0+\theta_1 x$가 얼마나 일치하는지를 비용으로 나타내 보자. 여러 개의 출력값 y와 $h_\theta(x)=\theta_0+\theta_1 x$가 정확히 일치되면 비용은 0이 된다. 이 비용함수는 2변수 함수이므로 $J(\theta_0, \theta_1)$로 표기하고 다음과 같이 MSE로 정의한다. 즉 MSE가 가장 적은 것이 비용도 최저라는 의미이다.

$$J(\theta_0, \theta_1)=\frac{1}{m}\sum_{i=1}^{m}\left(h_\theta(x^i)-y^i\right)^2$$

만일 100개의 실제 출력값 데이터에서 비용함수를 계산하려면 각각의 오차의 제곱 100개를 다 더한 후에 100으로 나누어주면 MSE 즉 비용함수가 된다.

3.7.4 경사하강법을 이용한 파라미터 찾기

AI의 목표는 다음과 같이 비용함수를 최소화하는 점에서의 파라미터 값 θ_0와 θ_1을 찾는 것이다.

가설 : $h_\theta(x)=\theta_0+\theta_1 x$

파라미터 : θ_0, θ_1

비용함수 : $J(\theta_0, \theta_1)$

목표 : 비용함수를 최소화시키는 파라미터 찾기

위의 비용함수 즉 MSE를 최소화하기 위한 방법을 LMS(Least Mean Squared) 알고리즘이라고 한다. 이 LMS의 파라미터 갱신 조건은 다음 식과 같다.

$$\theta_j := \theta_j - \alpha \frac{dJ(\theta_0, \theta_1)}{d\theta_j}$$

위의 식과 같은 갱신조건으로 파라미터를 찾아가는 방법을 경사하강법(gradient descent)이라고 부른다. 이 방법은 파라미터를 임의의 점에서 시작하여 기울기를 계산하여 이동방향을 결정하는 방법이다. 위의 식에서 :=는 "갱신한다"(update)는 뜻이다. 즉 조금 전의 θ_j 값에서 $\alpha dJ(\theta_0, \theta_1)/d\theta_j$를 뺀 값으로 바꾼다는 뜻이다. 이 식에서 $dJ(\theta_0, \theta_1)/d\theta_j$는 이 비용함수의 기울기이고 α는 학습계수(learning rate)라고 부른다.

경사하강법

가설과 비용함수를 이용하여 파라미터를 찾는 경사하강법의 과정을 알아보기로 한다. 여기에서는 다음과 같은 훈련 집합을 사용하여 파라미터를 찾아보기로 한다.

x^i	1	2	3	4
y^i	1.1	1.8	3.2	3.7

이 훈련 집합이 일차함수를 나타내고 있다고 가정하고 한 개의 파라미터 θ를 사용하여 다음과 같은 가설을 세워보기로 한다.

$$h_\theta(x) = \theta x$$

이제 경사하강법을 사용하여 최적의 기울기 θ를 구해보기로 한다. 시작할 때, 파라미터 θ의 값은 임의로 정한다. 여기에서는 임의의 값인 $\theta = 2$로 시작하기로 하고 파라미터 θ의 갱신은 다음 식을 사용한다.

$$\theta := \theta - \alpha \frac{dJ(\theta)}{d\theta}$$

학습계수 α도 임의로 정한다. 이 학습계수가 너무 크면 수렴속도는 빨라지나 최소지점을 통과해버릴 위험이 있고, 너무 작으면 파라미터를 찾는데 시간이 너무 오래 걸리게 된다. 이 예제에서는 임의의 값인 0.04로 정하기로 한다.

(i) $\theta = 2$

가설	$h_2(x) = 2x$
비용함수 $\theta = 2$	$J(2) = \frac{1}{4}\sum_{i=1}^{4}\left(h_2(x^i) - y^i\right)^2 = \frac{1}{4}\sum_{i=1}^{4}(2x^i - y^i)^2$ $= \frac{1}{4}\left[(2-1.1)^2 + (4-1.8)^2 + (6-3.2)^2 + (8-3.7)^2\right] = 7.995$
비용함수 $\theta = 2.01$	$J(2.01) = \frac{1}{4}\sum_{i=1}^{4}\left(h_{2.01}(x^i) - y^i\right)^2 = \frac{1}{4}\sum_{i=1}^{4}(2.01x^i - y^i)^2$ $= \frac{1}{4}\left[(2.01-1.1)^2 + (4.02-1.8)^2 + (6.03-3.2)^2 + (8.04-3.7)^2\right]$ $= 8.15025$
비용함수 미분값	$\frac{dJ(\theta)}{d\theta} = \frac{J(2.01) - J(2)}{0.01} = \frac{8.15025 - 7.995}{0.01} = 15.525$
θ의 갱신값	$\theta := \theta - \alpha\frac{dJ(\theta)}{d\theta} = 2 - 0.04 \times 15.525 = 1.379$

(ii) $\theta = 1.379$

가설	$h_{1.379}(x) = 1.379x$
비용함수 $\theta = 1.379$	$J(1.379) = \frac{1}{4}\sum_{i=1}^{4}\left(h_{1.379}(x^i) - y^i\right)^2 = \sum_{i=1}^{4}(1.379x^i - y^i)^2$ $= \frac{1}{4}\left[(1.379-1.1)^2 + (2.758-1.8)^2 + (4.137-3.2)^2 + (5.516-3.7)^2\right]$ $= 1.2929$
비용함수 $\theta = 1.389$	$J(1.389) = \frac{1}{4}\sum_{i=1}^{4}\left(h_{1.389}(x^i) - y^i\right)^2 = \sum_{i=1}^{4}(1.389x^i - y^i)^2$ $= \frac{1}{4}\left[(1.389-1.1)^2 + (2.778-1.8)^2 + (4.167-3.2)^2 + (5.556-3.7)^2\right]$ $= 1.3550$
비용함수 미분값	$\frac{dJ(\theta)}{d\theta} = \frac{J(1.389) - J(1.379)}{0.01} = \frac{1.3550 - 1.2929}{0.01} = 6.21$
θ의 갱신값	$\theta := \theta - \alpha\frac{dJ(\theta)}{d\theta} = 1.379 - 0.04 \times 6.21 = 1.131$

(iii) $\theta = 1.131$

가설	$h_{1.131}(x) = 1.131x$
비용함수 $\theta = 1.131$	$J(1.131) = \frac{1}{4}\sum_{i=1}^{4}\left(h_{1.131}(x^i) - y^i\right)^2 = \sum_{i=1}^{4}\left(1.131x^i - y^i\right)^2$ $= \frac{1}{4}\left[(1.131-1.1)^2 + (2.262-1.8)^2 + (3.393-3.2)^2 + (4.524-3.7)^2\right]$ $= 0.2326575$
비용함수 $\theta = 1.141$	$J(1.141) = \frac{1}{4}\sum_{i=1}^{4}\left(h_{1.141}(x^i) - y^i\right)^2 = \sum_{i=1}^{4}\left(1.141x^i - y^i\right)^2$ $= \frac{1}{4}\left[(1.141-1.1)^2 + (2.282-1.8)^2 + (3.423-3.2)^2 + (4.564-3.7)^2\right]$ $= 0.2575575$
비용함수 미분값	$\frac{dJ(\theta)}{d\theta} = \frac{J(1.141) - J(1.131)}{0.01} = \frac{0.2575575 - 0.2326575}{0.01} = 2.49$
θ의 갱신값	$\theta := \theta - \alpha\frac{dJ(\theta)}{d\theta} = 1.131 - 0.04 \times 2.49 = 1.031$

(iv) $\theta = 1.031$

가설	$h_{1.031}(x) = 1.031x$
비용함수 $\theta = 1.031$	$J(1.031) = \frac{1}{4}\sum_{i=1}^{4}\left(h_{1.031}(x^i) - y^i\right)^2 = \sum_{i=1}^{4}\left(1.031x^i - y^i\right)^2$ $= \frac{1}{4}\left[(1.031-1.1)^2 + (2.062-1.8)^2 + (3.093-3.2)^2 + (4.124-3.7)^2\right]$ $= 0.0661575$
비용함수 $\theta = 1.041$	$J(1.041) = \frac{1}{4}\sum_{i=1}^{4}\left(h_{1.041}(x^i) - y^i\right)^2 = \sum_{i=1}^{4}\left(1.041x^i - y^i\right)^2$ $= \frac{1}{4}\left[(1.041-1.1)^2 + (2.082-1.8)^2 + (3.123-3.2)^2 + (4.164-3.7)^2\right]$ $= 0.0760575$
비용함수 미분값	$\frac{dJ(\theta)}{d\theta} = \frac{J(1.041) - J(1.031)}{0.01} = \frac{0.0760575 - 0.0661575}{0.01} = 0.99$
θ의 갱신값	$\theta := \theta - \alpha\frac{dJ(\theta)}{d\theta} = 1.031 - 0.04 \times 0.99 = 0.991$

(v) $\theta = 0.991$

가설	$h_{0.991}(x) = 0.991x$
비용함수 $\theta = 0.991$	$J(0.991) = \frac{1}{4}\sum_{i=1}^{4}\left(h_{0.991}(x^i) - y^i\right)^2 = \sum_{i=1}^{4}\left(0.991x^i - y^i\right)^2$ $= \frac{1}{4}\left[(0.991-1.1)^2 + (1.982-1.8)^2 + (2.973-3.2)^2 + (3.964-3.7)^2\right]$ $= 0.0415575$
비용함수 $\theta = 1.001$	$J(1.001) = \frac{1}{4}\sum_{i=1}^{4}\left(h_{1.001}(x^i) - y^i\right)^2 = \sum_{i=1}^{4}\left(1.001x^i - y^i\right)^2$ $= \frac{1}{4}\left[(1.001-1.1)^2 + (2.002-1.8)^2 + (3.003-3.2)^2 + (4.004-3.7)^2\right]$ $= 0.0454575$
비용함수 미분값	$\frac{dJ(\theta)}{d\theta} = \frac{J(1.001) - J(0.991)}{0.01} = \frac{0.0454575 - 0.0415575}{0.01} = 0.39$
θ의 갱신값	$\theta := \theta - \alpha\frac{dJ(\theta)}{d\theta} = 0.991 - 0.04 \times 0.39 = 0.975$

(vi) $\theta = 0.975$

가설	$h_{0.975}(x) = 0.975x$
비용함수 $\theta = 0.975$	$J(0.975) = \frac{1}{4}\sum_{i=1}^{4}\left(h_{0.975}(x^i) - y^i\right)^2 = \sum_{i=1}^{4}\left(0.975x^i - y^i\right)^2$ $= \frac{1}{4}\left[(0.975-1.1)^2 + (1.95-1.8)^2 + (2.925-3.2)^2 + (3.9-3.7)^2\right]$ $= 0.0384375$
비용함수 $\theta = 0.985$	$J(0.985) = \frac{1}{4}\sum_{i=1}^{4}\left(h_{0.985}(x^i) - y^i\right)^2 = \sum_{i=1}^{4}\left(0.985x^i - y^i\right)^2$ $= \frac{1}{4}\left[(0.985-1.1)^2 + (1.97-1.8)^2 + (2.955-3.2)^2 + (3.94-3.7)^2\right]$ $= 0.0399375$
비용함수 미분값	$\frac{dJ(\theta)}{d\theta} = \frac{J(0.985) - J(0.975)}{0.01} = \frac{0.0399375 - 0.0384375}{0.01} = 0.15$
θ의 갱신값	$\theta := \theta - \alpha\frac{dJ(\theta)}{d\theta} = 0.975 - 0.04 \times 0.15 = 0.969$

지금까지 구한 비용함수를 그래프로 나타내면 다음 그림과 같다.

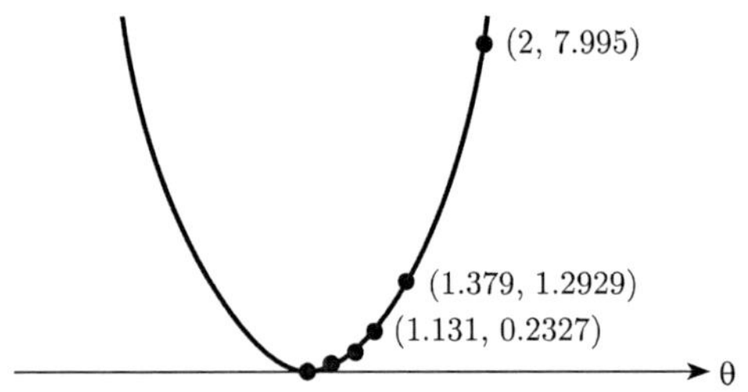

▌그림 3-10▐ 비용함수 그래프(한 개의 파라미터)

지금까지 구한 여섯 번의 갱신을 표로 정리하면 다음과 같다.

▌표 3-1▐ 예제의 갱신 파라미터

단계	θ	비용함수	비용함수 미분값	갱신된 θ
i	2	7.995	15.525	$2-0.04\times 15.525=1.379$
ii	1.379	1.2929	6.21	$1.379-0.04\times 6.21=1.131$
iii	1.131	0.2326575	2.49	$1.131-0.04\times 2.49=1.031$
iv	1.031	0.0661575	0.99	$1.031-0.04\times 0.99=0.991$
v	0.991	0.0415575	0.39	$0.991-0.04\times 0.39=0.975$
vi	0.975	0.0384375	0.15	$0.975-0.04\times 0.15=0.969$

위의 표에서 보듯이 6단계를 거치면서 비용함수 미분값이 15.525에서 0.15까지 감소하였다. 즉 비용함수 미분값이 0에 가까워지는 것을 알 수 있다. 또한 이 예제에서 임의로 $\theta=2$에서 시작하여 경사하강법을 6단계까지 적용한 결과 $\theta=0.969$의 기울기를 얻을 수 있었다. 위의 단계를 반복하여 비용함수 미분값이 0에 매우 가까워질 때의 θ의 값을 찾으면 갱신을 멈추게 된다. 이때의 파라미터의 값이 $\theta=0.96$이었다면 가설을 다음과 같이 결정하게 된다.

$$h_\theta(x)=0.96x$$

지금까지 한 개의 파라미터를 사용한 경사하강법을 알아보았다. 만일 두 개의 파라미터를 사용하여 $h_\theta(x,y)=\theta_0 x+\theta_1 y$로 가정하면 비용함수의 모양이 다음과 같이 곡면이 된다.

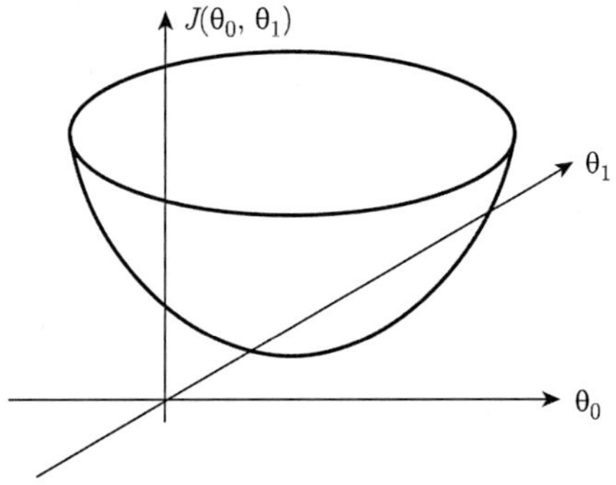

▌그림 3-11▐ 비용함수 그래프(두 개의 파라미터)

파라미터가 2개인 경우의 경사하강법도 파라미터가 1개인 경우와 같은 방법이다. 이 방법도 임의의 점에서 시작하여 기울기를 계산하여 이동방향을 결정하는 방법이다. 파라미터가 2개인 경우의 경사하강법의 식은 다음과 같다.

$$\theta_0 := \theta_0 - \alpha \frac{dJ(\theta_0, \theta_1)}{d\theta_0}$$
$$\theta_1 := \theta_1 - \alpha \frac{dJ(\theta_0, \theta_1)}{d\theta_1}$$

다음 그림은 그림 3-11의 비용함수를 z 방향에서 본 그래프이다.

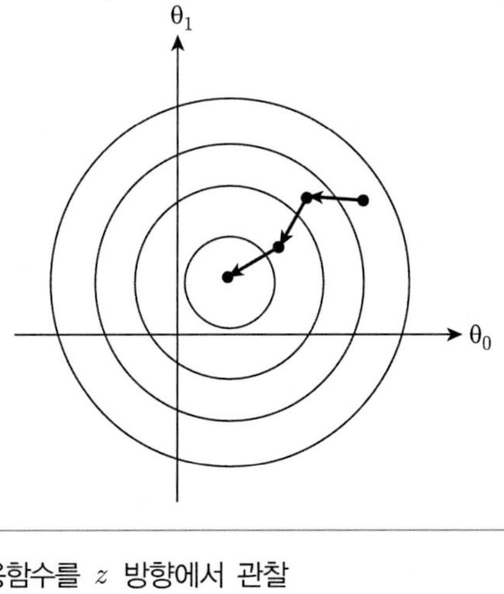

▌그림 3-12▐ 예제의 비용함수를 z 방향에서 관찰

위의 그림에서 보듯이 임의의 θ_0와 θ_1에서 경사하강법을 시작하면 최솟값을 향해서 이동하게 된다.

3.7.5 변수가 많은 경우의 경사하강법

AI가 사용되는 실제의 경우에 파라미터가 1~2개인 경우는 거의 없다. 예로서 고혈압환자를 판정하는 AI를 생각해보기로 한다. 환자를 판정하는 변수로서 술/담배를 하는지의 파라미터를 θ_1으로 정하고, 운동을 하는지의 파라미터를 θ_2로 정하고, 올바른 식습관의 파라미터를 θ_3로 정하고 마지막으로 바이어스를 θ_0으로 정하면 가설은 다음과 같이 4개의 파라미터로 구성된다.

$$h_\theta(x) = \theta_0 + \theta_1 x_1 + \theta_2 x_2 + \theta_3 x_3$$

이번에는 숫자를 판정하는 AI를 생각해 보자. 이 예제에서는 숫자가 다음 그림과 같이 28×28 행렬로 구성되어있다.

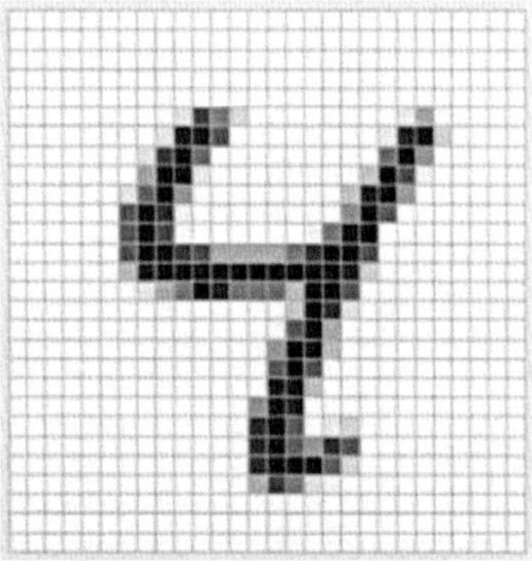

| 그림 3-13 | 예제의 28×28 숫자행렬

28×28은 784이므로 784개의 파라미터를 사용하여 가설을 다음과 같이 만들 수 있다.

$$h_\theta(x) = \theta_1 x_1 + \theta_2 x_2 + \theta_3 x_3 + \cdots + \theta_{784} x_{784}$$

위의 식에서 바이어스 θ_0는 무시하였다. 이 식에서 최적화해야 할 파라미터의 수가 784개이므로 784개의 경사하강법을 사용하여 비용함수를 최소화시켜야 한다. 실제 AI에서는 파라미터의 수가 이보다 훨씬 많은 경우가 많으므로 AI용 컴퓨터가 필요하게 된다.

연습문제

3-1 함수 $f(x)=\dfrac{\sin 3x}{x}$에서 x가 0일 때의 함숫값을 구하시오.

3-2 함수 $y=x^{-1}$의 4계 도함수를 구하시오.

3-3 함수 $f(x,y)=x^2-3xy+y^2$의 x에 대한 편도함수를 구하시오.

3-4 어느 농구선수의 덩크슛의 농구공 궤적의 함수는 다음과 같다.

$$y=-0.25x^4+2x^3-5.5x^2+6x+0.9$$

이 농구공 궤적의 극솟값의 좌표를 구하시오.

3-5 인덕턴스가 $L=1\,\mathrm{mH}$인 어느 인덕터에 흐르는 전류가 $i(t)=\sin 10^3 t$이다. 이 인덕터에 걸리는 전압 $v(t)$을 구하시오.

3-6 커패시턴스가 $C=1\,\mu\mathrm{F}$인 어느 커패시터에 걸린 전압이 $v(t)=\cos 10^6 t$이다. 이 커패시터에 흐르는 전류 $i(t)$를 구하시오.

3-7 다음 함수를 미분하시오.

$$y=\frac{x^2-4x+3}{x-1}$$

3-8 다음 함수를 미분하시오.

$$y=\sqrt{x^2-2x-1}$$

3-9 다음 함수의 극댓값과 극솟값을 구하시오.

$$y=x^3+3x^2-9x+6$$

3-10 다음 함수의 극댓값과 극솟값을 구하시오.

$$y = x^3 + 0.6x^2 - 3.51x + 2.3$$

3-11 다음 함수의 극댓값과 극솟값을 구하시오.

$$y = x^3 + 2x^2 + 3x + 5$$

3-12 다음 함수의 극댓값과 극솟값을 구하시오.

$$y = 0.75x^4 + x^3 - 6x + 7$$

CHAPTER 04

적분

4.1 부정적분

어떤 함수 $f(x)$의 도함수(derivative)를 구하는 것을 "미분한다"라고 한다. 이 도함수는 어떤 함수 $f(x)$의 기울기의 함수이다. 그런데 이 어떤 함수 $f(x)$는 "또 다른 어떤 함수"의 도함수이기도 하다. 이 "또 다른 어떤 함수"를 원시함수(primitive)라고 부른다. 이를 그림으로 나타내면 다음과 같다.

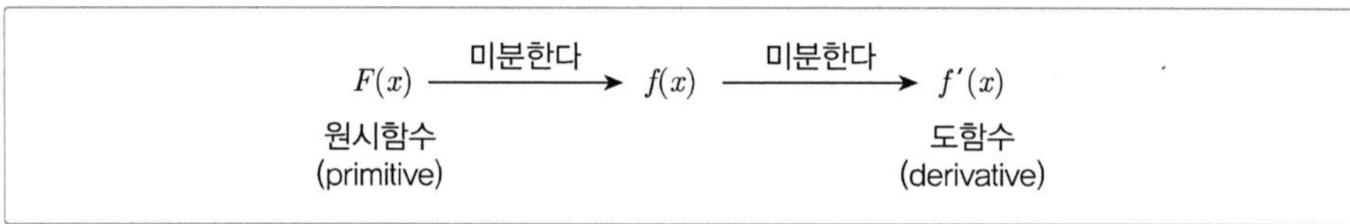

| 그림 4-1 | 도함수와 원시함수

그림에서 보듯이 나는 함수 $f(x)$이다. 나를 미분하면 도함수 $f'(x)$가 된다. 또한 다음과 같이 어떤 함수 $F(x)$를 미분하여 내가 되었다면 그 어떤 함수 $F(x)$를 원시함수라고 한다.

$$F'(x) = f(x)$$

도함수를 구하는 것을 "미분한다(differentiate)"라고 하고, 원시함수를 구하는 것을 "적분한다(integrate)"라고 하며 다음 식과 같이 나타낸다.

$$\int f(x)dx = F(x) + C$$

위의 식에서 $f(x)$를 적분하여 얻어진 $F(x) + C$를 부정적분(indefinite integral)이라고 부른다. 예를 들면 $f(x) = 2x$일 때 다음과 같이 나타낼 수 있다.

$$\int 2x dx = x^2 + C$$

이 식에서 보듯이 $x^2 + 3$의 도함수도 $2x$이고 $x^2 - 5.4$의 도함수도 $2x$이다. 즉, "$x^2 +$ 모든 임의의 상수"의 도함수는 모두 $2x$가 되며, 이 "임의의 상수"를 적분상수 C로 표기한다. 따라서 $2x$의 적분의 결과는 너무 많아서 하나로 정할 수 없으므로 부정적분이라고 부른다. 요약하면 부정적분의 결과는 원시함수 더하기 적분상수가 된다.

도함수를 구하는 미분공식으로부터 다음의 부정적분 공식을 얻을 수 있다.

(1) $\int a\,dx = ax + C$

(2) $\int x^n\,dx = \frac{1}{n+1}x^{n+1} + C$

(3) $\int \cos x\,dx = \sin x + C$

(4) $\int \sin x\,dx = -\cos x + C$

(5) $\int \sec^2 x\,dx = \tan x + C$

(6) $\int e^x\,dx = e^x + C$

(7) $\int a^x\,dx = \frac{a^x}{\ln a} + C$

(8) $\int \frac{1}{x}\,dx = \ln x + C$

예제 다음 함수의 부정적분을 구하시오.

(1) $f(x) = x^2 + 5x + 2$

(2) $f(x) = \frac{1}{x^2}$

(3) $f(x) = e^{3x} + \sin x$

풀이 (1) $\int (x^2 + 5x + 2)\,dx = \frac{1}{3}x^3 + \frac{5}{2}x^2 + 2x + C$

(2) $\int \frac{1}{x^2}\,dx = \int x^{-2}\,dx = \frac{1}{-1}x^{-1} + C = -\frac{1}{x} + C$

(3) $\int (e^{3x} + \sin x)\,dx = \frac{e^{3x}}{3} - \cos x + C$

4.1.1 치환적분법

어떤 함수가 복잡한 변수들의 조합으로 되어 있을 때, 치환을 이용하면 쉽게 부정적분을 구할 수 있는 경우가 많다. 다음의 부정적분을 보자.

$$\int x(x^2+1)^4\,dx$$

이 식에서 $x(x^2+1)^4$을 전개하여 9차의 다항식을 만든 후 적분해도 되지만 너무 오래 걸린다. 좀 더 쉽게 하기 위하여 $x^2+1=t$로 치환해 보자. 이렇게 치환하면 다음을 얻는다.

$$2x\,dx = dt$$

이것들을 대입하면 다음과 같이 부정적분을 얻을 수 있다.

$$\int x(x^2+1)^4\,dx = \int \frac{1}{2}t^4 dt = \frac{1}{10}t^5 + C = \frac{1}{10}(x^2+1)^5 + C$$

이와 같이 치환을 사용하여 적분하는 것을 "치환적분법"이라고 한다. 치환적분을 이용하여 부정적분을 구하는 또 다른 예제를 살펴보자.

$$\int \sin x \cos^3 x\,dx$$

이 식에서 $\cos x = t$로 치환해 보자. 이렇게 치환하면 다음을 얻는다.

$$-\sin x\,dx = dt$$

이것들을 대입하면 다음과 같이 부정적분을 얻을 수 있다.

$$\int \sin x \cos^3 x\,dx = -\int t^3 dt = -\frac{1}{4}t^4 + C = -\frac{1}{4}\cos^4 x + C$$

예제 다음 함수의 부정적분을 구하시오.

(1) $\int \frac{1}{x}(\ln x)^2\,dx$

(2) $\int \tan x\,dx$

(3) $\displaystyle\int \frac{1}{\sqrt{a^2 - x^2}}\,dx$

풀이 (1) 다음과 같이 치환해 보자.

$$\ln x = t, \quad \rightarrow \quad \frac{1}{x}dx = dt$$

이 결과를 대입하면 다음과 같다.

$$\int \frac{1}{x}(\ln x)^2\,dx = \int t^2 dt = \frac{1}{3}t^3 + C = \frac{1}{3}(\ln x)^3 + C$$

(2) 문제는 다음과 같이 나타낼 수 있다.

$$\int \tan x\,dx = \int \frac{\sin x}{\cos x}dx$$

다음과 같이 치환해 보자.

$$\cos x = t, \quad \rightarrow \quad -\sin x dx = dt$$

이 결과를 대입하면 다음과 같다.

$$\int \tan x\,dx = \int \frac{\sin x}{\cos x}dx = -\int \frac{1}{t}dt = -\ln t + C = -\ln(\cos x) + C$$

(3) $\sqrt{\ }$ 의 안을 완전제곱 꼴로 만들기 위해 다음과 같이 치환해 보자.

$$x = a\sin\theta, \quad \rightarrow \quad dx = a\cos\theta\,d\theta$$

이 결과를 대입하면 다음과 같다.

$$\begin{aligned}\int \frac{1}{\sqrt{a^2 - x^2}}\,dx &= \int \frac{a\cos\theta}{\sqrt{a^2 - a^2\sin^2\theta}}d\theta \\ &= \int \frac{a\cos\theta}{\sqrt{a^2\cos^2\theta}}d\theta = \int d\theta = \theta + C \\ &= \sin^{-1}\frac{x}{a} + C\end{aligned}$$

4.1.2 부분적분법

어떤 함수가 두 개의 함수의 곱으로 되어 있을 때, 다음의 부분적분법 공식을 이용한다. 부분적분법 공식은 다음의 도함수 공식으로부터 만들어진다.

$$(f(x)g(x))' = f'(x)g(x) + f(x)g'(x)$$

위의 식을 다음과 같이 나타낼 수 있다.

$$\int (f'(x)g(x) + f(x)g'(x))dx = f(x)g(x)$$

$$\therefore \int f'(x)g(x)dx = f(x)g(x) - \int f(x)g'(x)dx$$

위의 부분적분법 공식에서 보듯이 어떤 함수를 $g(x)$로 놓는지가 매우 중요하다. 다음의 예제를 통해 부분적분법을 연습해 보자.

$$\int x\cos x\,dx$$

이 식에서 $g(x) = x$로 정의하여야 부분적분법 공식의 우변 적분 안에서 $g'(x) = 1$이 되어 적분이 간단해 진다. 따라서 다음과 같이 정의하여야만 한다.

$$g(x) = x, \quad f'(x) = \cos x$$

이제 부분적분법의 공식을 이용하면 다음과 같이 부정적분을 얻을 수 있다.

$$\int x\cos x dx = x\sin x - \int \sin x dx = x\sin x + \cos x + C$$

부분적분법의 핵심은 부분적분법 공식의 우변 적분 안에서 $g'(x)$의 미분을 통해 적분이 간단해지도록 만드는 것이다.

예제 다음 함수의 부정적분을 구하시오.

(1) $\int x^2\cos x\,dx$

(2) $\int \ln x\,dx$

풀이 (1) 이 식에서 $g(x) = x^2$으로 정의하여야 부분적분법 공식의 우변 적분 안에서 $g'(x)=2x$가 되어 적분이 간단해 진다. 따라서 다음과 같이 정의한다.

$$g(x)=x^2,\quad f'(x)=\cos x$$

이제 부분적분법의 공식을 이용하면 다음과 같다.

$$\begin{aligned}\int x^2\cos x dx &= x^2\sin x-2\int x\sin x dx\\ &= x^2\sin x-2\left\{-x\cos x+\int \cos x\,dx\right\}\\ &= x^2\sin x+2x\cos x-2\int\cos x\,dx\\ &= x^2\sin x+2x\cos x-2\sin x+C\end{aligned}$$

위와 같이 부분적분법을 두 번 사용하면 계속 더 간단해지므로 최종적으로 부정적분을 구할 수 있다.

(2) 이 식을 자세히 보자.

$$\int \ln x\,dx$$

이 식에서 $g(x)=\ln x$로 정의하여야 부분적분법 공식의 우변 적분 안에서 $g'(x)=1/x$가 되어 적분이 간단해 진다. 따라서 다음과 같이 정의한다.

$$g(x)=\ln x,\quad f'(x)=1$$

이제 부분적분법의 공식을 이용하면 다음과 같다.

$$\int \ln x\,dx = x\ln x-\int x\frac{1}{x}\,dx = x\ln x-\int dx = x\ln x-x+C$$

4.2 정적분

4.2.1 정적분의 물리적 의미

어떤 함수의 도함수의 물리적인 의미는 그 함수의 기울기를 나타내주는 함수이다. 그렇다면 원시함수의 물리적인 의미는 무엇일까? 다음 그림을 보자.

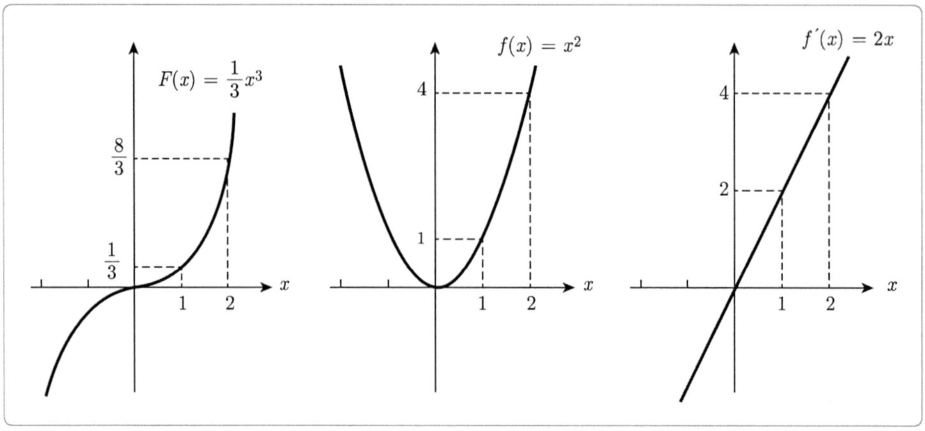

❙ 그림 4-2 ❙ 예제의 도함수와 원시함수

기울기의 함수인 도함수는 미분 소자로서 시스템에서 많이 사용되며, 시스템을 해석할 때에 미분방정식을 풀어서 시스템을 분석한다. 그렇다면 원시함수는 어디에 사용되나? 원시함수 $F(x)$는 적분상수 C까지 붙어서 부정적분 $F(x)+C$이므로 부정적분 함수는 한 개가 아니다. 아무래도 이 함수는 쓸모가 별로 없어 보인다.

그러면 이번에는 위의 그림에서 오직 $[0,2]$의 구간에만 관심을 가져보자. $f(x)$가 $x=0$부터 $x=2$까지의 함수와 x축으로 만들어진 면적은 8/3인데 $F(x)$가 바로 그 값을 보여주고 있다. 즉, $F(2)=8/3$이 바로 그 면적 값을 나타내고 있다. 따라서 원시함수는 어떤 함수의 면적의 함수라고 생각할 수 있다. 위의 그림에서 $f(x)$가 $x=0$부터 $x=1$까지의 함수와 x축으로 만들어진 면적은 1/3인데, $F(1)=1/3$이 바로 그 면적 값을 나타내고 있다. 원시함수는 계속적으로 변해가는 면적을 표시해주고 있다. 이와 같이 정해진 구간에서의 적분을 정적분(definite integral)이라고 하며 다음과 같이 표기한다.

$$\int_a^b f(x)dx$$

정적분의 이론적인 정의를 그림으로 알아보기로 한다. 함수 $y=f(x)$가 폐구간 $[a,b]$에서 다음 그림과 같이 연속이다.

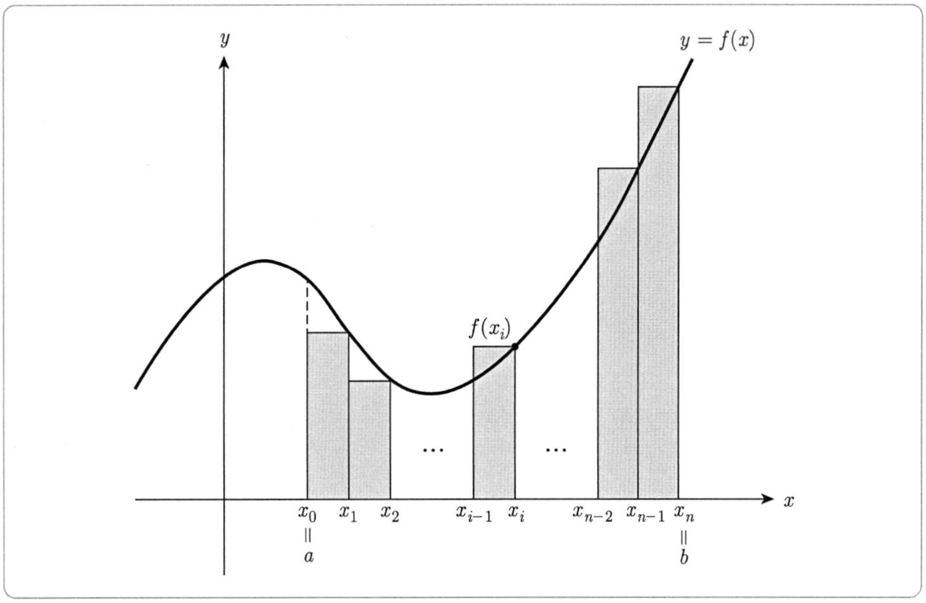

| 그림 4-3 | 정적분의 정의

이 구간을 n개의 작은 구간으로 나누어 보자.

$$a = x_0 < x_1 < x_2 < \cdots < x_{n-1} < x_n = b$$

이때 간격을 등간격으로 나누어도 좋다. 총 n개의 구간 중에서 i번째 소구간 $[x_{i-1}, x_i]$에서 임의의 점을 선택한다. 임의의 점이므로 x_i를 선택해도 된다. 그러면 그림과 같이 n개의 직사각형이 만들어진다. 소구간의 폭은 다음과 같다.

$$\Delta x_i = x_i - x_{i-1}$$

이 그림에서 n개의 직사각형의 면적의 합은 다음과 같다.

$$\sum_{i=1}^{n} f(x_i)\Delta x_i$$

이때 직사각형의 수 n을 ∞개로 한 것을 정적분으로 정의한다.

$$\lim_{n\to\infty}\sum_{i=1}^{n} f(x_i)\Delta x_i = \int_a^b f(x)dx$$

이 식에서 a를 하한(lower limit of integration), b를 상한(upper limit of integration)이라고 한다.

정적분의 값은 원시함수를 사용하여 다음과 같이 구한다. $y=f(x)$가 구간 $[a,b]$에서 연속이고 $F(x)$가 함수 $f(x)$의 원시함수(primitive)이면 다음과 같다.

$$\int_a^b f(x)dx = [F(x)]_a^b = F(b) - F(a)$$

예제 다음 함수의 정적분을 구하시오.

$$\int_2^4 x\sqrt{x}\,dx$$

풀이

$$\int_2^4 x\sqrt{x}\,dx = \int_2^4 x^{\frac{3}{2}}dx = \left[\frac{1}{\frac{5}{2}}x^{\frac{5}{2}}\right]_2^4$$

$$= \frac{2}{5}(4^{\frac{5}{2}} - 2^{\frac{5}{2}}) = \frac{2}{5}(32 - 4\sqrt{2}) = \frac{8}{5}(8 - \sqrt{2})$$

$$= 10.537258$$

정적분의 기본 정리는 다음과 같다.

(1) $\int_a^b kf(x)dx = k\int_a^b f(x)dx$ (k는 상수)

(2) $\int_a^b \{f(x) \pm g(x)\}dx = \int_a^b f(x)dx \pm \int_a^b g(x)dx$

(3) $\left|\int_a^b f(x)dx\right| \le \int_a^b |f(x)|dx$

(4) 폐구간 $[a, b]$에서 $f(x) \le g(x)$이면, $\int_a^b f(x)dx \le \int_a^b g(x)dx$ 이다.

(5) $\int_a^b f(x)dx = \int_a^c f(x)dx + \int_c^b f(x)dx$, $(a < c < b)$

4.2.2 치환적분법

부정적분과 마찬가지로 정적분에서도 어떤 함수가 복잡한 변수들의 조합으로 되어 있을 때, 치환을 이용하면 쉽게 정적분을 구할 수 있다. 다음의 정적분을 보자.

$$\int_0^4 \frac{x}{\sqrt{x^2+9}}dx$$

이 식에서 다음과 같이 치환해 보자.

$$x^2+9=t, \quad \rightarrow \quad 2x\,dx=dt$$

이와 같이 치환하면 하한과 상한은 다음과 같이 변한다. 즉,

$$x=0 \rightarrow t=9$$
$$x=4 \rightarrow t=25$$

이 결과를 대입하면 다음과 같이 정적분을 얻을 수 있다.

$$\int_0^4 \frac{x}{\sqrt{x^2+9}}dx=\int_9^{25}\frac{1}{2\sqrt{t}}dt=\frac{1}{2}\int_9^{25}t^{-\frac{1}{2}}dt=\frac{1}{2}\left[\frac{t^{\frac{1}{2}}}{\frac{1}{2}}\right]_9^{25}=\left[t^{\frac{1}{2}}\right]_9^{25}=5-3=2$$

이와 같이 치환을 사용하여 정적분하는 것을 "치환적분법"이라고 한다.

4.2.3 부분적분법

부정적분에서의 부분적분법 공식은 다음과 같다.

$$\int f'(x)g(x)dx=f(x)g(x)-\int f(x)g'(x)dx$$

정적분에서도 위의 부분적분법 공식이 다음과 같이 그대로 적용된다.

$$\int_a^b f'(x)g(x)dx=[f(x)g(x)]_a^b-\int_a^b f(x)g'(x)dx$$

정적분의 부분적분법에서도 핵심은 공식의 우변 적분 안에서 $g'(x)$의 미분을 통해 적분이 간단해지도록 만드는 것이다. 즉, 정적분의 부분적분법에서도 어떤 함수를 $g(x)$로 놓는지가 매우 중요하다. 다음의 예제를 통해 부분적분법을 적용해 보자.

$$\int_0^{\pi} x \sin x \, dx$$

이 식에서 $g(x) = x$로 정의하여야 부분적분법 공식의 우변 적분 안에서 $g'(x) = 1$이 되어 적분이 간단해 진다. 따라서 다음과 같이 정의한다.

$$g(x) = x, \quad f'(x) = \sin x$$

이제 부분적분법의 공식을 이용하면 다음과 같이 부정적분을 얻을 수 있다.

$$\begin{aligned}\int_0^{\pi} x \sin x dx &= [-x\cos x]_0^{\pi} - \int_0^{\pi} (-\cos x) dx \\ &= [-x\cos x]_0^{\pi} + [\sin x]_0^{\pi} \\ &= (\pi - 0) + (0 - 0) = \pi\end{aligned}$$

4.3 정적분의 활용

4.3.1 평면의 면적

4.2절에서 어떤 함수의 정적분은 그 함수의 면적을 나타내고 있음을 기술하였다. 따라서 정적분을 이용해서 면적을 구할 수 있다. 이를 좀 더 자세히 알아본다.

함수 $y = f(x)$가 구간 $[a, b]$에서 연속일 때, 곡선 $y = f(x)$와 두 직선 $x = a$, $x = b$ 그리고 x 축으로 둘러싸인 도형을 보자.

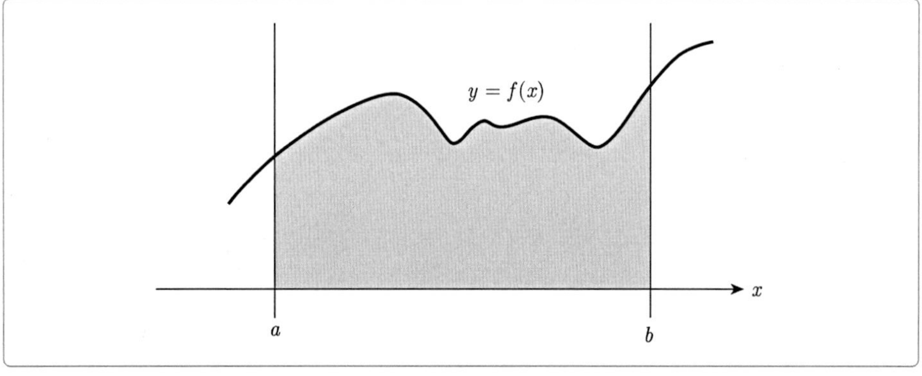

❙ 그림 4-4 ❙ 예제의 도형

이 도형의 면적은 다음과 같다.

$$S=\int_a^b |f(x)|\,dx$$

먼저 $f(x)=\sin x$와 $[0, \pi]$로 둘러싸인 구역의 면적을 구해보자. 함수 $f(x)=\sin x$는 $[0, \pi]$ 구간에서 양의 함수이므로 다음과 같이 구할 수 있다.

$$S=\int_a^b |f(x)|\,dx=\int_0^\pi \sin x\,dx=[-\cos x]_0^\pi=(1+1)=2$$

이번에는 $f(x)=\cos x$와 $[0, \pi]$로 둘러싸인 구역의 면적을 구해보자. 함수 $f(x)=\cos x$는 $[0, \pi]$ 구간에서 양의 함수와 음의 함수가 모두 나타난다. 즉, $f(x)=\cos x$는 $[0, \pi/2]$ 구간에서는 양의 함수이고 $[\pi/2, \pi]$ 구간에서는 음의 함수이다. 따라서 양의 함수와 음의 함수의 구간을 나누어 다음과 같이 구할 수 있다.

$$\begin{aligned} S=\int_a^b |f(x)|\,dx &= \int_0^{\pi/2} \cos x\,dx+\int_{\pi/2}^{\pi} (-\cos x)dx \\ &= [\sin x]_0^{\pi/2}-[\sin x]_{\pi/2}^{\pi} \\ &= (1-0)-(0-1) \\ &= 2 \end{aligned}$$

예제 함수 $y=x^2$와 두 직선 $x=0$, $x=10\,\mathrm{m}$ 그리고 x 축으로 둘러싸인 도형의 면적을 구하시오.

풀이 주어진 함수는 $[0, 10]$ 구간에서 양의 함수이므로 다음과 같이 구할 수 있다.

$$\begin{aligned} S&=\int_a^b |f(x)|\,dx \\ &=\int_0^{10} x^2\,dx=\left[\frac{1}{3}x^3\right]_0^{10}=\frac{1}{3}(1000-0)=\frac{1000}{3}=333.3\,\mathrm{m}^2 \end{aligned}$$

예제 다음 원의 면적을 구하시오.

$$x^2+y^2=r^2$$

풀이 원의 1사분면의 면적을 구해서 4배하면 원의 면적을 구할 수 있다.

$$S = 4\int_0^r |y|\,dx = 4\int_0^r \sqrt{r^2 - x^2}\,dx$$

다음과 같이 치환해 보자.

$$x = r\sin\theta \quad \rightarrow \quad dx = r\cos\theta\,d\theta$$

이와 같이 치환하면 하한과 상한은 다음과 같이 변한다.

$$x = 0 \rightarrow \theta = 0$$
$$x = r \rightarrow \theta = \pi/2$$

이 결과를 대입하면 다음과 같이 원의 면적을 구할 수 있다.

$$S = 4\int_0^r \sqrt{r^2 - x^2}\,dx = 4\int_0^{\pi/2} r^2\cos^2\theta\,d\theta = 4r^2\int_0^{\pi/2} \frac{1+\cos 2\theta}{2}\,d\theta$$
$$= 2r^2\left[\theta + \frac{\sin 2\theta}{2}\right]_0^{\pi/2} = 2r^2\left(\frac{\pi}{2} + 0 - 0 - 0\right) = \pi r^2$$

이번에는 두 함수 $y = f(x)$와 $y = g(x)$가 구간 $[a, b]$에서 연속일 때, 이 곡선들과 두 직선 $x = a$, $x = b$로 둘러싸인 도형을 보자.

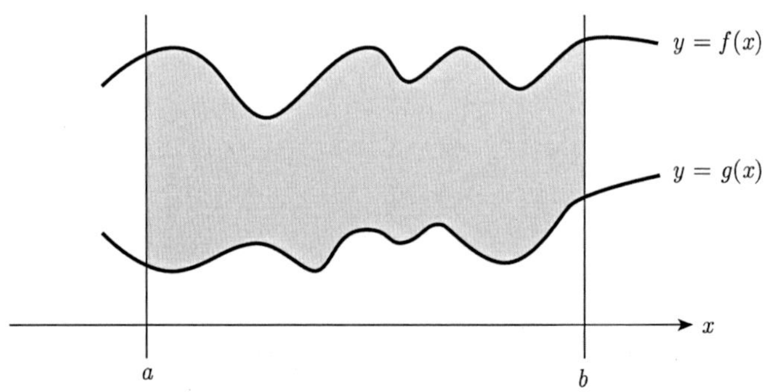

❙ 그림 4-5 ❙ 예제의 도형

이 도형의 면적은 다음과 같다.

$$S = \int_a^b |f(x) - g(x)|\, dx$$

다음 예제를 통해 면적을 계산해 보자. 함수 $y = f(x)$와 $y = g(x)$가 다음과 같을 때, 이 곡선들과 두 직선 $x = 1$ m, $x = 3$ m로 둘러싸인 도형의 면적을 구해보자.

$$f(x) = 6x - x^2, \;\; g(x) = x^2 - 2x$$

두 함수를 그리면 다음 그림과 같다.

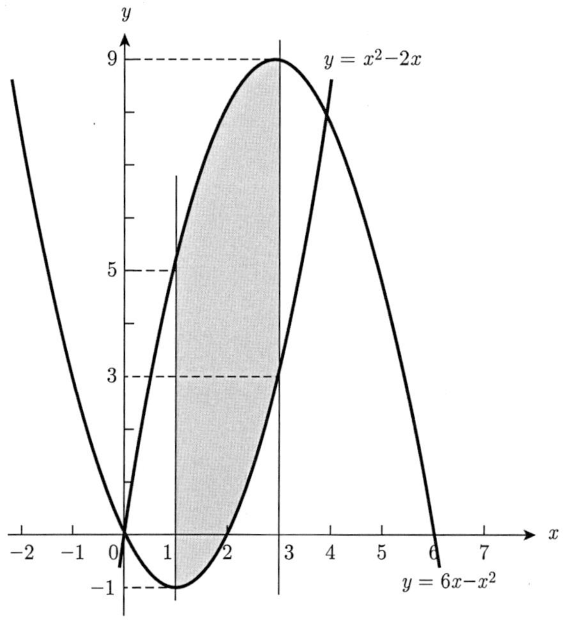

| 그림 4-6 | 예제의 도형

그림에서 보듯이 둘러싸인 면적은 다음과 같이 구할 수 있다.

$$S = \int_1^3 [(6x - x^2) - (x^2 - 2x)]\, dx = \int_1^3 (-2x^2 + 8x) dx$$

$$= \left[-\frac{2}{3}x^3 + 4x^2\right]_1^3 = -\frac{54}{3} + 36 + \frac{2}{3} - 4$$

$$= 14.6667 \text{ m}^2$$

예제 다음의 두 함수와 두 직선 $x = 0\,\mathrm{m}$, $x = \pi\ m$로 둘러싸인 도형의 면적을 구하시오.

$$f(x) = \sin 2x,\quad g(x) = \sin x$$

풀이 두 함수는 다음 그림과 같다.

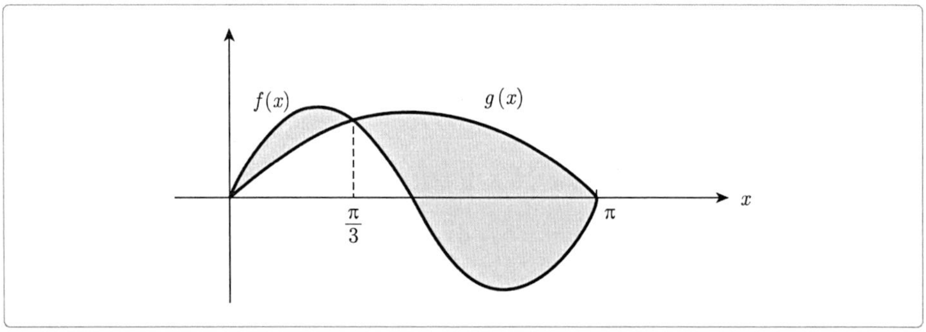

▎그림 4-7▎ 예제의 도형

$\sin x$와 $\sin 2x$가 같아지는 점의 x 값은 다음과 같다.

$$\sin x = \sin 2x,\ \sin x - \sin 2x = 0,\ \sin x - 2\sin x\cos x = 0$$

$$\sin x(1 - 2\cos x) = 0,\ \cos x = \frac{1}{2},\ \ \therefore x = \frac{\pi}{3}$$

$[\pi/3,\ \pi]$ 구간에서는 $g(x)$가 $f(x)$보다 크므로 다음과 같이 면적을 구할 수 있다.

$$\begin{aligned} S &= \int_a^b |f(x) - g(x)|\,dx \\ &= \int_0^{\pi/3} (\sin 2x - \sin x)dx + \int_{\pi/3}^{\pi} (\sin x - \sin 2x)dx \\ &= \left[\frac{-\cos 2x}{2} + \cos x\right]_0^{\pi/3} + \left[-\cos x + \frac{\cos 2x}{2}\right]_{\pi/3}^{\pi} \\ &= \frac{5}{2} = 2.5\ \mathrm{m}^2 \end{aligned}$$

4.3.2 입체 도형의 부피

이 절에서는 정적분을 이용하여 입체 도형의 부피를 구하는 방법을 알아본다. 구간 $[a, b]$에서의 곡선 $y = f(x)$를 x축을 중심축으로 회전시키면 다음 그림과 같은 입체 도형이 만들어진다.

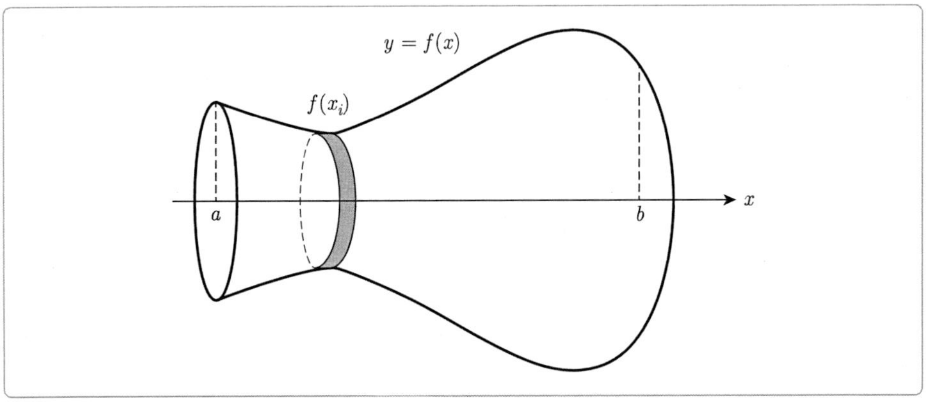

▌그림 4-8▐ 예제의 입체 도형의 부피

이 그림에서 구간 $[a, b]$에서의 입체의 부피를 구해본다. 이 입체를 구간 $[a, b]$에서 다음과 같이 n개의 작은 입체로 나누어 보자.

$$a = x_0 < x_1 < x_2 < \cdots < x_{n-1} < x_n = b$$

이때 같은 간격으로 나누어도 좋다. 이렇게 하면 입체는 총 n개의 작은 입체로 그림과 같이 나누어진다. 총 n개의 입체 중에서 i번째 입체의 부피를 구해보자. 이 i번째 입체의 부피는 CD와 같은 얇은 원판이므로 원의 면적과 Δx_i의 곱으로 다음과 같이 나타낼 수 있다.

$$v = \pi [f(x_i)]^2 \Delta x_i$$

따라서 n개의 부피의 합은 다음과 같다.

$$\hat{V} = \sum_{i=1}^{n} \pi [f(x_i)]^2 \Delta x_i$$

이때 n을 ∞개로 확장하면 입체의 부피를 다음과 같이 정적분으로 구할 수 있다.

$$V = \lim_{n \to \infty} \sum_{i=1}^{n} \pi [f(x_i)]^2 \Delta x_i = \pi \int_a^b [f(x)]^2 dx$$

다음의 곡선을 회전시켜서 만들어지는 구의 부피를 구해보자.

$$x^2 + y^2 = r^2$$

이 곡선은 반지름이 r인 원이다. 따라서 1과 2사분면의 반원은 다음과 같이 나타낼 수 있다.

$$y = \sqrt{r^2 - x^2}$$

이 곡선을 x 축을 중심으로 회전시키면 반지름이 r인 구가 만들어진다. 이 구의 부피는 다음과 같다.

$$V = \pi \int_{-r}^{r} y^2 dx = 2\pi \int_{0}^{r} y^2 dx$$
$$= 2\pi \int_{0}^{r} (r^2 - x^2) dx = 2\pi \left[r^2 x - \frac{x^3}{3} \right]_0^r = 2\pi \left(r^3 - \frac{r^3}{3} \right) = \frac{4}{3}\pi r^3$$

예제 다음 함수를 사용하여 만들어지는 대야의 부피를 구하시오.

$$y = -0.1x^2 + 20$$

이 대야는 위의 함수를 구간 $[0, 10]$에서 x 축을 중심 축으로 회전시켜서 만들어진다.

풀이 이 함수를 회전시켜 만든 대야의 모양은 다음 그림과 같다.

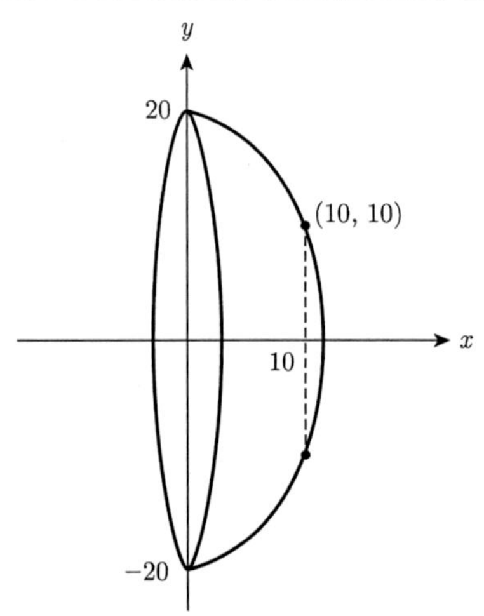

그림 4-9 예제의 입체 도형의 부피

이 대야의 부피는 다음과 같이 구할 수 있다.

$$
\begin{aligned}
V &= \pi \int_0^{10} y^2 dx = \pi \int_0^{10} (-0.1x^2 + 20)^2 dx \\
&= \pi \int_0^{10} (0.01x^4 - 4x^2 + 400) dx = \pi \left[\frac{0.01}{5} x^5 - \frac{4}{3} x^3 + 400x \right]_0^{10} \\
&= \pi (200 - 1333.33 + 4000) = 9005.91
\end{aligned}
$$

예제 다음 청자 도자기의 부피를 구하시오.

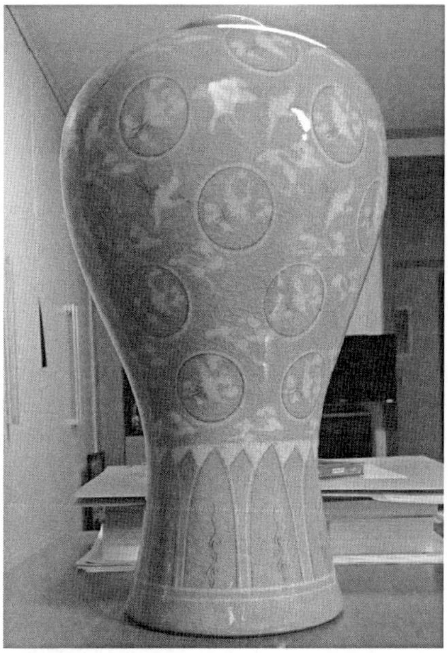

| 그림 4-10 | 예제의 청자 도자기

이 청자의 곡선을 나타내는 함수는 다음과 같다.

$$y = 0.002x^3 - 0.084x^2 + 0.882x + 6, \quad 0 \le x \le 25$$

(a) 곡선의 함수를 정확히 그리시오.

(b) 이 청자의 부피를 구하시오

풀이 (a) 이 곡선의 극댓값과 극솟값을 찾기 위해 먼저 미분한다.

$$y' = 0.006x^2 - 0.168x + 0.882 = 0.006(x^2 - 28x + 147)$$
$$= 0.006(x-7)(x-21)$$

따라서 이 곡선은 다음의 극댓값과 극솟값을 갖는다.

$$x = 7 \quad \rightarrow \quad f(7) = 8.744$$
$$x = 21 \quad \rightarrow \quad f(21) = 6$$

이 곡선의 $x = 0$과 $x = 25$에서의 함숫값은 다음과 같다.

$$f(0) = 6, \quad f(25) = 6.8$$

이 결과를 이용하여 곡선을 그리면 다음과 같다.

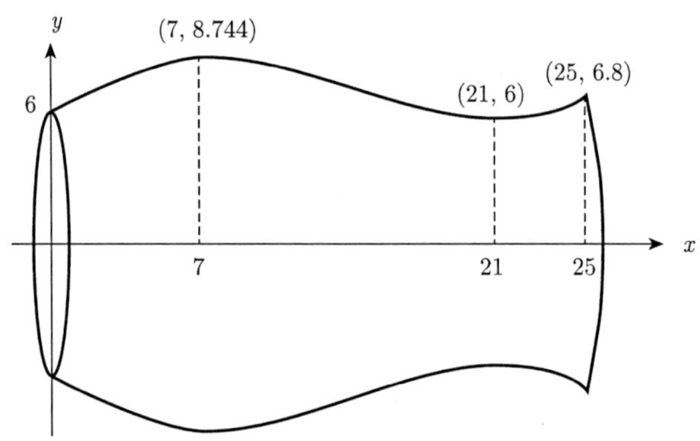

| 그림 4-11 | 예제의 청자 도자기의 곡선

이 청자의 부피는 다음과 같다.

$$V = \pi\int_0^{25} y^2 dx = \pi\int_0^{25} (0.002x^3 - 0.084x^2 + 0.882x + 6)^2 dx$$
$$= \pi\int_0^{25} (4 \times 10^{-6}x^6 - 3.36 \times 10^{-4}x^5 + 10.584 \times 10^{-3}x^4$$
$$- 0.1242x^3 - 0.23x^2 + 10.584x + 36)dx$$
$$= \pi\big[0.571 \times 10^{-6}x^7 - 0.56 \times 10^{-4}x^6 + 2.1168 \times 10^{-3}x^5$$
$$- 0.03104x^4 - 0.07669x^3 + 5.292x^2 + 36x\big]_0^{25}$$
$$= \pi(3484 - 13671 + 20670 - 12126 - 1198 + 3306 + 900)$$
$$= 1365\pi = 4288.27$$

4.3.3 곡선의 길이

함수 $y=f(x)$가 구간 $[a, b]$에서 연속일 때, 정적분을 사용하여 곡선 $y=f(x)$의 길이를 구할 수 있다. 이 절에서는 구간 $[a, b]$에서의 곡선의 길이를 구해본다. 함수 $y=f(x)$를 폐구간 $[a, b]$에서 다음과 같이 n개의 작은 구간으로 나누어 보자.

$$a=x_0 < x_1 < x_2 < \cdots < x_{n-1} < x_n = b$$

이때 같은 간격으로 나누어도 좋다. 이렇게 하면 곡선은 총 n개의 선으로 그림과 같이 나누어진다.

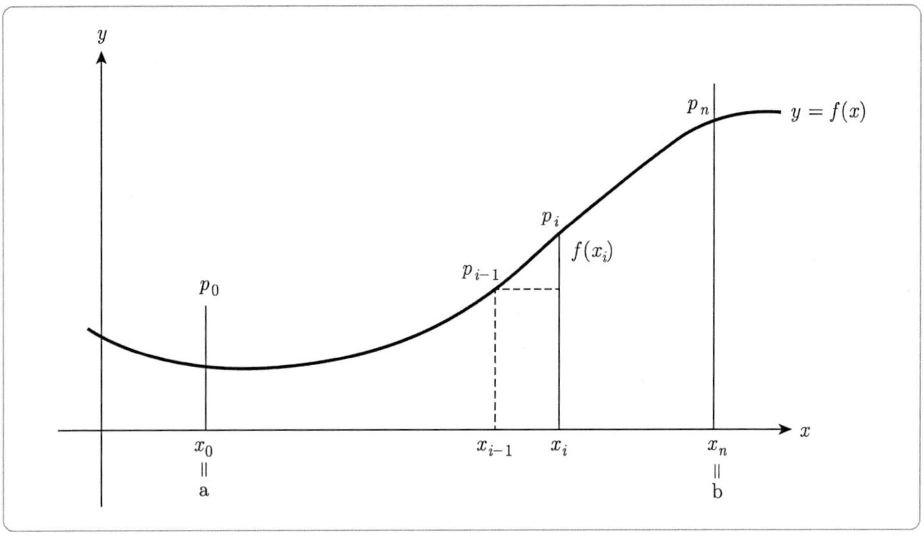

| 그림 4-12 | 예제의 곡선의 길이

총 n개의 선 중에서 i번째 선의 길이 $\overline{P_{i-1}P_i}$를 구해보자. 이 선은 매우 짧으므로 직선의 선분으로 간주할 수 있고, 따라서 피타고라스의 정리를 사용하여 다음과 같이 구할 수 있다.

$$\overline{P_{i-1}P_i}=\sqrt{(x_i-x_{i-1})^2+(f(x_i)-f(x_{i-1}))^2}$$

이 식을 간단히 하기 위해서 다음과 같이 정의한다.

$$\Delta x_i = x_i - x_{i-1}$$

이 정의를 사용하여 선분 $\overline{P_{i-1}P_i}$를 간단히 하면 다음과 같다.

$$\begin{aligned}\overline{P_{i-1}P_i} &= \sqrt{(x_i - x_{i-1})^2 + (f(x_i) - f(x_{i-1}))^2} \\ &= \sqrt{(\Delta x_i)^2 + (f(x_i) - f(x_{i-1}))^2} \\ &= \sqrt{1 + \left\{\frac{f(x_i) - f(x_{i-1})}{\Delta x_i}\right\}^2}\,\Delta x_i\end{aligned}$$

따라서 n개의 선분의 길이의 합은 다음과 같다.

$$\sum_{i=1}^{n} \overline{P_{i-1}P_i} = \sum_{i=1}^{n} \sqrt{1 + \left\{\frac{f(x_i) - f(x_{i-1})}{\Delta x_i}\right\}^2}\,\Delta x_i$$

이때 n을 ∞개로 확장하면 곡선의 길이 L이 된다.

$$\begin{aligned}L = \lim_{n\to\infty}\sum_{i=1}^{n} \overline{P_{i-1}P_i} &= \lim_{n\to\infty}\sum_{i=1}^{n} \sqrt{1 + \left\{\frac{f(x_i) - f(x_{i-1})}{\Delta x_i}\right\}^2}\,\Delta x_i \\ &= \int_a^b \sqrt{1 + \{f'(x)\}^2}\,dx\end{aligned}$$

이 유도된 공식을 이용하여 다음의 함수의 구간 [0, 4]에서의 곡선의 길이를 구해보자.

$$f(x) = x\sqrt{x}$$

먼저 도함수의 제곱은 다음과 같다.

$$f(x) = x^{\frac{3}{2}} \rightarrow f'(x) = \frac{3}{2}x^{\frac{1}{2}} \rightarrow (f'(x))^2 = \frac{9}{4}x$$

이를 대입하면 곡선의 길이는 다음과 같다.

$$L = \int_a^b \sqrt{1 + \{f'(x)\}^2}\,dx = \int_0^4 \sqrt{1 + \frac{9}{4}x}\,dx$$

이 정적분의 계산을 위해 다음과 같이 치환한다.

$$1 + \frac{9}{4}x = t \rightarrow \frac{9}{4}dx = dt$$

이와 같이 치환하면 하한과 상한은 다음과 같이 변한다. 즉,

$$x=0 \rightarrow t=1$$
$$x=4 \rightarrow t=10$$

이 결과를 대입하면 다음과 같이 정적분을 얻을 수 있다.

$$L=\int_0^4 \sqrt{1+\frac{9}{4}x}\,dx$$
$$=\frac{4}{9}\int_1^{10}\sqrt{t}\,dt=\frac{4}{9}\left[\frac{2}{3}t^{\frac{3}{2}}\right]_1^{10}=\frac{8}{27}\left[t^{1.5}\right]_1^{10}=9.0734$$

예제 다음 원의 원둘레의 길이를 구하시오.

$$x^2+y^2=r^2$$

풀이 원의 1사분면의 곡선의 길이를 구해서 4배하면 원둘레의 길이를 구할 수 있다.

$$L=4\int_0^r \sqrt{1+(y')^2}\,dx$$

y'은 다음과 같이 구할 수 있다.

$$y=\sqrt{r^2-x^2} \rightarrow y'=\frac{1}{2}(r^2-x^2)^{-\frac{1}{2}}(-2x)=\frac{-x}{\sqrt{r^2-x^2}}$$

이를 대입하면 원둘레의 길이는 다음과 같다.

$$S=4\int_0^r \sqrt{1+\{y'\}^2}\,dx=4\int_0^r \sqrt{1+\frac{x^2}{r^2-x^2}}\,dx$$
$$=4\int_0^r \sqrt{\frac{r^2}{r^2-x^2}}\,dx$$
$$=4\int_0^r \frac{r}{\sqrt{r^2-x^2}}\,dx$$

다음과 같이 치환해 보자.

$$x=r\sin\theta \rightarrow dx=r\cos\theta\,d\theta$$

이와 같이 치환하면 하한과 상한은 다음과 같이 변한다.

$$x = 0 \rightarrow \theta = 0$$
$$x = r \rightarrow \theta = \pi/2$$

이 결과를 대입하면 원둘레의 길이는 다음과 같다.

$$S = 4\int_0^r \frac{r}{\sqrt{r^2 - x^2}} dx = 4\int_0^{\pi/2} \frac{r\cos\theta}{\cos\theta} d\theta = 4r\int_0^{\pi/2} d\theta = 2\pi r$$

4.3.4 입체 도형의 표면적

이전 절에서 다루었던 곡선의 길이를 구하는 정적분은 입체 도형의 표면적을 구하는 정적분에도 사용될 수 있다.

구간 $[a, b]$에서의 곡선 $y = f(x)$를 x축을 중심축으로 회전시키면 다음 그림과 같은 입체 도형이 만들어진다.

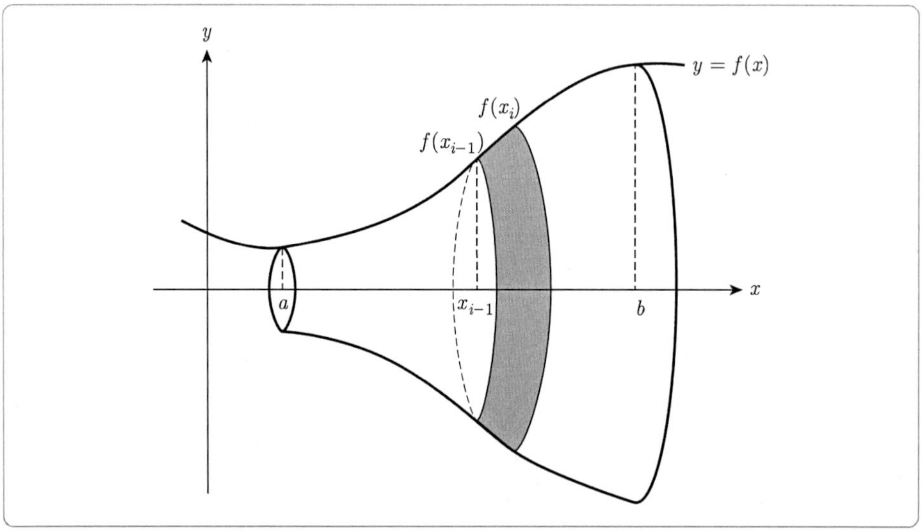

| 그림 4-13 | 예제의 입체 도형의 표면적

이 그림에서 구간 $[a, b]$에서의 입체의 표면적을 구해본다. 이 입체를 구간 $[a, b]$에서 다음과 같이 n개의 작은 입체로 나누어 보자.

$$a = x_0 < x_1 < x_2 < \cdots < x_{n-1} < x_n = b$$

이때 같은 간격으로 나누어도 좋다. 이렇게 하면 입체는 총 n개의 작은 입체로 그림과 같이 나누어진다. 총 n개의 입체 중에서 i번째 입체의 표면적을 구해보자. 이 i번째 입체의 표면적은 곡선의 길이와 원둘레 길이 $2\pi f(x_i)$의 곱으로 다음과 같이 나타낼 수 있다.

$$s = 2\pi f(x_i)\overline{P_{i-1}P_i}$$

이전 절에서 다룬 $\overline{P_{i-1}P_i}$의 결과를 대입하면 다음과 같다.

$$s = 2\pi f(x_i)\overline{P_{i-1}P_i} = 2\pi f(x_i)\sqrt{1 + \left\{\frac{f(x_i) - f(x_{i-1})}{\Delta x_i}\right\}^2}\,\Delta x_i$$

따라서 n개의 표면적의 합은 다음과 같다.

$$\hat{S} = \sum_{i=1}^{n} 2\pi f(x_i)\overline{P_{i-1}P_i} = \sum_{i=1}^{n} 2\pi f(x_i)\sqrt{1 + \left\{\frac{f(x_i) - f(x_{i-1})}{\Delta x_i}\right\}^2}\,\Delta x_i$$

이때 n을 ∞개로 확장하면 입체의 표면적을 다음과 같이 정적분으로 구할 수 있다.

$$\begin{aligned} S &= \lim_{n\to\infty}\sum_{i=1}^{n} 2\pi f(x_i)\sqrt{1 + \left\{\frac{f(x_i) - f(x_{i-1})}{\Delta x_i}\right\}^2}\,\Delta x_i \\ &= 2\pi \int_a^b f(x)\sqrt{1 + \{f'(x)\}^2}\,dx \end{aligned}$$

다음의 곡선을 회전시켜서 만들어지는 구의 표면적을 구해보자.

$$x^2 + y^2 = r^2$$

이 곡선은 반지름이 r인 원이다. 따라서 1과 2사분면의 반원은 다음과 같이 나타낼 수 있다.

$$y = \sqrt{r^2 - x^2}$$

이 곡선을 x 축을 중심으로 회전시키면 반지름이 r인 구가 만들어진다. 이 구의 표면적은 다음과 같다.

$$S = 4\pi \int_0^1 y\sqrt{1+\{y'\}^2}\,dx$$

y'은 다음과 같다.

$$y = \sqrt{r^2 - x^2} \rightarrow y' = \frac{1}{2}(r^2 - x^2)^{-\frac{1}{2}}(-2x) = \frac{-x}{\sqrt{r^2 - x^2}}$$

이를 대입하면 구의 표면적은 다음과 같다.

$$\begin{aligned} S = 4\pi \int_0^r y\sqrt{1+\{y'\}^2}\,dx &= 4\pi \int_0^r \sqrt{r^2 - x^2}\sqrt{1 + \frac{x^2}{r^2 - x^2}}\,dx \\ &= 4\pi \int_0^r \sqrt{r^2 - x^2}\sqrt{\frac{r^2}{r^2 - x^2}}\,dx \\ &= 4\pi r \int_0^r dx = 4\pi r^2 \end{aligned}$$

연습문제

4-1 $0 \le x \le 3$의 구간에서 $y = x^2$의 그래프와 x축으로 둘러싸인 면적을 구하시오.

4-2 $0 \le x \le 1.5\pi$의 구간에서 $y = \sin x$의 그래프와 x축으로 둘러싸인 면적을 구하시오.

4-3 $0 \le x \le 3$의 구간에서 다음의 두 함수로 둘러싸인 도형의 면적을 구하시오.

$$f(x) = 6x - x^2, \ g(x) = x^2 - 2x$$

4-4 $0 \le x \le \pi/3$의 구간에서 다음의 두 함수로 둘러싸인 도형의 면적을 구하시오.

$$f(x) = \sin 2x, \ g(x) = \sin x$$

4-5 다음 함수를 x축을 중심축으로 회전시켜서 만들어진 대야의 부피를 구하시오. 회전구간은 $0 \le x \le 5$이다.

$$y = -0.1x^2 + 20$$

4-6 다음 함수의 부정적분을 구하시오.

$$\int \frac{1}{\sqrt{1-x^2}}\,dx$$

4-7 다음 함수의 부정적분을 구하시오.

$$\int x \cos x \, dx$$

4-8 다음 함수의 부정적분을 구하시오.

$$\int e^{x}\sin x\,dx$$

4-9 함수 $y=1/x$과 두 직선 $x=1$, $x=e$ 그리고 x축으로 둘러싸인 도형의 면적을 구하시오.

4-10 다음의 두 곡선으로 둘러싸인 도형의 면적을 구하시오.

$$y=x^2-2x,\quad y=4x-x^2$$

4-11 다음 함수를 x축을 중심축으로 회전시키면 화병이 만들어진다.

$$y=-x^3+7.5x^2-12x+8.5,\qquad 0\le x\le 5$$

(a) 곡선의 함수를 정확히 그리시오.

(b) 이 화병의 부피를 구하시오.

4-12 다음 함수를 사용하여 만들어지는 대야의 부피를 구하시오.

$$y=-0.05x^2+20$$

이 대야는 위의 함수를 구간 $0\le x\le 10$에서 x축을 중심축으로 회전시켜서 만들어진다.

4-13 다음의 원을 x축 둘레로 회전시킨 입체의 체적을 구하시오.

$$x^2+(y-1)^2=1$$

4-14 반지름이 1인 구(공)의 표면적을 구하시오.

4-15 어느 땅의 둘레를 나타내는 함수는 다음과 같다.

$$f(x)=-2x^2+8x$$

이 $f(x)$와 x축으로 둘러싸인 면적을 구하는 프로그램을 만드시오.($\sum$의 수는 10,000개로 하시오.)

4-16 어느 도자기의 외형을 나타내는 식이 다음과 같다.

$$y = 0.002x^3 - 0.084x^2 + 0.882x + 6, \quad 0 \le x \le 25$$

이 도자기의 부피를 구하는 프로그램을 만드시오.($\sum$의 수는 2,500개로 하시오.)

CHAPTER 05

행렬

5.1 행렬의 용도

수나 문자를 직사각형 꼴로 배열하여 괄호로 묶은 것을 행렬(matrix)이라고 한다. 이렇게 수를 묶어서 나타내면 여러 가지 편리한 점이 있다. 그 중에서도 중요한 용도 중의 하나는 선형방정식을 쉽게 풀 수 있다는 것이다. 일상생활이나 자연과학, 공학, 경제학에서 선형방정식으로 풀 수 있는 문제가 매우 많다. 주위에서 볼 수 있는 다음의 문제를 보자.

사과와 배, 그리고 복숭아를 사기로 한다. 사과, 배, 복숭아의 1개의 가격은 각각 2,000원, 3,000원, 4,000원이다. 과일을 살 때 다음의 조건을 만족해야 한다.

1. 30,000원을 다 써서 사야한다.
2. 총 11개의 과일이 필요하다.
3. 배의 수는 복숭아 수의 2배가 필요하다.

위의 3가지 조건을 만족하는 연립방정식을 만들어 보자. 사과, 배, 복숭아의 개수를 각각 x, y, z라고 하자. 그러면 다음의 3개의 1차방정식을 만들 수 있다.

$$2000x + 3000y + 4000z = 30000$$

$$x + y + z = 11$$

$$y = 2z$$

이와 같이 1차방정식이 여러 개인 것을 연립1차방정식이라고 한다. 이 연립1차방정식을 행렬을 사용하여 나타내면 다음과 같다.

$$\begin{bmatrix} 2000 & 3000 & 4000 \\ 1 & 1 & 1 \\ 0 & 1 & -2 \end{bmatrix} \begin{bmatrix} x \\ y \\ z \end{bmatrix} = \begin{bmatrix} 30000 \\ 11 \\ 0 \end{bmatrix}$$

위의 행렬로 나타낸 연립방정식을 풀면 $x = 5$, $y = 4$, $z = 2$를 구할 수 있다. 즉, 행렬을 사용하여 연립1차방정식을 나타내면 간단해지고, 또한 행렬의 성질을 이용하여 쉽게 연립1차방정식을 풀 수 있다.

전기/전자/정보통신 공학에서는 행렬이 많이 사용되고 있다. 그 중에서 중요한 몇 가지 용도를 기술하면 다음과 같다.

- 선형방정식 : 행렬을 사용하면 선형방정식을 쉽게 풀 수 있다.
- TV/모니터 : TV나 컴퓨터 모니터는 화소로 구성된 행렬로 되어 있다.
- 메모리 반도체 : 메모리 반도체의 저장공간은 행렬로 되어 있다.
- AI의 CNN 연산 : AI에서 사용되는 중요한 CNN 연산은 행렬을 사용한 연산이다.

5.2 행렬의 정의와 종류

일반적으로 $m \times n$ 개의 수, 또는 문자를 다음과 같이 사각형으로 배열한 것을 행렬(matrix)이라고 정의한다.

$$\begin{bmatrix} a_{11} & a_{12} & \cdots & a_{1n} \\ a_{21} & a_{22} & \cdots & a_{2n} \\ \vdots & \vdots & \ddots & \vdots \\ a_{m1} & a_{m2} & \cdots & a_{mn} \end{bmatrix}$$

이 행렬에 들어가 있는 a_{ij}를 원소(element), 또는 성분이라고 부른다. 또한 가로로 배열한 것을 행(row)이라 하고, 세로로 배열한 것을 열(column)이라고 부른다. 즉, $i = 1,\ 2, \cdots\ m$은 행의 번호이고, $j = 1,\ 2,\ \cdots\ n$은 열의 번호이다. 원소 a_{ij}의 첫 번째 첨자 i는 행을 표시하고, 두 번째 첨자 j는 열을 표시한다. 행렬은 다음과 같이 굵은 로마자로 표기하기로 약속한다.

$$A = \begin{bmatrix} a_{11} & a_{12} & \cdots & a_{1n} \\ a_{21} & a_{22} & \cdots & a_{2n} \\ \vdots & \vdots & \ddots & \vdots \\ a_{m1} & a_{m2} & \cdots & a_{mn} \end{bmatrix}$$

이제 행렬의 종류를 알아보기로 한다.

① 정방행렬

다음 식과 같이 행의 수와 열의 수가 같은 행렬을 정방행렬(square matrix)이라고 한다.

$$A = \begin{bmatrix} a_{11} & a_{12} & \cdots & a_{1n} \\ a_{21} & a_{22} & \cdots & a_{2n} \\ \vdots & \vdots & \ddots & \vdots \\ a_{n1} & a_{n2} & \cdots & a_{nn} \end{bmatrix}$$

위의 행렬은 행의 수와 열의 수가 모두 n인 정방행렬이다. 이와 같이 n개의 행과 n개의 열을 가지는 정방행렬을 n차 정방행렬이라고 한다.

② 행행렬

다음 식과 같이 행의 수가 1인 행렬을 행행렬(row matrix)이라고 한다. 행행렬은 행벡터(row vector)라고도 부른다.

$$A = \begin{bmatrix} a_1 & a_2 & \cdots & a_n \end{bmatrix}$$

③ 열행렬

다음 식과 같이 열의 수가 1인 행렬을 열행렬(column matrix)이라고 한다. 열행렬은 열벡터(column vector)라고도 부른다.

$$A = \begin{bmatrix} a_1 \\ a_2 \\ \vdots \\ a_m \end{bmatrix}$$

④ 영행렬

다음 식과 같이 모든 원소가 0인 행렬을 영행렬(zero matrix)이라고 한다.

$$O = \begin{bmatrix} 0 & 0 & \cdots & 0 \\ 0 & 0 & \cdots & 0 \\ \vdots & \vdots & \ddots & \vdots \\ 0 & 0 & \cdots & 0 \end{bmatrix}$$

⑤ 대각행렬

다음 식과 같이 정방행렬에서 주대각선의 원소를 제외한 모든 원소가 0인 행렬을 대각행렬(diagonal matrix)이라고 한다.

$$A = \begin{bmatrix} a_{11} & 0 & \cdots & 0 \\ 0 & a_{22} & \cdots & 0 \\ \vdots & \vdots & \ddots & \vdots \\ 0 & 0 & \cdots & a_{nn} \end{bmatrix}$$

⑥ 단위행렬

다음 식과 같이 정방행렬에서 주대각선의 원소가 모두 1이고, 주대각선을 제외한 모든 원소가 0인 행렬을 단위행렬(unit matrix)이라고 한다.

$$I = \begin{bmatrix} 1 & 0 & \cdots & 0 \\ 0 & 1 & \cdots & 0 \\ \vdots & \vdots & \ddots & \vdots \\ 0 & 0 & \cdots & 1 \end{bmatrix}$$

⑦ 전치행렬

다음과 같은 행렬을 보자.

$$A = \begin{bmatrix} a_{11} & a_{12} & \cdots & a_{1n} \\ a_{21} & a_{22} & \cdots & a_{2n} \\ \vdots & \vdots & \ddots & \vdots \\ a_{m1} & a_{m2} & \cdots & a_{mn} \end{bmatrix}$$

이 행렬의 행과 열을 서로 바꾸어 놓은 행렬을 행렬 A의 전치행렬(transposed matrix)이라고 하고, 다음과 같이 A^T로 표기한다.

$$A^T = \begin{bmatrix} a_{11} & a_{21} & \cdots & a_{m1} \\ a_{12} & a_{22} & \cdots & a_{m2} \\ \vdots & \vdots & \ddots & \vdots \\ a_{1n} & a_{2n} & \cdots & a_{mn} \end{bmatrix}$$

어떤 행렬 A와 그의 전치 행렬 A^T가 같은 행렬을 대칭행렬(symmetric matrix)이라고 한다. 다음 행렬은 대칭행렬이다.

$$A = \begin{bmatrix} 1 & 5 & 6 & 3 \\ 5 & 7 & 2 & 4 \\ 6 & 2 & 8 & 9 \\ 3 & 4 & 9 & 6 \end{bmatrix} = A^T$$

예제 다음 행렬의 전치행렬을 구하시오.

(1) $A=[3\ \ -5\ \ 1]$

(2) $B=\begin{bmatrix} 1 & 2 & 3 \\ 4 & 5 & 6 \end{bmatrix}$

풀이 (1) $A^T=\begin{bmatrix} 3 \\ -5 \\ 1 \end{bmatrix}$

(2) $B^T=\begin{bmatrix} 1 & 4 \\ 2 & 5 \\ 3 & 6 \end{bmatrix}$

⑧ 역행렬

다음과 같은 2개의 n차 정방행렬을 보자.

$$A=\begin{bmatrix} a_{11} & a_{12} & \cdots & a_{1n} \\ a_{21} & a_{22} & \cdots & a_{2n} \\ \vdots & \vdots & \ddots & \vdots \\ a_{n1} & a_{n2} & \cdots & a_{nn} \end{bmatrix},\ B=\begin{bmatrix} b_{11} & b_{12} & \cdots & b_{1n} \\ b_{21} & b_{22} & \cdots & b_{2n} \\ \vdots & \vdots & \ddots & \vdots \\ b_{n1} & b_{n2} & \cdots & b_{nn} \end{bmatrix}$$

이 2개의 행렬이 다음과 같은 관계가 있을 때, B 행렬을 A 행렬의 역행렬(Inverse matrix)이라고 한다.

$$AB=I$$

이 식에서 I는 n차의 단위행렬이다. 이 역행렬 B를 다음과 같이 표기하기로 한다.

$$B=A^{-1}$$

따라서 다음의 관계가 있다.

$$AA^{-1}=I$$

5.3 행렬의 연산

이전 절에서 행렬의 종류에 대하여 알아보았다. 이 절에서는 행렬을 계산하는 방법에 대하여 알아보기로 한다.

5.3.1 행렬의 덧셈과 뺄셈

먼저 행렬과 행렬을 더하는 방법을 알아본다. 다음과 같이 두 행렬 A와 B의 합을 행렬 C라고 하자.

$$A+B=C$$

이 때 행렬 C의 원소는 다음과 같다.

$$c_{ij}=a_{ij}+b_{ij}$$

이번에는 어느 행렬에서 다른 행렬을 빼는 방법을 알아본다. 다음과 같이 두 행렬 A와 B의 차를 행렬 C라고 하자.

$$A-B=C$$

이 때 행렬 C의 원소는 다음과 같다.

$$c_{ij}=a_{ij}-b_{ij}$$

예제 다음 행렬의 합을 구하시오.

$$A=\begin{bmatrix}-4 & 5 & 3\\ 1 & 2 & 5\end{bmatrix},\quad B=\begin{bmatrix}5 & 1 & -1\\ 3 & -1 & 2\end{bmatrix}$$

풀이 $A+B=\begin{bmatrix}1 & 6 & 2\\ 4 & 1 & 7\end{bmatrix}$

예제 다음 행렬의 차를 구하시오.

$$A=\begin{bmatrix}4 & 5\\ 1 & 2\end{bmatrix},\quad B=\begin{bmatrix}2 & 1\\ 3 & 1\end{bmatrix}$$

풀이 $A-B=\begin{bmatrix}2 & 4\\ -2 & 1\end{bmatrix}$

위의 예제에서도 알 수 있듯이 행렬의 합과 차를 구하기 위해서는 두 행렬의 행과 열의 수가 같아야 한다. 행렬의 합과 차 연산에서 다음과 같은 성질이 있다.

1) $A+B=B+A$ (교환법칙)

2) $(A+B)+C=A+(B+C)$ (결합법칙)

5.3.2 수와 행렬의 곱셈

$m\times n$ 행렬 A에 임의의 수 k를 곱하면 다음과 같다.

$$kA=k\begin{bmatrix} a_{11} & a_{12} & \cdots & a_{1n} \\ a_{21} & a_{22} & \cdots & a_{2n} \\ \vdots & \vdots & \ddots & \vdots \\ a_{m1} & a_{m2} & \cdots & a_{mn} \end{bmatrix}=\begin{bmatrix} ka_{11} & ka_{12} & \cdots & ka_{1n} \\ ka_{21} & ka_{22} & \cdots & ka_{2n} \\ \vdots & \vdots & \ddots & \vdots \\ ka_{m1} & ka_{m2} & \cdots & ka_{mn} \end{bmatrix}$$

위의 식에서 보듯이 행렬 A의 모든 원에 k를 곱한 행렬이 된다.

예제 다음 행렬에 5를 곱하시오.

$$A=\begin{bmatrix} 4 & 5 \\ 1 & 2 \end{bmatrix}$$

풀이 $5A=\begin{bmatrix} 20 & 25 \\ 5 & 10 \end{bmatrix}$

5.3.3 행렬과 행렬의 곱셈

다음의 예제를 사용하여 행렬과 행렬의 곱셈을 알아보자. 3×2의 행렬 A와 2×3의 행렬 B를 곱하면 다음과 같다.

$$\begin{aligned} AB &= \begin{bmatrix} a_{11} & a_{12} \\ a_{21} & a_{22} \\ a_{31} & a_{32} \end{bmatrix}\begin{bmatrix} b_{11} & b_{12} & b_{13} \\ b_{21} & b_{22} & b_{23} \end{bmatrix} \\ &= \begin{bmatrix} a_{11}b_{11}+a_{12}b_{21} & a_{11}b_{12}+a_{12}b_{22} & a_{11}b_{13}+a_{12}b_{23} \\ a_{21}b_{11}+a_{22}b_{21} & a_{21}b_{12}+a_{22}b_{22} & a_{21}b_{13}+a_{22}b_{23} \\ a_{31}b_{11}+a_{32}b_{21} & a_{31}b_{12}+a_{32}b_{22} & a_{31}b_{13}+a_{32}b_{23} \end{bmatrix} \end{aligned}$$

위의 식에서 보듯이 행렬 A의 열의 수와 행렬 B의 행의 수가 같아야 곱셈이 가능하다.

예제 다음 행렬의 곱 AB를 구하시오.

$$A=\begin{bmatrix}1\\3\\4\end{bmatrix},\ B=\begin{bmatrix}2 & 6 & 1\end{bmatrix}$$

풀이 $AB=\begin{bmatrix}1\\3\\4\end{bmatrix}\begin{bmatrix}2 & 6 & 1\end{bmatrix}=\begin{bmatrix}2 & 6 & 1\\6 & 18 & 3\\8 & 24 & 4\end{bmatrix}$

예제 다음 행렬의 곱 AB를 구하시오.

$$A=\begin{bmatrix}2 & 6 & 1\end{bmatrix},\ B=\begin{bmatrix}2\\3\\4\end{bmatrix}$$

풀이 $AB=\begin{bmatrix}2 & 6 & 1\end{bmatrix}\begin{bmatrix}2\\3\\4\end{bmatrix}=\begin{bmatrix}26\end{bmatrix}$

행렬의 곱셈에는 다음과 같은 성질이 있다.

1) $AB \neq BA$ (단, 예외로 $AI=IA$)
2) $A(BC)=(AB)C$ (결합법칙)
3) $(A+B)C=AC+BC$ (분배법칙)

5.4 선형방정식과 행렬식

5.4.1 선형방정식

등호 =가 사용된 식을 등식(equality)라고 한다. 등식 중에서도 미지수가 들어있는 등식을 방정식(equation)이라고 정의한다. 미지수(未知數)란 한자에서 보듯이 알지 못하는 수라는 의미이고 수학에서 주로 x를 사용한다. 다음 두 개의 식을 보자.

$$5+2=7$$

$$3x+2=14$$

위의 첫 번째 식은 등호가 사용되었으므로 등식이다. 하지만 미지수가 사용되지 않으므로 방정식은 아니다. 두 번째 식은 미지수 x가 있으므로 방정식이다. 이 방정식에서 등식을 성립시키는 미지수의 특정한 값을 방정식의 "근" 또는 "해"라고 하며, 근을 구하는 과정을 "방정식을 푼다."라고 한다.

방정식의 차

방정식에서 미지수가 곱해진 수가 n이면 이 방정식을 n차 방정식이라고 부른다. 다음 방정식을 보자.

$$3x - 12 = 0$$

$$x^2 + 3x + 2 = 0$$

위의 첫 번째 방정식은 미지수 x가 한번 곱해졌으므로 1차방정식이고, 두 번째 방정식은 미지수 x가 두 번 곱해졌으므로 2차방정식이다. 즉, 방정식에서 미지수가 몇 번 곱해졌는지에 따라서 방정식의 차수가 결정된다.

방정식의 원

방정식에서 미지수의 수가 m이면 이 방정식을 m원 방정식이라고 부른다. 다음 방정식을 보자.

$$3x - 12 = 0$$

$$3x + 5y + 2 = 0$$

$$x + 3y + 2z = 14$$

위의 첫 번째 방정식은 미지수가 한 개이므로 1원1차 방정식이고, 두 번째 방정식은 미지수가 두 개이므로 2원1차 방정식이다. 물론 세 번째 방정식은 미지수가 세 개이므로 3원1차 방정식이다.

이제 선형방정식에 대하여 알아보기로 한다. 미지수 x, y, z가 사용되는 다음의 방정식을 보자.

$$3x + 2y - 5z = 12$$

위의 식과 같이 각각의 미지수들에 상수들을 곱하여 더한 것을 선형결합(linear combination) 또는 1차결합이라고 한다. 방정식 가운데서 미지수들의 선형결합으로 이루어진 방정식을 선형방정식(linear equation) 또는 1차방정식이라고 정의한다. 따라서 다음과 같은 방정식들은 모두 선형방정식이 아니다.

$$3x + 2y - yz = 12$$

$$4x^2 + 5y + 3z = 15$$

$$3x + \sqrt{y} - 5z = 8$$

$$4x + 5y + \cos z = 6$$

선형방정식이 중요한 이유는 수학뿐 아니라 공학, 자연과학, 사회과학, 경제학 등에서 다양하게 사용되고 있기 때문이다. 특히 전기/전자/정보통신 공학 분야에서는 회로이론, 통신 네트워크, 신호압축, 컴퓨터그래픽 등 실로 많은 분야에서 선형방정식이 사용되고 있다.

5.4.2 행렬식

연립1차방정식을 풀 때, 좀 더 간단한 방법을 연구하다가 라이프니츠와 크래머가 행렬식(determinant)을 만들게 되었다. 다음의 연립1차방정식을 보자.

$$\begin{bmatrix} a_{11} & a_{12} \\ a_{21} & a_{22} \end{bmatrix} \begin{bmatrix} x \\ y \end{bmatrix} = \begin{bmatrix} b_1 \\ b_2 \end{bmatrix}$$

이 식은 행렬을 사용하지 않고 다음과 같이 나타낼 수도 있다.

$$a_{11}x + a_{12}y = b_1 \quad \cdots (1)$$

$$a_{21}x + a_{22}y = b_2 \quad \cdots (2)$$

이 식에서 y를 소거하기 위해 (1) 식에는 a_{22}를 곱하고, (2) 식에는 a_{12}를 곱하면 다음과 같다.

$$a_{11}a_{22}x + a_{12}a_{22}y = b_1a_{22} \quad \cdots (3)$$

$$a_{21}a_{12}x + a_{22}a_{12}y = b_2a_{12} \quad \cdots (4)$$

(3) 식에서 (4) 식을 빼면 다음과 같이 y를 소거시킬 수 있다.

$$(a_{11}a_{22}-a_{21}a_{12})x = a_{22}b_1 - a_{12}b_2$$

$$\therefore\ x = \frac{a_{22}b_1 - a_{12}b_2}{a_{11}a_{22}-a_{12}a_{21}}$$

이번에는 x를 소거하기 위해 (1) 식에는 a_{21}을 곱하고, (2) 식에는 a_{11}을 곱하면 다음과 같다.

$$a_{11}a_{21}x + a_{12}a_{21}y = b_1a_{21} \ \cdots (5)$$

$$a_{11}a_{21}x + a_{11}a_{22}y = b_2a_{11} \ \cdots (6)$$

(5) 식에서 (6) 식을 빼면 다음과 같이 x를 소거시킬 수 있다.

$$(a_{12}a_{21}-a_{22}a_{11})y = a_{21}b_1 - a_{11}b_2$$

$$\therefore\ y = \frac{a_{11}b_2 - a_{21}b_1}{a_{11}a_{22}-a_{12}a_{21}}$$

이 두 개의 결과 식을 보면 분모가 같음을 알 수 있다. 그러므로 연립방정식을 풀 때마다 계속 분모의 식을 만들지 말고 다음과 같이 공식처럼 만들어 사용하면 편리하다.

$$\begin{bmatrix} a_{11} & a_{12} \\ a_{21} & a_{22} \end{bmatrix} \Rightarrow a_{11}a_{22} - a_{12}a_{21} = \begin{vmatrix} a_{11} & a_{12} \\ a_{21} & a_{22} \end{vmatrix}$$

이 식에서 | |을 행렬식이라고 정의한다. 위에서 보듯이 왼쪽 대각선을 곱한 후에 오른쪽 대각선의 곱을 빼면 행렬식이 간단히 구해진다.

다음의 3원1차연립방정식도 마찬가지로 행렬식을 만들 수 있다.

$$\begin{bmatrix} a_{11} & a_{12} & a_{13} \\ a_{21} & a_{22} & a_{23} \\ a_{31} & a_{32} & a_{33} \end{bmatrix} \begin{bmatrix} x \\ y \\ z \end{bmatrix} = \begin{bmatrix} b_1 \\ b_2 \\ b_3 \end{bmatrix}$$

이 식을 풀면 x, y, z를 구할 수 있는데, 모두 분모가 다음과 같이 똑같다.

$$\begin{vmatrix} a_{11} & a_{12} & a_{13} \\ a_{21} & a_{22} & a_{23} \\ a_{31} & a_{32} & a_{33} \end{vmatrix} = a_{11}a_{22}a_{33} + a_{12}a_{23}a_{31} + a_{13}a_{21}a_{32} - a_{11}a_{23}a_{32} - a_{12}a_{21}a_{33} - a_{13}a_{22}a_{31}$$

이 행렬식에서 보듯이 규칙을 찾을 수 있다. 즉 좌측의 대각선의 곱 3개를 더한 후에 우측 대각선의 곱 3개를 빼면 행렬식을 구할 수 있다.

이제 앞으로는 연립방정식을 풀 때에, 똑 같은 분모의 계산을 반복하지 말고 이 행렬식을 이용하면 편리하다. 앞에서도 보았듯이 행렬식은 정방행렬에서만 구할 수 있다.

예제 다음 행렬의 행렬식을 구하시오.

$$\begin{bmatrix} 1 & 2 & 3 \\ 2 & 3 & 4 \\ 3 & 4 & 6 \end{bmatrix}$$

풀이

$$\begin{vmatrix} 1 & 2 & 3 \\ 2 & 3 & 4 \\ 3 & 4 & 6 \end{vmatrix} = 1\times3\times6+2\times4\times3+2\times4\times3$$

$$-1\times4\times4-2\times2\times6-3\times3\times3=-1$$

3×3 이상의 행렬에서는 전개하여 행렬식을 구하는 방법도 있다. 다음의 행렬을 통하여 이 방법을 알아보기로 한다.

$$|A|=\begin{vmatrix} a_{11} & a_{12} & a_{13} \\ a_{21} & a_{22} & a_{23} \\ a_{31} & a_{32} & a_{33} \end{vmatrix}$$

이 행렬에서 1행을 선택하여 전개하면 다음과 같이 행렬식을 구할 수 있다.

$$|A|=(-1)^{1+1}a_{11}|A_{11}|+(-1)^{1+2}a_{12}|A_{12}|+(-1)^{1+3}a_{13}|A_{13}|$$

여기에서 $|A_{11}|=\begin{vmatrix} a_{22} & a_{23} \\ a_{32} & a_{33} \end{vmatrix}$, $|A_{12}|=\begin{vmatrix} a_{21} & a_{23} \\ a_{31} & a_{33} \end{vmatrix}$, $|A_{13}|=\begin{vmatrix} a_{21} & a_{22} \\ a_{31} & a_{32} \end{vmatrix}$

이 식에서 $|A_{11}|$, $|A_{12}|$, $|A_{13}|$를 소행렬식(minor determinant)이라고 한다. 소행렬식은 i행과 j열을 제외한 나머지 원소로 된 행렬식이다. 따라서 3×3 행렬에서 다음과 같이 나타낼 수 있다.

$$|A|=\begin{vmatrix} a_{11} & a_{12} & a_{13} \\ a_{21} & a_{22} & a_{23} \\ a_{31} & a_{32} & a_{33} \end{vmatrix}=a_{11}\begin{vmatrix} a_{22} & a_{23} \\ a_{32} & a_{33} \end{vmatrix}-a_{12}\begin{vmatrix} a_{21} & a_{23} \\ a_{31} & a_{33} \end{vmatrix}+a_{13}\begin{vmatrix} a_{21} & a_{22} \\ a_{31} & a_{32} \end{vmatrix}$$

예제 다음 행렬에서 소행렬식 전개방법을 행렬식을 구하시오.

$$\begin{bmatrix} 1 & 2 & 3 \\ 2 & 3 & 4 \\ 3 & 4 & 6 \end{bmatrix}$$

풀이 $\begin{vmatrix} 1 & 2 & 3 \\ 2 & 3 & 4 \\ 3 & 4 & 6 \end{vmatrix} = 1\begin{vmatrix} 3 & 4 \\ 4 & 6 \end{vmatrix} - 2\begin{vmatrix} 2 & 4 \\ 3 & 6 \end{vmatrix} + 3\begin{vmatrix} 2 & 3 \\ 3 & 4 \end{vmatrix} = 2 - 0 - 3 = -1$

지금까지 보듯이 $n \times n$의 행렬식은 $(n-1)\times(n-1)$의 소행렬식으로 전개시킬 수 있으므로 행렬식을 쉽게 구할 수 있다.

5.5 크래머의 공식을 이용한 선형방정식 풀기

크래머(Cramer)는 행렬식을 사용하여 연립1차방정식을 푸는 방법을 만들었다. 이 공식을 크래머의 공식이라고 부른다. 다음의 연립1차방정식을 보자.

$$\begin{bmatrix} a_{11} & a_{12} \\ a_{21} & a_{22} \end{bmatrix}\begin{bmatrix} x \\ y \end{bmatrix} = \begin{bmatrix} b_1 \\ b_2 \end{bmatrix}$$

이 식에서 x와 y는 각각 다음과 같다.

$$x = \frac{a_{22}b_1 - a_{12}b_2}{a_{11}a_{22} - a_{12}a_{21}}, \quad y = \frac{a_{11}b_2 - a_{21}b_1}{a_{11}a_{22} - a_{12}a_{21}}$$

이 두 결과에서 분모는 같고, 행렬식으로 다음과 같이 쓸 수 있다.

$$a_{11}a_{22} - a_{12}a_{21} = \begin{vmatrix} a_{11} & a_{12} \\ a_{21} & a_{22} \end{vmatrix} = D$$

그런데 분자도 행렬식을 사용하여 나타낼 수 있다. x의 분자는 다음과 같이 분모 행렬식의 첫 번째 열에 연립방정식의 우변의 원소를 대입하여 구할 수 있다.

$$a_{22}b_1 - a_{12}b_2 = \begin{vmatrix} b_1 & a_{12} \\ b_2 & a_{22} \end{vmatrix} = D_1$$

마찬가지로 y의 분자는 다음과 같이 분모 행렬식의 두 번째 열에 연립방정식의 우변의 원소를 대입하여 구할 수 있다.

$$a_{11}b_2 - a_{21}b_1 = \begin{vmatrix} a_{11} & b_1 \\ a_{21} & b_2 \end{vmatrix} = D_2$$

이와 같이 연립방정식 해의 분자 분모는 행렬식을 사용하여 구할 수 있다. 즉 위의 연립방정식에서 x와 y는 다음과 같이 행렬식으로 구할 수 있다.

$$x = \frac{D_1}{D}, \quad y = \frac{D_2}{D}$$

이와 같이 행렬식을 사용하여 연립방정식을 푸는 방법을 크래머의 공식이라고 한다. 다음의 연립방정식을 크래머의 공식을 사용하여 풀어보기로 한다.

$$2x + y = 8$$

$$5x - 2y = 11$$

먼저 이 연립방정식을 행렬로 나타내면 다음과 같다.

$$\begin{bmatrix} 2 & 1 \\ 5 & -2 \end{bmatrix} \begin{bmatrix} x \\ y \end{bmatrix} = \begin{bmatrix} 8 \\ 11 \end{bmatrix}$$

분모와 분자를 나타내는 행렬식은 다음과 같이 구할 수 있다.

$$D = \begin{vmatrix} 2 & 1 \\ 5 & -2 \end{vmatrix} = -9, \quad D_1 = \begin{vmatrix} 8 & 1 \\ 11 & -2 \end{vmatrix} = -27, \quad D_2 = \begin{vmatrix} 2 & 8 \\ 5 & 11 \end{vmatrix} = -18$$

따라서 x와 y는 다음과 같이 구할 수 있다.

$$x = \frac{D_1}{D} = \frac{-27}{-9} = 3, \quad y = \frac{D_2}{D} = \frac{-18}{-9} = 2$$

이 크래머의 공식은 3차 이상의 연립방정식에서도 유효하다. 다음의 n차 연립방정식을 보자.

$$\begin{bmatrix} a_{11} & a_{12} & \cdots & a_{1n} \\ a_{21} & a_{22} & \cdots & a_{2n} \\ \vdots & \vdots & \ddots & \vdots \\ a_{n1} & a_{n2} & \cdots & a_{nn} \end{bmatrix} \begin{bmatrix} x_1 \\ x_2 \\ \vdots \\ x_n \end{bmatrix} = \begin{bmatrix} b_1 \\ b_2 \\ \vdots \\ b_n \end{bmatrix}$$

이 연립방정식에서 다음의 행렬식을 구할 수 있다.

$$D=\begin{vmatrix} a_{11} & a_{12} & \cdots & a_{1n} \\ a_{21} & a_{22} & \cdots & a_{2n} \\ \vdots & \vdots & \ddots & \vdots \\ a_{n1} & a_{n2} & \cdots & a_{nn} \end{vmatrix},\ D_1=\begin{vmatrix} b_1 & a_{12} & \cdots & a_{1n} \\ b_2 & a_{22} & \cdots & a_{2n} \\ \vdots & \vdots & \ddots & \vdots \\ b_n & a_{n2} & \cdots & a_{nn} \end{vmatrix},\ D_2=\begin{vmatrix} a_{11} & b_1 & \cdots & a_{1n} \\ a_{21} & b_2 & \cdots & a_{2n} \\ \vdots & \vdots & \ddots & \vdots \\ a_{n1} & b_n & \cdots & a_{nn} \end{vmatrix}\cdots$$

따라서 다음과 같이 해를 구할 수 있다.

$$x_1=\frac{D_1}{D},\ x_2=\frac{D_2}{D},\ \cdots\ x_n=\frac{D_n}{D}$$

다음의 연립방정식을 크래머의 공식을 사용하여 풀어보기로 한다.

$$x+y+z=6$$

$$2x-y+z=3$$

$$3x+2y-z=4$$

이 연립방정식을 행렬로 나타내면 다음과 같다.

$$\begin{bmatrix} 1 & 1 & 1 \\ 2 & -1 & 1 \\ 3 & 2 & -1 \end{bmatrix}\begin{bmatrix} x \\ y \\ z \end{bmatrix}=\begin{bmatrix} 6 \\ 3 \\ 4 \end{bmatrix}$$

이 연립방정식에서 분모에 대한 다음의 행렬식을 구할 수 있다.

$$D=\begin{vmatrix} 1 & 1 & 1 \\ 2 & -1 & 1 \\ 3 & 2 & -1 \end{vmatrix}=11$$

분자에 대한 행렬식은 각각 다음과 같이 구해진다.

$$D_1=\begin{vmatrix} 6 & 1 & 1 \\ 3 & -1 & 1 \\ 4 & 2 & -1 \end{vmatrix}=11,\ D_2=\begin{vmatrix} 1 & 6 & 1 \\ 2 & 3 & 1 \\ 3 & 4 & -1 \end{vmatrix}=22,\ D_3=\begin{vmatrix} 1 & 1 & 6 \\ 2 & -1 & 3 \\ 3 & 2 & 4 \end{vmatrix}=33$$

따라서 이 연립방정식의 해는 다음과 같이 구할 수 있다.

$$x=\frac{D_1}{D}=1,\ y=\frac{D_2}{D}=2,\ z=\frac{D_3}{D}=3$$

예제 이 장에서 처음 나왔던 예제를 다시 보자. 사과, 배, 복숭아의 개수를 각각 x, y, z라고 하자. 그러면 다음의 3개의 1차방정식을 만들 수 있다. 이 연립방정식을 크래머의 공식을 사용하여 푸시오.

$$2000x + 3000y + 4000z = 30000$$

$$x + y + z = 11$$

$$y = 2z$$

풀이 이 연립방정식을 행렬을 사용하여 나타내면 다음과 같다.

$$\begin{bmatrix} 2000 & 3000 & 4000 \\ 1 & 1 & 1 \\ 0 & 1 & -2 \end{bmatrix} \begin{bmatrix} x \\ y \\ z \end{bmatrix} = \begin{bmatrix} 30000 \\ 11 \\ 0 \end{bmatrix}$$

분모에 대한 행렬식을 구하면 다음과 같다.

$$D = \begin{vmatrix} 2000 & 3000 & 4000 \\ 1 & 1 & 1 \\ 0 & 1 & -2 \end{vmatrix} = 4000$$

분자에 대한 행렬식은 각각 다음과 같이 구해진다.

$$D_1 = \begin{vmatrix} 30000 & 3000 & 4000 \\ 11 & 1 & 1 \\ 0 & 1 & -2 \end{vmatrix} = 20000$$

$$D_2 = \begin{vmatrix} 2000 & 30000 & 4000 \\ 1 & 11 & 1 \\ 0 & 0 & -2 \end{vmatrix} = 16000$$

$$D_3 = \begin{vmatrix} 2000 & 3000 & 30000 \\ 1 & 1 & 11 \\ 0 & 1 & 0 \end{vmatrix} = 8000$$

따라서 이 연립방정식의 해는 다음과 같이 구할 수 있다.

$$x = \frac{D_1}{D} = \frac{20000}{4000} = 5,\ y = \frac{D_2}{D} = \frac{16000}{4000} = 4,\ z = \frac{D_3}{D} = \frac{8000}{4000} = 2$$

5.6 역행렬을 이용한 선형방정식 풀기

이 절에서는 역행렬을 이용하여 연립방정식을 푸는 방법을 알아보기로 한다. 다음의 연립방정식을 보자.

$$\begin{bmatrix} a_{11} & a_{12} & \cdots & a_{1n} \\ a_{21} & a_{22} & \cdots & a_{2n} \\ \vdots & \vdots & \ddots & \vdots \\ a_{n1} & a_{n2} & \cdots & a_{nn} \end{bmatrix} \begin{bmatrix} x_1 \\ x_2 \\ \vdots \\ x_n \end{bmatrix} = \begin{bmatrix} b_1 \\ b_2 \\ \vdots \\ b_n \end{bmatrix} \Rightarrow AX = B$$

이 연립방정식에서 행렬 A와 B는 원소를 모두 알고 있는 행렬이다. 만일 A의 역행렬 A^{-1}를 알고 있다면 양변에 다음 식과 같이 곱해 보자.

$$A^{-1}AX = A^{-1}B \quad \Rightarrow \quad X = A^{-1}B$$

위의 식에서 보듯이 해를 구할 수 있다. 이 예에서도 알 수 있듯이 역행렬만 구할 수 있으면 모든 연립방정식이 풀린다. 따라서 행렬의 연산에서 역행렬이 차지하는 비중은 매우 크다.

5.6.1 역행렬을 구하는 방법

역행렬을 구하는 방법은 행렬식을 이용하는 방법과 가우스-조단 방법 등이 있다. 이 절에서는 행렬식을 이용하는 방법을 기술한다. 행렬 A의 역행렬을 찾는 식은 다음과 같다.

$$A^{-1} = \frac{B^T}{|A|}$$

이 식에서 보듯이 분모는 행렬식이다. 그리고 분자는 행렬 B의 전치행렬이다. 이 행렬 B를 여인수 행렬(cofactor matrix)이라고 부른다. 이 여인수 행렬은 여인수를 차례로 모아놓은 행렬이다. 여인수 행렬의 원소는 다음과 같이 구한다.

$$b_{jk} = (-1)^{j+k}|A_{jk}|$$

이 식에서 $|A_{jk}|$는 소행렬식(minor determinant)이고 $(-1)^{j+k}$는 소행렬식의 부

호를 정의한다. 다음의 3×3 행렬에서 역행렬을 구하는 방법을 자세히 알아본다.

$$A = \begin{bmatrix} a_{11} & a_{12} & a_{13} \\ a_{21} & a_{22} & a_{23} \\ a_{31} & a_{32} & a_{33} \end{bmatrix}$$

역행렬은 다음의 5단계로 구한다.

① 행렬식 $|A|$를 구한다.

② 소행렬식의 행렬을 만든다.

$$|A_{11}| = \begin{vmatrix} a_{22} & a_{23} \\ a_{32} & a_{33} \end{vmatrix} \quad |A_{12}| = \begin{vmatrix} a_{21} & a_{23} \\ a_{31} & a_{33} \end{vmatrix} \quad |A_{13}| = \begin{vmatrix} a_{21} & a_{22} \\ a_{31} & a_{32} \end{vmatrix}$$

$$|A_{21}| = \begin{vmatrix} a_{12} & a_{13} \\ a_{32} & a_{33} \end{vmatrix} \quad |A_{22}| = \begin{vmatrix} a_{11} & a_{13} \\ a_{31} & a_{33} \end{vmatrix} \quad |A_{23}| = \begin{vmatrix} a_{11} & a_{12} \\ a_{31} & a_{32} \end{vmatrix}$$

$$|A_{31}| = \begin{vmatrix} a_{12} & a_{13} \\ a_{22} & a_{23} \end{vmatrix} \quad |A_{32}| = \begin{vmatrix} a_{11} & a_{13} \\ a_{21} & a_{23} \end{vmatrix} \quad |A_{33}| = \begin{vmatrix} a_{11} & a_{12} \\ a_{21} & a_{22} \end{vmatrix}$$

③ 여인수 행렬을 만든다.

위에서 만든 소행렬식의 행렬에 부호를 다음과 같이 붙인다.

$$\begin{matrix} + & - & + \\ - & + & - \\ + & - & + \end{matrix}$$

위의 부호를 붙인 여인수 행렬 B의 원소는 다음과 같다.

$$+\begin{vmatrix} a_{22} & a_{23} \\ a_{32} & a_{33} \end{vmatrix} \quad -\begin{vmatrix} a_{21} & a_{23} \\ a_{31} & a_{33} \end{vmatrix} \quad +\begin{vmatrix} a_{21} & a_{22} \\ a_{31} & a_{32} \end{vmatrix}$$

$$-\begin{vmatrix} a_{12} & a_{13} \\ a_{32} & a_{33} \end{vmatrix} \quad +\begin{vmatrix} a_{11} & a_{13} \\ a_{31} & a_{33} \end{vmatrix} \quad -\begin{vmatrix} a_{11} & a_{12} \\ a_{31} & a_{32} \end{vmatrix}$$

$$+\begin{vmatrix} a_{12} & a_{13} \\ a_{22} & a_{23} \end{vmatrix} \quad -\begin{vmatrix} a_{11} & a_{13} \\ a_{21} & a_{23} \end{vmatrix} \quad +\begin{vmatrix} a_{11} & a_{12} \\ a_{21} & a_{22} \end{vmatrix}$$

④ 행렬 B의 전치행렬 B^T를 만든다.

⑤ 마지막으로 $\frac{1}{|A|}$를 곱한다.

예제 다음 3×3 행렬의 역행렬을 구하시오.

$$A=\begin{bmatrix}2 & 4 & 3\\ 0 & 1 & -1\\ 3 & 5 & 7\end{bmatrix}$$

풀이 ① 행렬식 $|A|$를 구한다.

$$|A|=\begin{vmatrix}2 & 4 & 3\\ 0 & 1 & -1\\ 3 & 5 & 7\end{vmatrix}=3$$

② 소행렬식의 행렬을 만든다.

$$|A_{11}|=\begin{vmatrix}1 & -1\\ 5 & 7\end{vmatrix}=12 \quad |A_{12}|=\begin{vmatrix}0 & -1\\ 3 & 7\end{vmatrix}=3 \quad |A_{13}|=\begin{vmatrix}0 & 1\\ 3 & 5\end{vmatrix}=-3$$

$$|A_{21}|=\begin{vmatrix}4 & 3\\ 5 & 7\end{vmatrix}=13 \quad |A_{22}|=\begin{vmatrix}2 & 3\\ 3 & 7\end{vmatrix}=5 \quad |A_{23}|=\begin{vmatrix}2 & 4\\ 3 & 5\end{vmatrix}=-2$$

$$|A_{31}|=\begin{vmatrix}4 & 3\\ 1 & -1\end{vmatrix}=-7 \quad |A_{32}|=\begin{vmatrix}2 & 3\\ 0 & -1\end{vmatrix}=-2 \quad |A_{33}|=\begin{vmatrix}2 & 4\\ 0 & 1\end{vmatrix}=2$$

③ 여인수 행렬을 만든다.

다음의 부호를 붙인다.

$$\begin{matrix}+ & - & +\\ - & + & -\\ + & - & +\end{matrix}$$

따라서 여인수 행렬 B는 다음과 같다.

$$B=\begin{bmatrix}12 & -3 & -3\\ -13 & 5 & 2\\ -7 & 2 & 2\end{bmatrix}$$

④ 행렬 B의 전치행렬 B^T를 만든다.

$$B^T=\begin{bmatrix}12 & -13 & -7\\ -3 & 5 & 2\\ -3 & 2 & 2\end{bmatrix}$$

⑤ 마지막으로 $\dfrac{1}{|A|}$를 곱한다.

$$A^{-1}=\frac{1}{3}\begin{bmatrix}12 & -13 & -7\\ -3 & 5 & 2\\ -3 & 2 & 2\end{bmatrix}=\begin{bmatrix}4 & -13/3 & -7/3\\ -1 & 5/3 & 2/3\\ -1 & 2/3 & 2/3\end{bmatrix}$$

2×2 행렬의 역행렬은 3×3 행렬의 역행렬 찾기의 특별한 경우이므로 매우 간단하다. 다음의 2×2 행렬을 보자.

$$A = \begin{bmatrix} a_{11} & a_{12} \\ a_{21} & a_{22} \end{bmatrix}$$

행렬 A의 역행렬을 찾는 식은 3×3 행렬의 경우와 같다.

$$A^{-1} = \frac{B^T}{|A|}$$

이 식에서 보듯이 분모는 행렬식이다. 그리고 분자는 여인수 행렬 B의 전치행렬이다. 이를 대입하면 다음과 같이 간단히 구할 수 있다.

$$A^{-1} = \frac{B^T}{|A|} = \frac{1}{|A|}\begin{bmatrix} a_{22} & -a_{12} \\ -a_{21} & a_{11} \end{bmatrix}$$

예제 다음의 2×2 행렬의 역행렬을 구하시오.

$$A = \begin{bmatrix} 1 & 2 \\ 3 & 4 \end{bmatrix}$$

풀이 행렬식 $|A|$를 구한다.

$$|A| = \begin{vmatrix} 1 & 2 \\ 3 & 4 \end{vmatrix} = -2$$

따라서 역행렬은 다음과 같다.

$$A^{-1} = \frac{1}{-2}\begin{bmatrix} 4 & -2 \\ -3 & 1 \end{bmatrix} = \begin{bmatrix} -2 & 1 \\ 3/2 & -1/2 \end{bmatrix}$$

5.6.2 선형방정식 풀기

다음의 연립방정식을 보자.

$$\begin{bmatrix} -1 & 0 & 1 \\ -1 & 1 & -1 \\ 4 & -2 & 1 \end{bmatrix}\begin{bmatrix} x \\ y \\ z \end{bmatrix} = \begin{bmatrix} 1 \\ 2 \\ 3 \end{bmatrix} \quad \rightarrow \quad AX = B$$

행렬 A의 역행렬 A^{-1}는 다음과 같이 구하였다.

$$A^{-1}=\begin{bmatrix}1 & 2 & 1\\3 & 5 & 2\\2 & 2 & 1\end{bmatrix}$$

양변에 역행렬을 곱하면 다음과 같다.

$$X=A^{-1}B=\begin{bmatrix}1&2&1\\3&5&2\\2&2&1\end{bmatrix}\begin{bmatrix}1\\2\\3\end{bmatrix}=\begin{bmatrix}8\\19\\9\end{bmatrix}$$

위의 식에서 보듯이 $x=8$, $y=19$, $z=9$의 해를 구할 수 있다. 이 예에서도 알 수 있듯이 역행렬을 구할 수 있으면 그 연립방정식의 해를 구할 수 있다.

예제 빵을 만들기 위해 빵의 재료인 밀가루, 소금, 설탕을 구매하려고 한다. 밀가루, 소금, 설탕의 1kg의 가격은 각각 1,000원, 2,000원, 3,000원이다. 재료를 살 때 다음의 조건을 만족해야 한다.

1. 6,700원을 다 써서 사야한다.
2. 총 4kg의 재료가 필요하다.
3. 밀가루는 설탕 무게의 2배가 필요하다.

밀가루, 소금, 설탕을 각각 몇 kg씩 구매하여야 하는가? 역행렬을 사용하여 구하시오.

풀이 밀가루, 소금, 설탕의 무게를 x, y, z kg이라고 하자. 그러면 다음의 연립방정식을 만들 수 있다.

$$1000x+2000y+3000z=6700$$

$$x+y+z=4$$

$$x=2z$$

위의 연립방정식을 행렬을 사용하여 나타내면 다음과 같다.

$$\begin{bmatrix}1000 & 2000 & 3000\\1 & 1 & 1\\1 & 0 & -2\end{bmatrix}\begin{bmatrix}x\\y\\z\end{bmatrix}=\begin{bmatrix}6700\\4\\0\end{bmatrix}\rightarrow AX=B$$

먼저 역행렬 A^{-1}를 다음과 같이 구한다.

① 행렬식 $|A|$를 구한다.

$$|A| = \begin{vmatrix} 1000 & 2000 & 3000 \\ 1 & 1 & 1 \\ 1 & 0 & -2 \end{vmatrix} = 1000$$

② 소행렬식의 행렬을 만든다.

$$|A_{11}| = \begin{vmatrix} 1 & 1 \\ 0 & -2 \end{vmatrix} = -2 \qquad |A_{12}| = \begin{vmatrix} 1 & 1 \\ 1 & -2 \end{vmatrix} = -3 \qquad |A_{13}| = \begin{vmatrix} 1 & 1 \\ 1 & 0 \end{vmatrix} = -1$$

$$|A_{21}| = \begin{vmatrix} 2000 & 3000 \\ 0 & -2 \end{vmatrix} = -4000 \quad |A_{22}| = \begin{vmatrix} 1000 & 3000 \\ 1 & -2 \end{vmatrix} = -5000 \quad |A_{23}| = \begin{vmatrix} 1000 & 2000 \\ 1 & 0 \end{vmatrix} = -2000$$

$$|A_{31}| = \begin{vmatrix} 2000 & 3000 \\ 1 & 1 \end{vmatrix} = -1000 \quad |A_{32}| = \begin{vmatrix} 1000 & 3000 \\ 1 & 1 \end{vmatrix} = -2000 \quad |A_{33}| = \begin{vmatrix} 1000 & 2000 \\ 1 & 1 \end{vmatrix} = -1000$$

③ 다음의 부호를 붙여 여인수 행렬을 만든다.

$$\begin{matrix} + & - & + \\ - & + & - \\ + & - & + \end{matrix}$$

따라서 여인수 행렬 B는 다음과 같다.

$$B = \begin{bmatrix} -2 & 3 & -1 \\ 4000 & -5000 & 2000 \\ -1000 & 2000 & -1000 \end{bmatrix}$$

④ 행렬 B의 전치행렬 B^T를 만든다.

$$B^T = \begin{bmatrix} -2 & 4000 & -1000 \\ 3 & -5000 & 2000 \\ -1 & 2000 & -1000 \end{bmatrix}$$

⑤ 마지막으로 $\dfrac{1}{|A|}$를 곱한다.

$$A^{-1} = \frac{1}{1000}\begin{bmatrix} -2 & 4000 & -1000 \\ 3 & -5000 & 2000 \\ -1 & 2000 & -1000 \end{bmatrix} = \begin{bmatrix} -2/1000 & 4 & -1 \\ 3/1000 & -5 & 2 \\ -1/1000 & 2 & -1 \end{bmatrix}$$

위와 같이 역행렬을 구했으므로 다음과 같이 해를 구할 수 있다.

$$X = A^{-1}B = \begin{bmatrix} -2/1000 & 4 & -1 \\ 3/1000 & -5 & 2 \\ -1/1000 & 2 & -1 \end{bmatrix}\begin{bmatrix} 6700 \\ 4 \\ 0 \end{bmatrix} = \begin{bmatrix} 2.6 \\ 0.1 \\ 1.3 \end{bmatrix}$$

위의 식에서 보듯이 밀가루, 소금, 설탕을 각각 2.6 kg, 0.1 kg, 1.3 kg을 구매하여야 한다.

5.7 가우스-조단 소거법을 이용한 선형방정식 풀기

선형방정식을 푸는 방법으로서 '크래머의 공식을 이용하는 방법'과 '역행렬을 이용하는 방법'을 살펴보았다. 이절에서는 또 다른 방법인 '가우스-조단 소거법을 이용하는 방법'을 알아보기로 한다.

5.7.1 가감법과 대입법

선형방정식은 2원1차연립방정식과 3원 이상의 1차연립방정식으로 분류할 수 있다. 2원1차연립방정식의 경우에는 행렬을 사용하지 않고 다음과 같은 가감법이나 대입을 사용하여 쉽게 해를 구할 수 있다.

가감법

다음과 같은 2원1차연립방정식을 보자.

$$3x + 4y = 7 \cdots (1)$$

$$5x + 2y = 21 \cdots (2)$$

이와 같은 연립방정식을 풀 때에는 어느 한 미지수의 계수를 같게 만든 후에 더하거나 빼면 해를 구할 수 있다. (2)의 식에 2를 곱하면 y의 계수를 같게 할 수 있다.

$$3x + 4y = 7 \cdots (1)$$

$$10x + 4y = 42 \cdots (3)$$

이제 (3)의 식에서 (1)의 식을 빼면 다음과 같이 x를 구할 수 있다.

$$7x = 35 \rightarrow x = 5$$

이 결과를 (1)식에 대입하면 다음과 같이 y를 구할 수 있다.

$$15+4y=7 \rightarrow 4y=-8 \rightarrow y=-2$$

이와 같은 방법을 가감법이라고 부른다.

대입법

다음과 같은 2원1차연립방정식을 보자.

$$3x+4y=13 \cdots (1)$$
$$x+3y=1 \cdots (2)$$

위의 연립방정식을 풀 때에 (2)의 식을 $x=1-3y$로 변형시켜서 (1)식에 대입하면 다음과 같다.

$$3(1-3y)+4y=13 \rightarrow y=-2$$

이 결과를 $x=1-3y$에 대입하면 $x=7$의 해를 구할 수 있다. 이와 같은 방법을 대입법이라고 부른다. 즉, 미지수의 계수가 1인 방정식이 있으면 대입법을 사용하여 해를 쉽게 구할 수 있다. 이와 같이 2원1차연립방정식의 해를 구할 때에는 위의 두 방법이 많이 사용된다.

5.7.2 가우스-조단 소거법

3원 이상의 1차연립방정식을 풀 때에 유용하게 사용되는 가우스-조단 소거법을 알아보기로 한다. 이 방법을 적용하기 위해서 먼저 첨가행렬을 만들어야 한다. 3원 이상의 연립방정식을 행렬로 나타내면 다음과 같다.

$$\begin{bmatrix} a_{11} & a_{12} & \cdots & a_{1n} \\ a_{21} & a_{22} & \cdots & a_{2n} \\ \vdots & \vdots & \ddots & \vdots \\ a_{n1} & a_{n2} & \cdots & a_{nn} \end{bmatrix} \begin{bmatrix} x_1 \\ x_2 \\ \vdots \\ x_n \end{bmatrix} = \begin{bmatrix} b_1 \\ b_2 \\ \vdots \\ b_n \end{bmatrix}$$

위의 식에서 계수 행렬과 우변의 열행렬을 사용하여 다음과 같은 행렬을 만들 수 있다.

$$\begin{bmatrix} a_{11} & a_{12} & \cdots & a_{1n} & b_1 \\ a_{21} & a_{22} & \cdots & a_{2n} & b_2 \\ \vdots & \vdots & \ddots & \vdots & \vdots \\ a_{n1} & a_{n2} & \cdots & a_{nn} & b_n \end{bmatrix}$$

이와 같이 계수 행렬과 우변의 열행렬을 사용하여 만들어진 행렬을 첨가행렬이라고 정의한다. 첨가행렬로부터 해를 구하는 방법을 다음과 같은 3원1차 선형방정식으로부터 알아보기로 한다.

$$a_{11}x + a_{12}y + a_{13}z = b_1$$

$$a_{21}x + a_{22}y + a_{23}z = b_2$$

$$a_{31}x + a_{32}y + a_{33}z = b_3$$

이 선형방정식을 행렬을 사용하여 나타내면 다음과 같다.

$$\begin{bmatrix} a_{11} & a_{12} & a_{13} \\ a_{21} & a_{22} & a_{23} \\ a_{31} & a_{32} & a_{33} \end{bmatrix} \begin{bmatrix} x \\ y \\ z \end{bmatrix} = \begin{bmatrix} b_1 \\ b_2 \\ b_3 \end{bmatrix}$$

위의 선형방정식에서 첨가행렬은 다음과 같다.

$$\begin{bmatrix} a_{11} & a_{12} & a_{13} & b_1 \\ a_{21} & a_{22} & a_{23} & b_2 \\ a_{31} & a_{32} & a_{33} & b_3 \end{bmatrix}$$

위의 첨가행렬에서 행 연산을 통하여 다음과 같이 계수행렬의 하삼각행렬 성분을 모두 0으로 변형시키고, 대각행렬 성분은 모두 1로 변형시킬 수 있다. 이 과정을 전향소거법(forward elimination)이라고 부른다.

$$\begin{bmatrix} 1 & f_{12} & f_{13} & g_1 \\ 0 & 1 & f_{23} & g_2 \\ 0 & 0 & 1 & g_3 \end{bmatrix}$$

위의 첨가행렬을 다시 선형방정식으로 나타내면 다음과 같다.

$$x + f_{12}y + f_{13}z = g_1$$

$$y + f_{23}z = g_2$$

$$z = g_3$$

위의 선형방정식의 세 번째 식에서 보듯이 z를 구하였고, 이 결과를 두 번째 식에 대입하면 y를 구할 수 있다. 마지막으로 y의 값과 z의 값을 첫 번째 식에 대입하면 x의 값을 구할 수 있다. 이 과정을 역대입법(back substitution)이라고 부른다. 이와 같이 선형방정식은 전향소거법과 역대입법의 두 과정을 통하여 해를 구할 수 있다. 이 두 과정에서 보듯이 핵심은 전향소거법이다. 즉 계수행렬의 하삼각행렬 성분을 0으로 변형시키고, 대각성분을 1로 변형시키는 과정이 가장 중요한 과정이다.

첨가행렬에서 계수행렬의 하삼각행렬 성분을 0으로 변형시키고, 대각성분을 1로 변형시키는 행 연산의 원칙은 다음과 같다.

기본적인 행 연산

① 한 행에 0이 아닌 상수 k를 곱한다.

② 두 행을 바꾼다.

③ 어느 한 행에서 다른 행의 k배를 더하거나 뺀다.($k \neq 0$)

지금까지 기술한 가우스-조단 소거법을 요약하면 다음과 같다.

1단계 : 행 연산을 사용하여 계수행렬의 하삼각행렬 성분을 모두 0으로 만들고, 대각성분은 모두 1로 만든다.(전향소거법)

2단계 : 역대입법을 사용하여 해를 구한다.(역대입법)

가우스-조단 소거법을 사용하여 다음과 같은 3원1차연립방정식의 해를 구해보기로 한다.

$$x + y - z = 1$$

$$2x + 3y - z = 3$$

$$x - 2y + 2z = 10$$

이 연립방정식의 행렬표기와 첨가행렬은 각각 다음과 같다.

$$\begin{bmatrix} 1 & 1 & -1 \\ 2 & 3 & -1 \\ 1 & -2 & 2 \end{bmatrix} \begin{bmatrix} x \\ y \\ z \end{bmatrix} = \begin{bmatrix} 1 \\ 3 \\ 10 \end{bmatrix} \rightarrow \begin{bmatrix} 1 & 1 & -1 & 1 \\ 2 & 3 & -1 & 3 \\ 1 & -2 & 2 & 10 \end{bmatrix}$$

전향소거법 단계

위의 첨가행렬에 행 연산을 사용하여 계수행렬의 대각성분 아래의 성분을 모두 0으로 만들고, 대각성분을 모두 1로 만들어 보기로 한다.

– 2행에서 (1행의 2배)를 빼면 다음과 같다.(2행의 1열을 0으로 만든다.)

$$\begin{bmatrix} 1 & 1 & -1 & 1 \\ 0 & 1 & 1 & 1 \\ 1 & -2 & 2 & 10 \end{bmatrix}$$

– 3행에서 1행을 빼면 다음과 같다.(3행의 1열을 0으로 만든다.)

$$\begin{bmatrix} 1 & 1 & -1 & 1 \\ 0 & 1 & 1 & 1 \\ 0 & -3 & 3 & 9 \end{bmatrix}$$

– 3행에서 (2행의 3배)를 더하면 다음과 같다.(3행의 2열을 0으로 만든다.)

$$\begin{bmatrix} 1 & 1 & -1 & 1 \\ 0 & 1 & 1 & 1 \\ 0 & 0 & 6 & 12 \end{bmatrix}$$

– 3행에 1/6을 곱하면 다음과 같다.(3행의 3열을 1로 만든다.)

$$\begin{bmatrix} 1 & 1 & -1 & 1 \\ 0 & 1 & 1 & 1 \\ 0 & 0 & 1 & 2 \end{bmatrix}$$

역대입법 단계

역대입법을 사용하기 위하여 위에서 구한 첨가행렬을 연립방정식으로 나타내면 다음과 같다.

$$x + y - z = 1$$

$$y + z = 1$$

$$z = 2$$

두 번째 식에 $z = 2$를 대입하면 y는 다음과 같다.

$$y + 2 = 1 \rightarrow y = -1$$

첫 번째 식에 $y=-1$, $z=2$를 대입하면 x는 다음과 같다.

$$x+(-1)-2=1 \rightarrow x=4$$

최종적으로 구한 3원1차연립방정식의 해는 다음과 같다.

$$x=4,\ y=-1,\ z=2$$

예제 가우스–조단 소거법을 사용하여 다음 연립방정식의 해를 구하시오.

$$\begin{aligned} -x+z&=1 \\ -x+y-z&=2 \\ 4x-2y+z&=3 \end{aligned}$$

풀이 첨가행렬은 다음과 같다.

$$\begin{bmatrix} -1 & 0 & 1 \\ -1 & 1 & -1 \\ 4 & -2 & 1 \end{bmatrix}\begin{bmatrix} x \\ y \\ z \end{bmatrix}=\begin{bmatrix} 1 \\ 2 \\ 3 \end{bmatrix} \rightarrow \begin{bmatrix} -1 & 0 & 1 & 1 \\ -1 & 1 & -1 & 2 \\ 4 & -2 & 1 & 3 \end{bmatrix}$$

위의 첨가행렬에 행 연산을 사용하여 계수행렬의 하삼각행렬 성분을 모두 0으로 만들고, 대각성분을 모두 1로 만들어 보기로 한다.

전향소거법 단계

1행에 −1을 곱하면 다음과 같다.(1행의 1열을 1로 만든다.)

$$\begin{bmatrix} 1 & 0 & -1 & -1 \\ -1 & 1 & -1 & 2 \\ 4 & -2 & 1 & 3 \end{bmatrix}$$

2행에서 1행을 더하면 다음과 같다.(2행의 1열을 0으로 만든다.)

$$\begin{bmatrix} 1 & 0 & -1 & -1 \\ 0 & 1 & -2 & 1 \\ 4 & -2 & 1 & 3 \end{bmatrix}$$

3행에서 (1행의 4배)를 빼면 다음과 같다.(3행의 1열을 0으로 만든다.)

$$\begin{bmatrix} 1 & 0 & -1 & -1 \\ 0 & 1 & -2 & 1 \\ 0 & -2 & 5 & 7 \end{bmatrix}$$

3행에서 (2행의 2배)를 더하면 다음과 같다.(3행의 2열을 0으로 만든다.)

$$\begin{bmatrix} 1 & 0 & -1 & -1 \\ 0 & 1 & -2 & 1 \\ 0 & 0 & 1 & 9 \end{bmatrix}$$

역대입법 단계

첨가행렬을 연립방정식으로 나타내면 다음과 같다.

$$\begin{aligned} x \quad\ -z &= -1 \\ y-2z &= 1 \\ z &= 9 \end{aligned}$$

두 번째 식에 $z=9$를 대입하면 y는 다음과 같다.

$$y-18=1 \rightarrow y=19$$

첫 번째 식에 $z=9$를 대입하면 x는 다음과 같다.

$$x-9=-1 \rightarrow x=8$$

최종적으로 구한 3원1차연립방정식의 해는 다음과 같다.

$$x=8,\ y=19,\ z=9$$

예제 다음의 저항으로 만들어진 전기회로에서 각각의 저항에 흐르는 전류를 가우스-조단 소거법을 사용하여 구하시오.

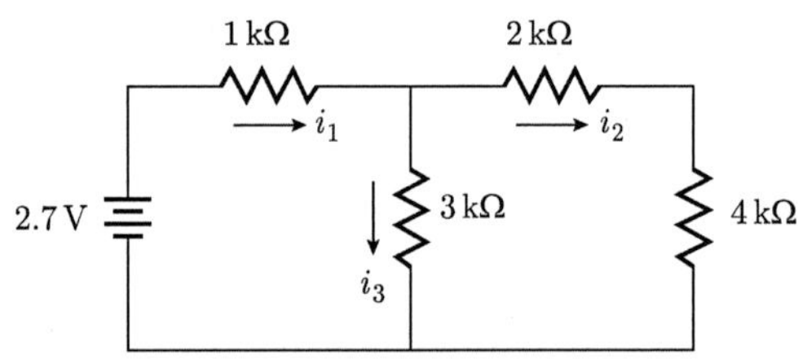

| 그림 5-1 | 저항으로 만든 전기회로

풀이 먼저 변수를 정의해야 하므로 1 kΩ, 2 kΩ, 3 kΩ의 저항에 흐르는 전류를 각각 i_1, i_2, i_3라고 정의한다.

① 왼쪽 회로에서 키르히호프의 전압법칙을 이용하여 다음과 같은 첫 번째 방정식을 얻을 수 있다.

$$i_1 + 3i_3 = 2.7$$

② 오른쪽 회로에서 키르히호프의 전압법칙을 이용하여 다음과 같은 두 번째 방정식을 얻을 수 있다.

$$2i_2 + 4i_2 = 3i_3$$

③ 전류의 방정식을 만들 수 있다. 즉, 흘러 들어온 i_1과 흘러 나가는 $i_2 + i_3$의 양은 같으므로 다음의 세 번째 방정식을 얻는다.

$$i_1 = i_2 + i_3$$

위에서 구한 방정식들을 행렬을 사용하여 나타내면 다음과 같다.

$$\begin{bmatrix} 1 & 0 & 3 \\ 0 & 6 & -3 \\ 1 & -1 & -1 \end{bmatrix} \begin{bmatrix} i_1 \\ i_2 \\ i_3 \end{bmatrix} = \begin{bmatrix} 2.7 \\ 0 \\ 0 \end{bmatrix}$$

첨가행렬은 다음과 같다.

$$\begin{bmatrix} 1 & 0 & 3 & 2.7 \\ 0 & 6 & -3 & 0 \\ 1 & -1 & -1 & 0 \end{bmatrix}$$

전향소거법 단계

3행에서 1행을 빼면 다음과 같다.(3행의 1열을 0으로 만든다.)

$$\begin{bmatrix} 1 & 0 & 3 & 2.7 \\ 0 & 6 & -3 & 0 \\ 0 & -1 & -4 & -2.7 \end{bmatrix}$$

2행에 1/6을 곱하면 다음과 같다.(2행의 2열을 1로 만든다.)

$$\begin{bmatrix} 1 & 0 & 3 & 2.7 \\ 0 & 1 & -1/2 & 0 \\ 0 & -1 & -4 & -2.7 \end{bmatrix}$$

3행에서 2행을 더하면 다음과 같다.(3행의 2열을 0으로 만든다.)

$$\begin{bmatrix} 1 & 0 & 3 & 2.7 \\ 0 & 1 & -1/2 & 0 \\ 0 & 0 & -9/2 & -2.7 \end{bmatrix}$$

3행에서 −2/9를 곱하면 다음과 같다.(3행의 3열을 1로 만든다.)

$$\begin{bmatrix} 1 & 0 & 3 & 2.7 \\ 0 & 1 & -1/2 & 0 \\ 0 & 0 & 1 & 0.6 \end{bmatrix}$$

역대입법 단계

첨가행렬을 연립방정식으로 나타내면 다음과 같다.

$$x \qquad + 3z = 2.7$$

$$y - 0.5z = 0$$

$$z = 0.6$$

두 번째 식에 $z = 0.6$을 대입하면 y는 다음과 같다.

$$y - 0.3 = 0 \rightarrow y = 0.3$$

첫 번째 식에 $z = 0.6$를 대입하면 x는 다음과 같다.

$$x + 1.8 = 2.7 \rightarrow x = 0.9$$

최종적으로 구한 3원1차연립방정식의 해는 다음과 같다.

$$x = 0.9, \quad y = 0.3, \quad z = 0.6$$

이 연립방정식에서 저항의 단위가 kΩ이므로 위의 식에서 구한 전류의 단위는 mA이다. 따라서 최종의 전류 값은 다음과 같다.

$$i_1 = 0.9\,\text{mA}, \quad i_2 = 0.3\,\text{mA}, \quad i_3 = 0.6\,\text{mA}$$

이번에는 4원1차연립방정식에서 가우스-조단 소거법을 사용하여 해를 구해보기로 한다. 다음과 같은 4원1차연립방정식을 보자.

$$
\begin{aligned}
a + b + c + d &= 10 \\
2a - b - c + d &= 11 \\
3a + b + 4c - 2d &= 5 \\
a - 2b + 3c + d &= -6
\end{aligned}
$$

이 연립방정식의 첨가행렬은 다음과 같다.

$$
\begin{bmatrix} 1 & 1 & 1 & 1 & 10 \\ 2 & -1 & -1 & 1 & 11 \\ 3 & 1 & 4 & -2 & 5 \\ 1 & -2 & 3 & 1 & -6 \end{bmatrix}
$$

전향소거법 단계

- 2행에서 (1행의 2배)를 빼면 다음과 같다.(2행의 1열을 0으로 만든다.)

$$
\begin{bmatrix} 1 & 1 & 1 & 1 & 10 \\ 0 & -3 & -3 & -1 & -9 \\ 3 & 1 & 4 & -2 & 5 \\ 1 & -2 & 3 & 1 & -6 \end{bmatrix}
$$

- 3행에서 (1행의 3배)를 빼면 다음과 같다.(3행의 1열을 0으로 만든다.)

$$
\begin{bmatrix} 1 & 1 & 1 & 1 & 10 \\ 0 & -3 & -3 & -1 & -9 \\ 0 & -2 & 1 & -5 & -25 \\ 1 & -2 & 3 & 1 & -6 \end{bmatrix}
$$

- 4행에서 1행을 빼면 다음과 같다.(4행의 1열을 0으로 만든다.)

$$
\begin{bmatrix} 1 & 1 & 1 & 1 & 10 \\ 0 & -3 & -3 & -1 & -9 \\ 0 & -2 & 1 & -5 & -25 \\ 0 & -3 & 2 & 0 & -16 \end{bmatrix}
$$

- 2행에서 3행을 빼면 다음과 같다.

$$
\begin{bmatrix} 1 & 1 & 1 & 1 & 10 \\ 0 & -1 & -4 & 4 & 16 \\ 0 & -2 & 1 & -5 & -25 \\ 0 & -3 & 2 & 0 & -16 \end{bmatrix}
$$

- 2행에 −1을 곱하면 다음과 같다.(2행의 2열을 1로 만든다.)

$$\begin{bmatrix} 1 & 1 & 1 & 1 & 10 \\ 0 & 1 & 4 & -4 & -16 \\ 0 & -2 & 1 & -5 & -25 \\ 0 & -3 & 2 & 0 & -16 \end{bmatrix}$$

– 3행에서 (2행의 2배)를 더한다.(3행의 2열을 0으로 만든다.)

$$\begin{bmatrix} 1 & 1 & 1 & 1 & 10 \\ 0 & 1 & 4 & -4 & -16 \\ 0 & 0 & 9 & -13 & -57 \\ 0 & -3 & 2 & 0 & -16 \end{bmatrix}$$

– 4행에서 (2행의 3배)를 더한다.(4행의 2열을 0으로 만든다.)

$$\begin{bmatrix} 1 & 1 & 1 & 1 & 10 \\ 0 & 1 & 4 & -4 & -16 \\ 0 & 0 & 9 & -13 & -57 \\ 0 & 0 & 14 & -12 & -64 \end{bmatrix}$$

– 3행에 1/9을 곱하면 다음과 같다.(3행의 3열을 1로 만든다.)

$$\begin{bmatrix} 1 & 1 & 1 & 1 & 10 \\ 0 & 1 & 4 & -4 & -16 \\ 0 & 0 & 1 & -13/9 & -57/9 \\ 0 & 0 & 14 & -12 & -64 \end{bmatrix}$$

– 4행에서 (3행의 14배)를 뺀다.(4행의 3열을 0으로 만든다.)

$$\begin{bmatrix} 1 & 1 & 1 & 1 & 10 \\ 0 & 1 & 4 & -4 & -16 \\ 0 & 0 & 1 & -13/9 & -57/9 \\ 0 & 0 & 0 & 74/9 & 222/9 \end{bmatrix}$$

– 4행에 9/74를 곱하면 다음과 같다.(4행의 4열을 1로 만든다.)

$$\begin{bmatrix} 1 & 1 & 1 & 1 & 10 \\ 0 & 1 & 4 & -4 & -16 \\ 0 & 0 & 1 & -13/9 & -57/9 \\ 0 & 0 & 0 & 1 & 3 \end{bmatrix}$$

역대입법 단계

$$a+b+c+d = 10$$
$$b+4c-4d = -16$$

$$c-\frac{13}{9}d=-\frac{57}{9}$$
$$d=3$$

세 번째 식에 $d=3$을 대입하면 c는 다음과 같다.

$$c-\frac{39}{9}=-\frac{57}{9} \rightarrow c=\frac{39-57}{9}=\frac{-18}{9}=-2$$

두 번째 식에 $c=-2$, $d=3$을 대입하면 b는 다음과 같다.

$$b-8-12=-16 \rightarrow b=4$$

첫 번째 식에 $b=4$, $c=-2$, $d=3$을 대입하면 a는 다음과 같다.

$$a+4-2+3=10 \rightarrow a=5$$

최종적으로 구한 이 연립방정식의 해는 다음과 같다.

$$a=5,\ b=4,\ \ c=-2,\ \ d=3$$

5.8 행렬의 활용

5.8.1 TV의 행렬

TV와 같은 영상이미지의 화면은 수많은 점으로 구성되어 있다. 이런 점을 화소 또는 픽셀(pixel)이라고 부른다. 예를 들면 UHD TV는 가로 3840 화소, 세로 2160 화소로 구성된다. 따라서 전체 화소의 수는 829만 4400 화소이다.

▎그림 5-2 ▎ UHD TV의 행렬

따라서 UHD TV의 화소는 다음과 같은 2160×3840 크기의 행렬로 구성되어 있다.

$$\begin{bmatrix} a_{1,1} & a_{1,2} & \cdots & a_{1,3840} \\ a_{2,1} & a_{2,2} & \cdots & a_{2,3840} \\ \vdots & \vdots & \ddots & \vdots \\ a_{2160,1} & a_{2160,2} & \cdots & a_{2160,3840} \end{bmatrix}$$

5.8.2 메모리반도체의 행렬

메모리반도체의 저장공간은 행렬로 구성되어 있다. 다음 그림의 스마트폰용 플래시 메모리반도체를 살펴보자.

┃그림 5-3┃ 스마트폰용 플래시 메모리반도체(삼성전자 eUFS 3.0)

이 반도체는 내부에 512 Gbit 칩을 8개 쌓아서 512 GByte의 용량이다. 그리고 512 Gbit 칩의 구조는 128층으로 구성되어 있어서 1층의 행렬은 4 Gbit의 행렬로 구성된다. 즉, 4 Gbit의 행렬이 1024층 쌓여있는 구조이다. 이 메모리 칩의 1개의 층은 다음과 같은 $2^{16} \times 2^{16}$ 크기의 행렬이다.

$$\begin{bmatrix} a_{1,1} & a_{1,2} & \cdots & a_{1,2^{16}} \\ a_{2,1} & a_{2,2} & \cdots & a_{2,2^{16}} \\ \vdots & \vdots & \ddots & \vdots \\ a_{2^{16},1} & a_{2^{16},2} & \cdots & a_{2^{16},2^{16}} \end{bmatrix}$$

이 플래시 메모리에는 2 GB 용량의 영화 256편이 저장될 수 있다.

5.8.3 AI의 CNN 연산

요즈음 여러 분야에서 AI가 사용되고 있다. AI가 가장 활발하게 사용되고 있는 분야중의 하나가 영상인식 분야이다. 즉 영상인식에 머신러닝 또는 딥러닝을 사용하여 학습을 시키면 인식률이 높아지게 된다. 예를 들어 다음과 같은 숫자를 판정하는 AI를 생각해 보자. 이 예제에서는 숫자가 다음 그림과 같이 28×28 행렬로 구성되어 있다.

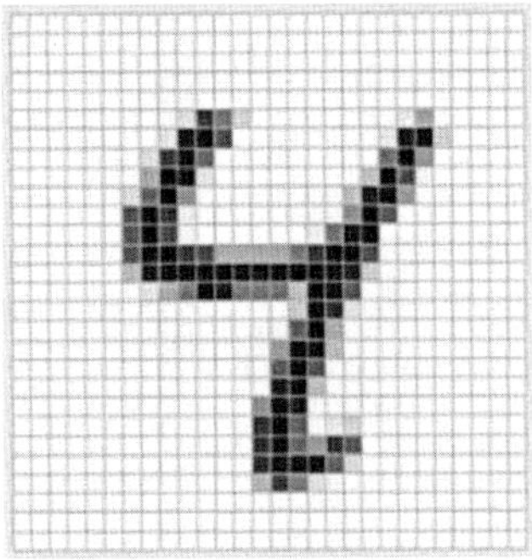

| 그림 5-4 | 예제의 28×28 숫자행렬

28×28은 784이므로 784개의 화소를 일차원 벡터로 풀어서 가설을 다음과 같이 만들 수 있다.

$$h_\theta(x) = \theta_1 x_1 + \theta_2 x_2 + \theta_3 x_3 + \cdots + \theta_{784} x_{784}$$

그런데 위와 같이 영상신호를 일차원 벡터로 재배열하지 않고 $n \times n$ 행렬연산을 사용하여 인식을 위한 특징을 추출하는 알고리즘도 있는데, 그 대표적인 알고리즘을 CNN(Convolutional Neural Network)이라고 한다.

이 명칭은 신경망에 컨볼류션 연산을 사용하기 때문에 붙여진 이름이다. 이와 같은 컨볼류션 연산은 원래의 행렬이 갖고 있는 특징을 추출하기 위하여 사용된다. 여러 가지 특징추출 중의 하나가 경계선 검출이다. 예를 들어 다음 그림 (a)와 같은 영상행렬에서 경계선의 특징을 추출하면 (b)와 같은 영상행렬을 얻을 수 있다. 이 때 사용되는 연산이 컨볼류션 연산이다.

(a)원본 레나영상(128×128) (b)결과영상

▎그림 5-5▐ 경계선 추출용 컨볼류션 연산

기본적으로 영상은 행렬로 구성된다. 이와 같은 행렬에서 컨볼류션 연산이 어떻게 계산되는지 다음의 예에서 알아본다. 어느 데이터행렬이 다음 그림의 왼쪽과 같이 5×5 행렬로 되어있고, 필터행렬은 다음 그림의 가운데와 같이 3×3 행렬로 되어있는 경우의 컨볼루션 연산을 알아본다.

1	2	3	0	2
0	3	2	4	0
3	2	4	0	1
1	0	1	2	4
2	3	4	0	3

데이터행렬

$*$

1	0	2
2	2	0
1	0	1

필터행렬

$=$

20	14	24
16	25	15
19	7	19

결과행렬

▎그림 5-6▐ 데이터행렬과 필터행렬의 컨볼루션 연산

위의 그림에서 보듯이 컨볼루션 연산은 $*$로 표기하며, 컨볼류션 연산의 결과행렬은 3×3 행렬이 된다. 위의 예제에서 데이터행렬과 필터행렬의 컨볼루션 연산은 9번의 독립된 연산으로 결과행렬이 얻어진다. 첫 번째 결과인 20이 어떻게 얻어지는지 다음 그림을 통하여 알아보자.

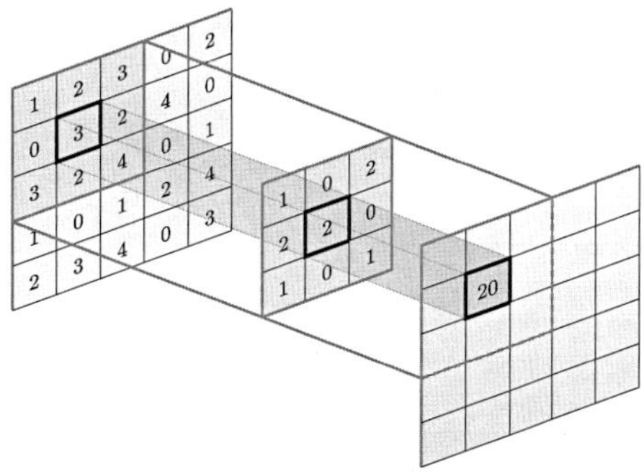

▌그림 5-7▐ 첫 번째 컨볼류션 연산

그림에서 보듯이 필터행렬을 데이터행렬의 맨 위쪽의 맨 왼쪽에 정렬시킨 후에 필터행렬과 데이터행렬의 같은 위치의 원소끼리 곱하여 더하면 다음과 같이 20이 된다.

$$1 \times 1 + 2 \times 0 + 3 \times 2 + 0 \times 2 + 3 \times 2 + 2 \times 0 + 3 \times 1 + 2 \times 0 + 4 \times 1 = 20$$

이와 같은 연산을 합성곱이라고 부른다. 두 번째 합성곱부터 마지막 9번째 합성곱의 연산은 다음 그림과 같다. 두 번째 합성곱 연산은 다음 그림과 같이 필터행렬을 한 칸 오른쪽으로 이동하여 합성곱 연산을 반복한다. 오른쪽으로 이동하면서 합성곱 연산이 끝나면 필터행렬을 한 칸 아래의 맨 왼쪽으로 이동시켜서 두 번째 행의 합성곱 연산을 다시 시작한다.

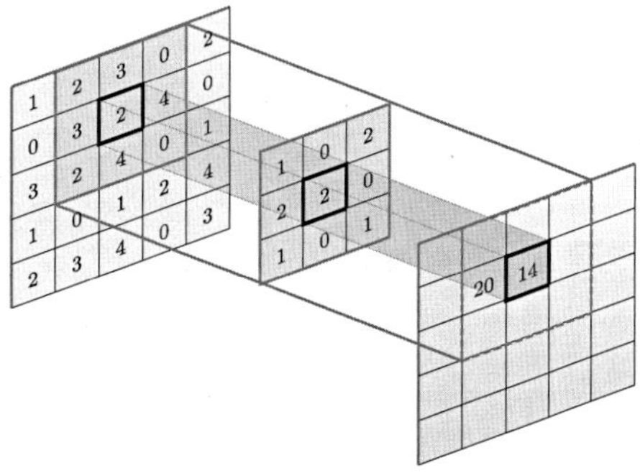

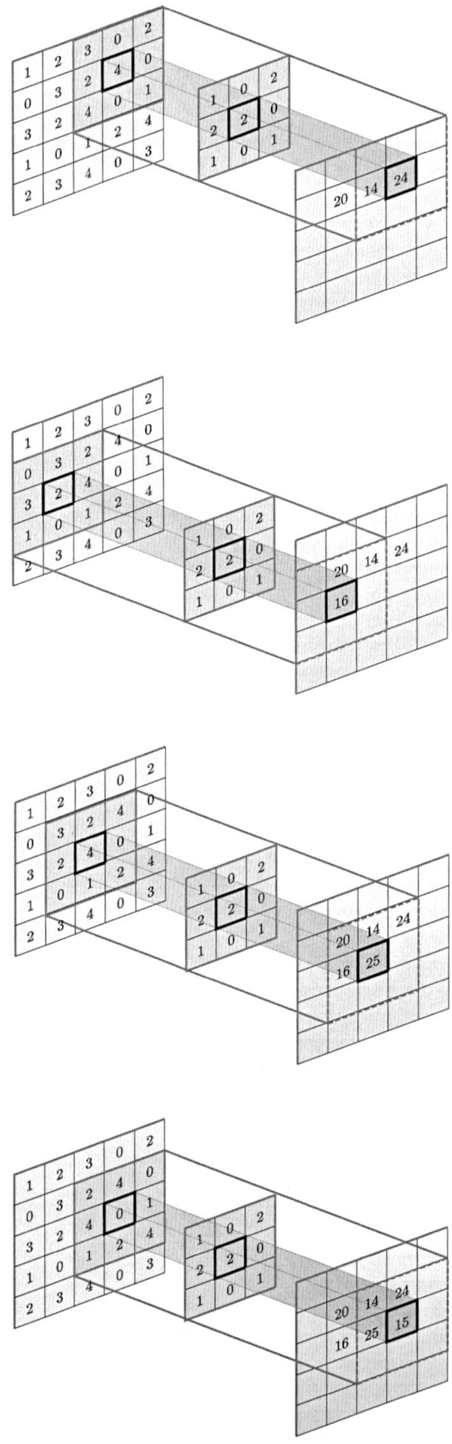

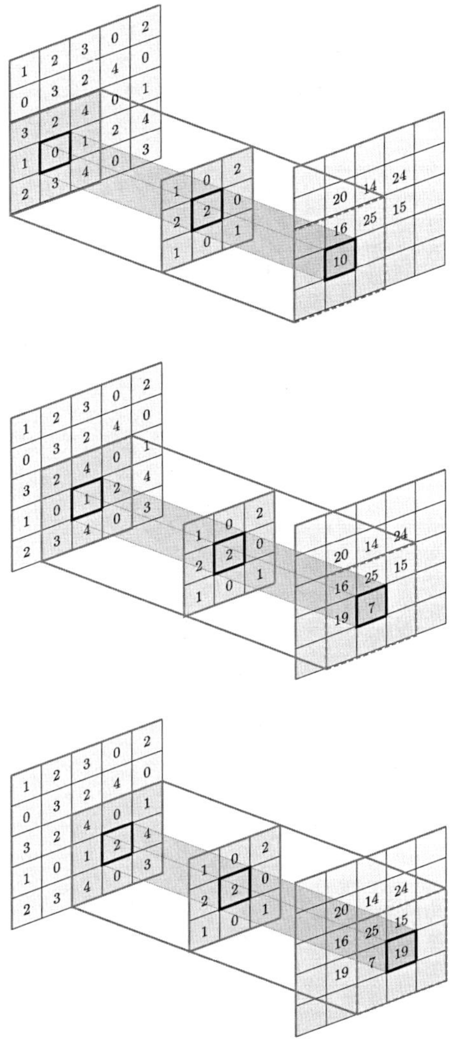

▎그림 5-8▐ 최종 컨볼류션 연산결과

위의 마지막 그림에서 보듯이 합성곱 연산을 9번 반복하면 최종적으로 3×3의 결과행렬이 얻어진다.

위의 컨볼류션 연산에서 결과행렬이 원래 행렬의 크기보다 작아지게 한다. 결과행렬의 크기도 5×5가 되게 하려면 입력 데이터행렬의 테두리에 다음 그림과 같이 0을 삽입한 후에 컨볼류션 연산을 수행하면 5×5 결과행렬을 얻을 수 있다.

0	0	0	0	0	0	0
0	1	2	3	0	2	0
0	0	3	2	4	0	0
0	3	2	4	0	1	0
0	1	0	1	2	4	0
0	2	3	4	0	3	0
0	0	0	0	0	0	0

데이터행렬

*

1	0	2
2	2	0
1	0	1

필터행렬

=

5	8	17	8	8
6	20	14	24	8
12	16	25	15	8
9	19	7	19	12
4	13	18	17	8

결과행렬

| 그림 5-9 | 데이터행렬의 테두리에 0이 삽입된 컨볼류션 연산

지금까지 알아본 컨볼류션 연산은 AI에서 사용되는 CNN 특징추출의 행렬연산이다.

연습문제

5-1 어느 1 Gbit DRAM 반도체의 저장공간이 정방행렬(square matrix)로 구성되어있다. 행의 수를 구하시오.

5-2 어느 UHD TV의 행렬의 크기는 2160화소x3840화소이다. 한 개의 화소는 Red 8 bit, Green 8 bit, Blue 8 bit으로 구성되어있다. 이 TV로 디스플레이되는 영상 1장의 메모리 크기를 구하시오.

5-3 다음 행렬의 행렬식을 구하시오.

$$\begin{bmatrix} 6 & 1 & 1 \\ 3 & -1 & 1 \\ 4 & 2 & -1 \end{bmatrix}$$

5-4 다음 행렬의 행렬식을 구하시오.

$$\begin{bmatrix} 2 & 4 & 3 \\ 0 & 1 & -1 \\ 3 & 5 & 7 \end{bmatrix}$$

5-5 다음 행렬의 곱을 구하시오.

$$\begin{bmatrix} 1 & 2 & 3 \\ 4 & 5 & 6 \\ 7 & 8 & 9 \end{bmatrix}\begin{bmatrix} 1 & 2 & 1 \\ 1 & 2 & 1 \\ 1 & 2 & 1 \end{bmatrix}$$

5-6 다음 행렬의 행렬식을 구하시오.

$$\begin{bmatrix} 1 & 2 & 3 \\ 4 & 5 & 6 \\ 7 & 8 & 9 \end{bmatrix}$$

5-7 크래머의 공식을 사용하여 다음 연립방정식의 해를 구하시오.

$$\begin{bmatrix} 1 & 1 & 1 \\ 2 & -1 & 1 \\ 3 & 2 & -1 \end{bmatrix}\begin{bmatrix} x \\ y \\ z \end{bmatrix} = \begin{bmatrix} 13 \\ 8 \\ 11 \end{bmatrix}$$

5-8 크래머의 공식을 사용하여 다음 연립방정식의 해를 구하시오.

$$2x - y - z = 3$$
$$4x + 2y - z = 15$$
$$4x + 3y = 18$$

5-9 다음 행렬의 역행렬을 구하시오.

$$A = \begin{bmatrix} -1 & 0 & 1 \\ -1 & 1 & -1 \\ 4 & -2 & 1 \end{bmatrix}$$

5-10 역행렬을 사용하여 다음 연립방정식의 해를 구하시오.

$$x_1 - x_2 + 2x_3 = 1$$
$$2x_1 - x_3 = 2$$
$$x_1 + x_2 + x_3 = 3$$

5-11 가우스-조단 소거법을 사용하여 다음 연립방정식의 해를 구하시오.

$$x + y + z = 6$$
$$2x - y + z = 3$$
$$3x + 2y - z = 4$$

5-12 가우스-조단 소거법을 사용하여 다음 연립방정식의 해를 구하시오.

$$2000x + 3000y + 4000z = 30000$$
$$x + y + z = 11$$
$$y = 2z$$

CHAPTER 06

벡터

6.1 벡터의 용도

우리 주위에는 크기만으로 상태를 충분히 나타낼 수 있는 양들이 많다. 예를 들면 다음과 같은 것들이다.

- 3개 (물건의 수를 세는 단위)
- 6 m (길이의 단위)
- 5 kg (무게의 단위)
- 200 Ω (저항의 단위)

이런 것들을 스칼라(scalar)라고 한다. 이와는 대조적으로 다음과 같은 것들은 크기와 방향을 동시에 나타내어야 한다.

- 힘
- 전계(electric field)
- 자계(magnetic field)

이와 같이 크기와 방향을 동시에 나타내어야 하는 양을 벡터(vector)라고 한다. 벡터는 여러 가지 용도가 있는데, 대표적인 것은 다음과 같다.

① 힘과 같은 것을 벡터로 나타내면 여러 가지로 쓰임새가 있다. 예를 들어 하나의 물건에 여러 개의 힘이 가해진 경우에, 그 여러 가지 힘을 하나의 벡터로 합성할 수 있다. 즉, 하나의 벡터로 표현할 수 있게 된다.

② 하나의 물건에 두 개의 힘이 가해진 경우에, 그 두 힘이 협력하는 정도를 계산할 수도 있다. 이때에 **벡터의 내적**이라는 도구를 사용하는데 부호가 +가 나오면 두 개의 힘이 협력하고 있는 것이고, -가 나오면 두 개의 힘이 서로 방해하고 있음을 나타낸다.

③ 우리 주위에는 모터가 많이 사용된다. 모든 데스크톱 컴퓨터에도 열을 식히기 위한 모터가 사용되고, 냉장고, 선풍기, 자동차 등에 모두 모터가 사용된다. 모터의 원리는 간단하다. 즉, 자석 사이의 전선에 전류를 흘리면 전계와 자계가 만들어지는데 이 전계와 자계에 의해서 힘이 발생한다. 이때에 어느 방향으로 얼마만큼의 힘이 발생하는가 하는 것도 **벡터의 외적**이라는 도구를 사용

하면 쉽게 구할 수 있다.

이렇게 우리 주위에서 유용하게 사용되고 있는 벡터를 알아보기로 한다. 우선 벡터는 다음과 같이 표기한다.

$$\boldsymbol{a},\ \vec{a}$$

벡터는 위와 같이 굵은 소문자로 표기하거나, 소문자 위에 화살표를 붙여서 표기한다.

6.2 벡터의 표기 방법

6.2.1 평면벡터의 표기 방법

힘과 같은 벡터가 평면에 작용하고 있는 경우, 이 벡터를 평면벡터 또는 2차원벡터라고 한다. 이와 같은 평면벡터를 나타내는 방법을 알아보기로 한다. 평면의 어느 점에 다음 그림과 같은 힘의 벡터 $\boldsymbol{a}$가 작용하고 있다고 가정해 보자.

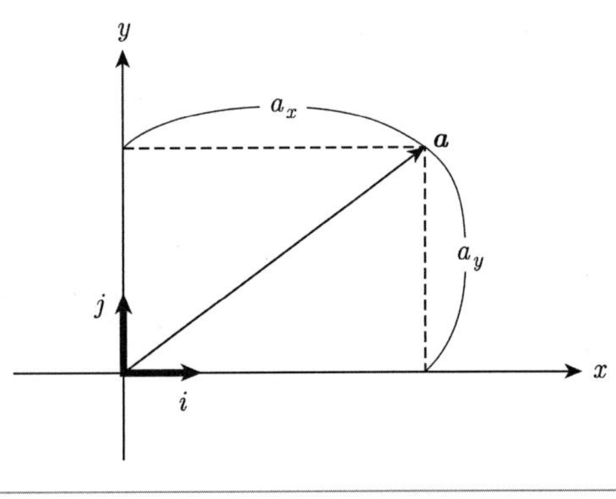

| 그림 6-1 | 평면벡터

이 벡터의 시작점에서 수평으로 선을 그어서 x 축이라고 정의한다. 그리고 그 시작점에서 x 축과 수직으로 선을 그어서 y 축으로 정의한다. 그러면 이 벡터의 끝점의 좌표가 만들어지므로 행렬을 사용하여 다음과 같이 이 벡터를 표기한다.

$$\boldsymbol{a} = \begin{bmatrix} a_x \\ a_y \end{bmatrix}$$

즉, 위와 같이 하나의 열로 된 행렬을 사용하여 벡터를 표기한다. 또 다른 방법도 알아본다. 먼저 x 축 방향으로 크기가 1인 벡터를 $\boldsymbol{i}$로 정의하고, y 축 방향으로 크기가 1인 벡터를 $\boldsymbol{j}$로 정의한다. 이 $\boldsymbol{i}$ 벡터와 $\boldsymbol{j}$ 벡터를 기본벡터라고 한다. 그러면 이 기본벡터를 사용하여 벡터를 다음과 같이 나타낼 수 있다.

$$\boldsymbol{a} = a_x\boldsymbol{i} + a_y\boldsymbol{j}$$

이와 같은 표기에서 a_x와 a_y를 이 벡터의 성분(component)라고 한다.

6.2.2 공간벡터의 표기 방법

힘, 전계, 자계 등의 벡터는 모두 공간에 작용하는 양과 방향이므로 이와 같은 벡터를 공간벡터 또는 3차원벡터라고 부른다. 이와 같은 벡터들은 3차원 공간에서 벡터를 이해하는 것이 편리하다. 어느 공간에서 작용하는 벡터 $\boldsymbol{a}$를 나타내는 방법을 알아보기로 한다. 공간의 어느 점에 다음 그림과 같은 힘이 작용하고 있다고 가정해 보자.

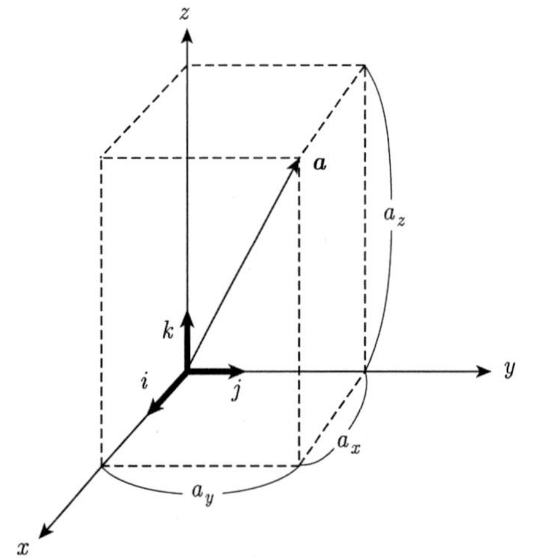

❙그림 6-2❙ 공간벡터

이 벡터의 시작점을 관찰자의 정면에 놓고, 그 시작점에서 관찰자 앞으로 선을 그어서 x 축이라고 하자. 그리고 그 시작점에서 오른쪽으로 수직으로 선을 그어서 y 축이라고 정의한다. 마지막으로 그 시작점에서 x 축, y 축과 수직으로 선을 그어서 z 축으로 정의한다. 이 정의에 의해서 이 벡터의 좌표가 만들어 지므로 다음과 같은 행렬로 나타낼 수 있다.

$$\boldsymbol{a}=\begin{bmatrix}a_x\\a_y\\a_z\end{bmatrix}$$

이 좌표 시스템에서 x 축, y 축, z 축 방향으로 크기가 1인 벡터를 각각 $\boldsymbol{i}$, $\boldsymbol{j}$, $\boldsymbol{k}$로 정의하고 기본벡터라고 부른다. 그러면 이 벡터를 다음과 같이 기본벡터를 사용하여 나타낼 수 있다.

$$\boldsymbol{a}=a_x\boldsymbol{i}+a_y\boldsymbol{j}+a_z\boldsymbol{k}$$

6.3 벡터의 크기

이 절에서는 주어진 벡터의 크기를 계산하는 방법을 알아본다. 벡터의 크기는 놈(norm)이라고 부르며, $\|\boldsymbol{u}\|$로 표기한다.

6.3.1 평면벡터의 크기

다음과 같은 평면벡터를 보자.

$$\boldsymbol{a}=a_x\boldsymbol{i}+a_y\boldsymbol{j}=\begin{bmatrix}a_x\\a_y\end{bmatrix}$$

이 벡터의 크기는 벡터의 길이를 측정하면 된다. 따라서 피타고라스의 정리를 사용하여 다음과 같이 구할 수 있다.

$$\|\boldsymbol{a}\|=\sqrt{a_x^2+a_y^2}$$

6.3.2 공간벡터의 크기

다음과 같은 공간벡터를 보자.

$$\boldsymbol{a} = a_x \boldsymbol{i} + a_y \boldsymbol{j} + a_z \boldsymbol{k} = \begin{bmatrix} a_x \\ a_y \\ a_z \end{bmatrix}$$

이 공간벡터의 크기는 벡터의 길이를 측정하면 된다. 따라서 피타고라스의 정리를 사용하여 다음과 같이 구할 수 있다.

$$\| \boldsymbol{a} \| = \sqrt{a_x^2 + a_y^2 + a_z^2}$$

6.4 벡터의 합과 차

공간벡터를 사용하여 벡터의 합과 차를 알아본다. 기본벡터를 사용하여 표기된 다음의 두 공간벡터를 보자.

$$\boldsymbol{a} = a_x \boldsymbol{i} + a_y \boldsymbol{j} + a_z \boldsymbol{k}$$

$$\boldsymbol{b} = b_x \boldsymbol{i} + b_y \boldsymbol{j} + b_z \boldsymbol{k}$$

이 벡터의 합과 차는 각각 다음과 같다.

$$\boldsymbol{a} + \boldsymbol{b} = (a_x + b_x)\boldsymbol{i} + (a_y + b_y)\boldsymbol{j} + (a_z + b_z)\boldsymbol{k}$$

$$\boldsymbol{a} - \boldsymbol{b} = (a_x - b_x)\boldsymbol{i} + (a_y - b_y)\boldsymbol{j} + (a_z - b_z)\boldsymbol{k}$$

행렬을 사용하여 표기된 공간벡터의 합과 차는 다음과 같다. 다음의 두 공간벡터를 보자.

$$\boldsymbol{a} = \begin{bmatrix} a_x \\ a_y \\ a_x \end{bmatrix}, \ \boldsymbol{b} = \begin{bmatrix} b_x \\ b_y \\ b_z \end{bmatrix}$$

이 벡터의 합과 차는 각각 다음과 같다.

$$\boldsymbol{a}+\boldsymbol{b}=\begin{bmatrix} a_x+b_x \\ a_y+b_y \\ a_x+b_z \end{bmatrix},\ \boldsymbol{a}-\boldsymbol{b}=\begin{bmatrix} a_x-b_x \\ a_y-b_y \\ a_z-b_z \end{bmatrix}$$

예제 다음 두 벡터의 합과 차를 구하시오.

$$\boldsymbol{a}=3\boldsymbol{i}+4\boldsymbol{j}+5\boldsymbol{k}$$

$$\boldsymbol{b}=2\boldsymbol{i}+5\boldsymbol{j}+3\boldsymbol{k}$$

풀이 이 벡터의 합과 차는 각각 다음과 같다.

$$\boldsymbol{a}+\boldsymbol{b}=5\boldsymbol{i}+9\boldsymbol{j}+8\boldsymbol{k}$$

$$\boldsymbol{a}-\boldsymbol{b}=\boldsymbol{i}-\boldsymbol{j}+2\boldsymbol{k}$$

6.5 벡터의 내적

두 벡터가 힘인 경우, 서로 작용하는 힘의 협력의 정도를 나타내는 것으로서 내적(inner product)이라는 도구가 있다. 두 벡터의 내적은 다음과 같이 • 로 표기한다.

$$\boldsymbol{a} \cdot \boldsymbol{b}$$

내적의 값은 실수의 스칼라 양이므로 스칼라적이라고도 한다. 두 벡터 $\boldsymbol{a}$와 $\boldsymbol{b}$의 내적은 다음과 같이 구할 수 있다.

$$\boldsymbol{a} \cdot \boldsymbol{b}=\|\boldsymbol{a}\|\ \|\boldsymbol{b}\|\cos\theta$$

이 식에서 θ는 두 벡터가 이루는 각이다. 내적은 두 벡터의 크기를 곱한 후 $\cos\theta$를 곱한 값이다. 다음과 같은 세 가지의 극단적인 경우를 살펴보자.

① 두 벡터가 같은 방향인 경우

$$\boldsymbol{a} \cdot \boldsymbol{b}=\|\boldsymbol{a}\|\ \|\boldsymbol{b}\|\cos 0^\circ=\|\boldsymbol{a}\|\ \|\boldsymbol{b}\|$$

이 결과에서 보듯이 방향이 같으면 힘의 협력의 정도가 최대가 된다.(양수)

② 두 벡터가 수직인 경우

$$\mathbf{a} \cdot \mathbf{b} = \|\mathbf{a}\| \|\mathbf{b}\| \cos 90^\circ = 0$$

이 결과에서 보듯이 두 벡터가 수직이면 힘의 협력의 정도가 0이 된다.

③ 두 벡터가 서로 반대 방향인 경우

$$\mathbf{a} \cdot \mathbf{b} = \|\mathbf{a}\| \|\mathbf{b}\| \cos 180^\circ = -\|\mathbf{a}\| \|\mathbf{b}\|$$

위의 식에서 보듯이 방향이 반대면 힘의 협력의 정도가 음수가 된다. 즉, 힘이 서로 방해하고 있는 경우이다.

두 벡터가 다음과 같이 기본벡터로 표현된 경우에 내적을 구해보자.

$$\mathbf{a} = a_x \mathbf{i} + a_y \mathbf{j} + a_z \mathbf{k}$$

$$\mathbf{b} = b_x \mathbf{i} + b_y \mathbf{j} + b_z \mathbf{k}$$

이 두 벡터의 내적은 다음과 같다.

$$\begin{aligned} \mathbf{a} \cdot \mathbf{b} &= (a_x \mathbf{i} + a_y \mathbf{j} + a_z \mathbf{k}) \cdot (b_x \mathbf{i} + b_y \mathbf{j} + b_z \mathbf{k}) \\ &= a_x b_x (\mathbf{i} \cdot \mathbf{i}) + a_y b_x (\mathbf{j} \cdot \mathbf{i}) + a_z b_x (\mathbf{k} \cdot \mathbf{i}) \\ &\quad + a_x b_y (\mathbf{i} \cdot \mathbf{j}) + a_y b_y (\mathbf{j} \cdot \mathbf{j}) + a_z b_y (\mathbf{k} \cdot \mathbf{j}) \\ &\quad + a_x b_z (\mathbf{i} \cdot \mathbf{k}) + a_y b_z (\mathbf{j} \cdot \mathbf{k}) + a_z b_z (\mathbf{k} \cdot \mathbf{k}) \end{aligned}$$

위와 같이 두 벡터의 내적은 9개의 항으로 전개된다. 그런데 서로 수직인 기본벡터들의 내적은 다음과 같이 0이 된다.

$$\mathbf{i} \cdot \mathbf{j} = 0, \quad \mathbf{j} \cdot \mathbf{k} = 0, \quad \mathbf{k} \cdot \mathbf{i} = 0; \quad \mathbf{j} \cdot \mathbf{i} = 0, \quad \mathbf{k} \cdot \mathbf{j} = 0, \quad \mathbf{i} \cdot \mathbf{k} = 0$$

위의 결과를 대입하면 내적은 다음과 같이 간단해진다.

$$\begin{aligned} \mathbf{a} \cdot \mathbf{b} &= (a_x \mathbf{i} + a_y \mathbf{j} + a_z \mathbf{k}) \cdot (b_x \mathbf{i} + b_y \mathbf{j} + b_z \mathbf{k}) \\ &= a_x b_x (\mathbf{i} \cdot \mathbf{i}) + a_y b_y (\mathbf{j} \cdot \mathbf{j}) + a_z b_z (\mathbf{k} \cdot \mathbf{k}) \end{aligned}$$

또한 같은 기본벡터들의 내적은 같은 방향이므로 다음과 같이 1이 된다.

$$\boldsymbol{i} \cdot \boldsymbol{i} = 1,\quad \boldsymbol{j} \cdot \boldsymbol{j} = 1,\quad \boldsymbol{k} \cdot \boldsymbol{k} = 1$$

위의 결과를 대입하면 두 벡터의 내적은 다음과 같다.

$$\begin{aligned} \boldsymbol{a} \cdot \boldsymbol{b} &= (a_x\boldsymbol{i} + a_y\boldsymbol{j} + a_z\boldsymbol{k}) \cdot (b_x\boldsymbol{i} + b_y\boldsymbol{j} + b_z\boldsymbol{k}) \\ &= a_x b_x + a_y b_y + a_z b_z \end{aligned}$$

예제 두 힘의 벡터가 각각 다음과 같다. 두 힘의 협력의 정도를 구하고 두 벡터 사이의 각을 구하시오.

$$\boldsymbol{a} = 3\boldsymbol{i} + 4\boldsymbol{j}\,,\quad \boldsymbol{b} = 6\boldsymbol{j} - 8\boldsymbol{k}$$

풀이 두 벡터의 협력의 정도는 내적을 사용한다.

$$\begin{aligned} \boldsymbol{a} \cdot \boldsymbol{b} &= (3\boldsymbol{i} + 4\boldsymbol{j}) \cdot (6\boldsymbol{j} - 8\boldsymbol{k}) \\ &= 3\times 0 + 4\times 6 + 0\times(-8) = 24 \end{aligned}$$

두 벡터 사이의 각은 다음의 식을 사용하여 구할 수 있다.

$$\boldsymbol{a} \cdot \boldsymbol{b} = \|\boldsymbol{a}\|\,\|\boldsymbol{b}\|\cos\theta \rightarrow \cos\theta = \frac{\boldsymbol{a} \cdot \boldsymbol{b}}{\|\boldsymbol{a}\|\,\|\boldsymbol{b}\|}$$

두 벡터의 크기는 각각 다음과 같다.

$$\|\boldsymbol{a}\| = \sqrt{3^2 + 4^2} = 5,\quad \|\boldsymbol{b}\| = \sqrt{6^2 + 8^2} = 10$$

따라서 두 벡터의 각은 다음과 같다.

$$\cos\theta = \frac{\boldsymbol{a} \cdot \boldsymbol{b}}{\|\boldsymbol{a}\|\,\|\boldsymbol{b}\|} = \frac{24}{5\times 10} = 0.48$$

$$\theta = \cos^{-1} 0.48 = 61.31^\circ$$

6.6 벡터의 외적

두 개의 벡터가 만드는 평면에 대하여 수직인 벡터를 이 두 벡터의 외적이라고 부른다. 외적의 용도는 여러 가지가 있는데 모터의 원리도 그 중의 하나이다. 모터의 원리는 다음과 같다. 즉, 자석으로 자계(magnetic field)를 만들고, 그 사이에 놓인 도선에 전류가 흐르면 이 도선에는 힘이 발생하게 된다. 이때에 어느 방향으로 얼마만큼의 힘이 발생하는가 하는 것을 벡터의 외적이라는 도구를 사용하면 쉽게 구할 수 있다. 모터의 동작원리를 다음 그림으로 알아본다.

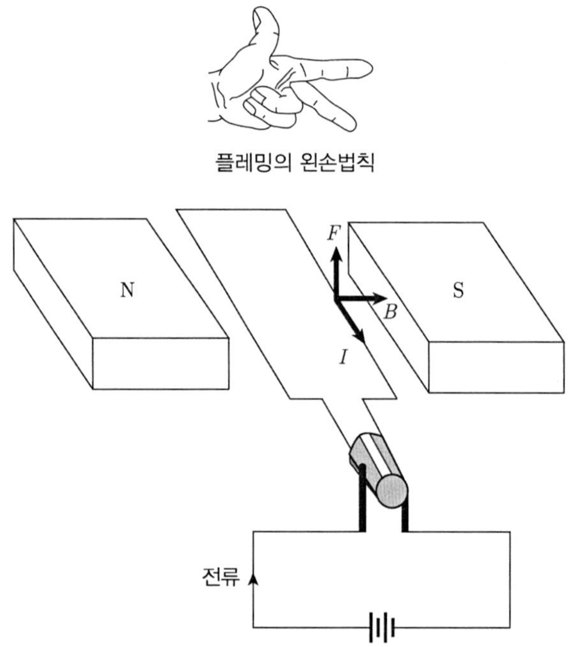

| 그림 6-3 | 모터의 동작 원리

위의 그림과 같이 자석을 맞대어 놓으면 N극에서 S극 방향으로 자계가 만들어진다. 이 자계도 크기와 방향이 있으므로 그림과 같이 벡터 $\boldsymbol{B}$로 표기할 수 있다. 또한 그림과 같이 배터리를 연결하면 브러시를 통하여 회전자의 도선에 전류가 흐른다. 이 전류도 크기와 방향이 있으므로 그림과 같이 벡터 $\boldsymbol{I}$로 표기할 수 있다.

이와 같이 자계에 전류가 흐르는 도선이 놓이면 이 도선은 힘을 받게 되어 움직이게 되며, 이 힘도 크기와 방향이 있으므로 벡터이다. 이 힘의 방향은 위의 그림에서 보듯이 **플레밍의 왼손법칙**으로 구할 수 있다. 즉 왼손의 3개의 손가락을 그림과 같이 펴 보자. 그러면 두 번째 손가락이 자계 벡터가 되고, 세 번째 손가락이 전류의 방향이 되며 이때 엄지손가락의 방향이 힘의 방향이 된다. 그리고 이 힘 벡터 $\boldsymbol{F}$

의 크기를 크게 하는 방법은 세 가지가 있다. 자계 $\boldsymbol{B}$의 크기를 크게 하거나, 전류 $\boldsymbol{I}$의 크기를 크게 하거나, 도선의 길이를 길게 하면 된다.

위의 그림에서는 벡터 $\boldsymbol{B}$와 벡터 $\boldsymbol{I}$가 직각을 이루고 있으나, 그렇지 않은 경우도 있다. 이와 같은 일반적인 경우에, 힘 벡터 $\boldsymbol{F}$의 크기와 방향을 구하는데 벡터의 외적(outer product)이 사용된다. 외적은 크기와 방향을 갖는 벡터이며 다음과 같이 ×로 표기한다.

$$\boldsymbol{a} \times \boldsymbol{b}$$

6.6.1 외적의 크기

전계 $\boldsymbol{a}$와 자계 $\boldsymbol{b}$의 벡터가 있을 때 힘이 발생한다. 이 힘의 크기 즉 외적의 크기를 알아보자. 이 외적의 크기는 다음과 같다.

$$\| \boldsymbol{a} \times \boldsymbol{b} \| = \| \boldsymbol{a} \| \, \| \boldsymbol{b} \| \sin\theta$$

이 식에서 θ는 두 벡터가 이루는 각이다. 외적의 크기는 두 벡터의 크기를 곱한 후 $\sin\theta$를 곱한 값이다. 외적의 크기는 벡터 $\boldsymbol{a}$와 벡터 $\boldsymbol{b}$를 이웃으로 하는 평행사변형의 면적으로도 해석될 수 있다.

다음과 같은 세 가지의 극단적인 경우를 살펴보자.

① 두 벡터가 같은 방향인 경우

$$\| \boldsymbol{a} \times \boldsymbol{b} \| = \| \boldsymbol{a} \| \, \| \boldsymbol{b} \| \sin 0^\circ = 0$$

위의 결과에서 보듯이 전계와 자계의 방향이 같으면 힘은 발생하지 않는다.

② 두 벡터가 수직인 경우

$$\| \boldsymbol{a} \times \boldsymbol{b} \| = \| \boldsymbol{a} \| \, \| \boldsymbol{b} \| \sin 90^\circ = \| \boldsymbol{a} \| \, \| \boldsymbol{b} \|$$

위의 식에서 보듯이 두 벡터가 수직이면 발생하는 힘의 크기는 최대가 된다.

③ 두 벡터가 서로 반대 방향인 경우

$$\| \boldsymbol{a} \times \boldsymbol{b} \| = \| \boldsymbol{a} \| \, \| \boldsymbol{b} \| \sin 180^\circ = 0$$

두 벡터의 방향이 반대면 힘은 생기지 않는다.

6.6.2 외적의 방향

외적은 벡터이므로 방향을 구해야 한다. 외적의 방향은 벡터 $\boldsymbol{a}$와 벡터 $\boldsymbol{b}$를 이웃으로 하는 평면의 수직방향이 된다.

수직방향은 두개가 있는데 다음 그림과 같이 오른손을 이용하면 쉽게 방향을 구할 수 있다.

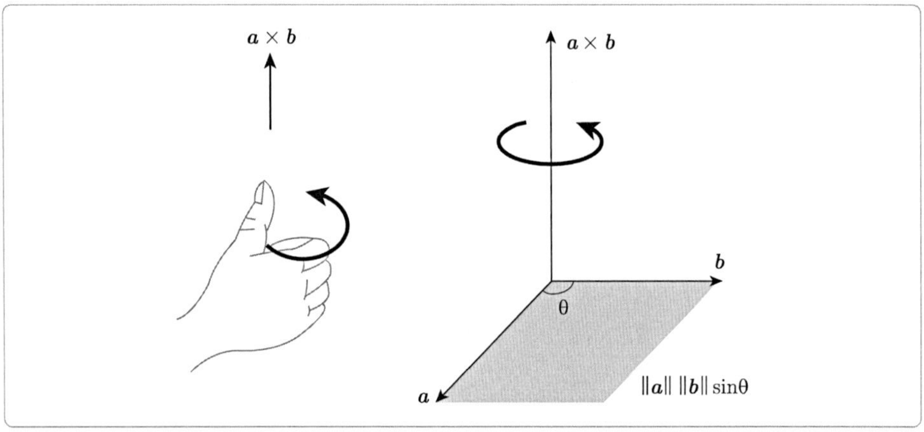

| 그림 6-4 | 오른손을 이용한 외적의 방향

즉, 벡터 $\boldsymbol{a}$에서 벡터 $\boldsymbol{b}$로 오른손의 네 손가락을 회전시킬 때 엄지손가락의 방향이 외적의 방향이 된다.

두 벡터가 다음과 같이 기본벡터로 표현된 경우에 외적을 구해보자.

$$\boldsymbol{a} = a_x \boldsymbol{i} + a_y \boldsymbol{j} + a_z \boldsymbol{k}$$

$$\boldsymbol{b} = b_x \boldsymbol{i} + b_y \boldsymbol{j} + b_z \boldsymbol{k}$$

이 두 벡터의 외적은 다음과 같이 ×로 표기한다.

$$\begin{aligned}
\boldsymbol{a} \times \boldsymbol{b} &= (a_x \boldsymbol{i} + a_y \boldsymbol{j} + a_z \boldsymbol{k}) \times (b_x \boldsymbol{i} + b_y \boldsymbol{j} + b_z \boldsymbol{k}) \\
&= a_x b_x (\boldsymbol{i} \times \boldsymbol{i}) + a_y b_x (\boldsymbol{j} \times \boldsymbol{i}) + a_z b_x (\boldsymbol{k} \times \boldsymbol{i}) \\
&\quad + a_x b_y (\boldsymbol{i} \times \boldsymbol{j}) + a_y b_y (\boldsymbol{j} \times \boldsymbol{j}) + a_z b_y (\boldsymbol{k} \times \boldsymbol{j}) \\
&\quad + a_x b_z (\boldsymbol{i} \times \boldsymbol{k}) + a_y b_z (\boldsymbol{j} \times \boldsymbol{k}) + a_z b_z (\boldsymbol{k} \times \boldsymbol{k})
\end{aligned}$$

위와 같이 두 벡터의 외적은 9개의 항으로 전개된다. 그런데 같은 방향의 기본벡터들의 외적은 다음과 같이 0이 된다.

$$\boldsymbol{i}\times\boldsymbol{i}=0,\quad \boldsymbol{j}\times\boldsymbol{j}=0,\quad \boldsymbol{k}\times\boldsymbol{k}=0$$

위의 결과를 대입하면 외적은 다음과 같이 간단해진다.

$$\begin{aligned}\boldsymbol{a}\times\boldsymbol{b} &= (a_x\boldsymbol{i}+a_y\boldsymbol{j}+a_z\boldsymbol{k})\times(b_x\boldsymbol{i}+b_y\boldsymbol{j}+b_z\boldsymbol{k})\\ &= a_yb_x(\boldsymbol{j}\times\boldsymbol{i})+a_zb_x(\boldsymbol{k}\times\boldsymbol{i})\\ &\quad + a_xb_y(\boldsymbol{i}\times\boldsymbol{j})+a_zb_y(\boldsymbol{k}\times\boldsymbol{j})\\ &\quad + a_xb_z(\boldsymbol{i}\times\boldsymbol{k})+a_yb_z(\boldsymbol{j}\times\boldsymbol{k})\end{aligned}$$

또한 서로 수직인 기본벡터들의 외적은 오른나사의 규칙을 이용하여 다음과 같이 구할 수 있다.

$$\begin{aligned}&\boldsymbol{i}\times\boldsymbol{j}=\boldsymbol{k},\quad \boldsymbol{j}\times\boldsymbol{k}=\boldsymbol{i},\quad \boldsymbol{k}\times\boldsymbol{i}=\boldsymbol{j}\\ &\boldsymbol{j}\times\boldsymbol{i}=-\boldsymbol{k},\quad \boldsymbol{k}\times\boldsymbol{j}=-\boldsymbol{i},\quad \boldsymbol{i}\times\boldsymbol{k}=-\boldsymbol{j}\end{aligned}$$

위의 결과를 대입하면 두 벡터의 외적은 다음과 같다.

$$\begin{aligned}\boldsymbol{a}\times\boldsymbol{b} &= (a_x\boldsymbol{i}+a_y\boldsymbol{j}+a_z\boldsymbol{k})\times(b_x\boldsymbol{i}+b_y\boldsymbol{j}+b_z\boldsymbol{k})\\ &= -a_yb_x\boldsymbol{k}+a_zb_x\boldsymbol{j}\\ &\quad + a_xb_y\boldsymbol{k}-a_zb_y\boldsymbol{i}\\ &\quad - a_xb_z\boldsymbol{j}+a_yb_z\boldsymbol{i}\end{aligned}$$

위의 식을 정리하면 다음과 같다.

$$\begin{aligned}\boldsymbol{a}\times\boldsymbol{b} &= (a_x\boldsymbol{i}+a_y\boldsymbol{j}+a_z\boldsymbol{k})\times(b_x\boldsymbol{i}+b_y\boldsymbol{j}+b_z\boldsymbol{k})\\ &= (a_yb_z-a_zb_y)\boldsymbol{i}-(a_xb_z-a_zb_x)\boldsymbol{j}+(a_xb_y-a_yb_x)\boldsymbol{k}\end{aligned}$$

위의 식을 살펴보면 기본 벡터 $\boldsymbol{i}$, $\boldsymbol{j}$, $\boldsymbol{k}$의 계수들은 다음 식과 같이 행렬식으로 표기할 수 있다.

$$\boldsymbol{a}\times\boldsymbol{b}=\begin{vmatrix}\boldsymbol{i} & \boldsymbol{j} & \boldsymbol{k}\\ a_x & a_y & a_z\\ b_x & b_y & b_z\end{vmatrix}=\boldsymbol{i}\begin{vmatrix}a_y & a_z\\ b_y & b_z\end{vmatrix}-\boldsymbol{j}\begin{vmatrix}a_x & a_z\\ b_x & b_z\end{vmatrix}+\boldsymbol{k}\begin{vmatrix}a_x & a_y\\ b_x & b_y\end{vmatrix}$$

위의 식에서 보듯이 외적은 행렬식을 사용해서 구할 수 있다. 행렬식의 첫 행은 기본벡터로 구성되고, 두 번째와 세 번째 행의 원은 각각 벡터 $\boldsymbol{a}$와 벡터 $\boldsymbol{b}$의 성분으로 구성된다.

예제 어느 코일에 작용하는 전계 $\boldsymbol{a}$와 자계 $\boldsymbol{b}$는 각각 다음과 같다.

(a) 이 코일에 발생하는 힘의 벡터를 구하시오.

(b) 전계와 자계 사이의 각을 구하시오.

$$\boldsymbol{a}=i\ -2j+2\boldsymbol{k}$$

$$\boldsymbol{b}=2i-j-2k$$

풀이 (a) 힘의 벡터는 다음과 같이 외적으로 구할 수 있다.

$$\boldsymbol{a}\times\boldsymbol{b}=\begin{vmatrix}i & j & k\\ 1 & -2 & 2\\ 2 & -1 & -2\end{vmatrix}=i\begin{vmatrix}-2 & 2\\ -1 & -2\end{vmatrix}-\boldsymbol{j}\begin{vmatrix}1 & 2\\ 2 & -2\end{vmatrix}+\boldsymbol{k}\begin{vmatrix}1 & -2\\ 2 & -1\end{vmatrix}$$

$$=6\boldsymbol{i}+6\boldsymbol{j}+3\boldsymbol{k}$$

(b) 두 벡터 사이의 각은 외적을 이용하여 다음과 같이 구할 수 있다.

$$\|\boldsymbol{a}\times\boldsymbol{b}\|=\|\boldsymbol{a}\|\ \|\boldsymbol{b}\|\sin\theta\rightarrow\sin\theta=\frac{\|\boldsymbol{a}\times\boldsymbol{b}\|}{\|\boldsymbol{a}\|\ \|\boldsymbol{b}\|}$$

위의 식의 분자와 분모는 각각 다음과 같이 구할 수 있다.

$$\|\boldsymbol{a}\times\boldsymbol{b}\|=\sqrt{36+36+9}=\sqrt{81}=9$$

$$\|\boldsymbol{a}\|=\sqrt{1+4+4}=3,\quad \|\boldsymbol{b}\|=\sqrt{4+1+4}=3$$

따라서 두 벡터 사이의 각은 다음과 같다.

$$\sin\theta=\frac{\|\boldsymbol{a}\times\boldsymbol{b}\|}{\|\boldsymbol{a}\|\ \|\boldsymbol{b}\|}=\frac{9}{3\times3}=1$$

$$\therefore\ \theta=\sin^{-1}1=90^{\circ}$$

6.7 벡터의 변환

이 절에서는 벡터의 변환에 대하여 알아보기로 한다. 특히 벡터의 변환은 사진과 같은 영상의 크기나 회전과 같은 변환에 사용된다. AI의 가장 활발한 응용분야는 영상인식이다. 예를 들면 얼굴인식과 같은 영상을 사용한 판단에서 AI가 많이 사용되고 있다. 그런데 이와 같은 얼굴인식과정에서 영상을 여러 가지로 변환할 필요가 생긴다.

다음 그림과 같은 영상은 행렬로 구성되어 있으며 행렬의 원(element)을 화소 또는 픽셀이라고 부른다. 그리고 이 행렬의 모든 점은 좌표를 갖고 있으므로 벡터로 해석될 수 있다.

| 그림 6-5 | 영상좌표의 벡터표기

위의 사진 영상에서 4개의 모서리의 위치는 다음과 같이 벡터를 사용하여 표기할 수 있다.

$$\boldsymbol{a}=\begin{bmatrix}0\\0\end{bmatrix},\ \boldsymbol{b}=\begin{bmatrix}6\\0\end{bmatrix},\ \boldsymbol{c}=\begin{bmatrix}0\\4.5\end{bmatrix},\ \boldsymbol{d}=\begin{bmatrix}6\\4.5\end{bmatrix}$$

6.7.1 확대변환과 축소변환

다음과 같은 평면벡터를 보자.

$$\boldsymbol{a}=\begin{bmatrix}a_x\\a_y\end{bmatrix}$$

이 벡터를 다음과 같이 변환한 벡터를 확대변환 또는 축소변환으로 정의한다.

$$\hat{\boldsymbol{a}}=r\begin{bmatrix}a_x\\a_y\end{bmatrix}=\begin{bmatrix}ra_x\\ra_y\end{bmatrix}$$

위의 변환에서 $r>1$이면 확대변환이라고 부르고, $r<1$이면 축소변환이라고 부른다. 다음 그림의 영상벡터는 그림 6-5 영상벡터의 확대변환이다.($r=1.5$)

| 그림 6-6 | 그림 6–5 영상벡터의 확대변환($r=1.5$)

위의 그림의 확대변환된 영상에서 4개의 모서리 벡터는 다음과 같다.

$$\hat{\boldsymbol{a}}=\begin{bmatrix}0\\0\end{bmatrix},\ \hat{\boldsymbol{b}}=\begin{bmatrix}9\\0\end{bmatrix},\ \hat{\boldsymbol{c}}=\begin{bmatrix}0\\6.75\end{bmatrix},\ \hat{\boldsymbol{d}}=\begin{bmatrix}9\\6.75\end{bmatrix}$$

6.7.2 반사변환

다음과 같은 평면벡터를 보자.

$$\boldsymbol{a} = \begin{bmatrix} a_x \\ a_y \end{bmatrix}$$

이 벡터를 다음과 같이 변환하는 것을 y축에 대한 반사변환으로 정의한다.

$$\hat{\boldsymbol{a}} = \begin{bmatrix} -a_x \\ a_y \end{bmatrix}$$

따라서 다음과 같이 변환하는 것은 x축에 대한 반사변환이 된다.

$$\check{\boldsymbol{a}} = \begin{bmatrix} a_x \\ -a_y \end{bmatrix}$$

다음 영상은 그림 6-5의 영상에 대한 y축 반사변환 결과이다.

| 그림 6-7 | 그림 6–5 영상에 대한 반사변환

위의 영상의 모서리 벡터는 다음과 같이 반사변환되었다.

$$\hat{\boldsymbol{a}} = \begin{bmatrix} 0 \\ 0 \end{bmatrix},\ \hat{\boldsymbol{b}} = \begin{bmatrix} -6 \\ 0 \end{bmatrix},\ \hat{\boldsymbol{c}} = \begin{bmatrix} 0 \\ 4.5 \end{bmatrix},\ \hat{\boldsymbol{d}} = \begin{bmatrix} -6 \\ 4.5 \end{bmatrix}$$

6.7.3 회전변환

다음의 벡터를 보자.

$$\boldsymbol{a} = \begin{bmatrix} a_x \\ a_y \end{bmatrix}$$

이 벡터를 다음 그림과 같이 변환하는 것을 회전변환으로 정의한다.

다음 그림에서 보듯이 회전변환된 벡터 $\hat{\boldsymbol{a}}$은 벡터 $\boldsymbol{a}$를 θ만큼 시계반대방향으로 회전시킨 벡터이다.

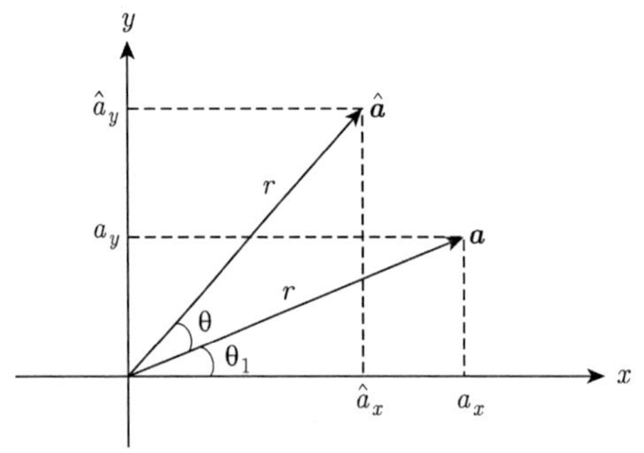

| 그림 6-8 | 벡터의 회전

위의 그림에서 벡터 $\hat{\boldsymbol{a}}$의 성분은 다음과 같이 구할 수 있다.

$$\begin{aligned}\hat{\boldsymbol{a}}_x &= r\cos(\theta_1 + \theta) = r(\cos\theta_1\cos\theta - \sin\theta_1\sin\theta) \\ &= r\left(\frac{a_x}{r}\cos\theta - \frac{a_y}{r}\sin\theta\right) = a_x\cos\theta - a_y\sin\theta\end{aligned}$$

$$\begin{aligned}\hat{\boldsymbol{a}}_y &= r\sin(\theta_1 + \theta) = r(\sin\theta_1\cos\theta + \cos\theta_1\sin\theta) \\ &= r\left(\frac{a_y}{r}\cos\theta + \frac{a_x}{r}\sin\theta\right) = a_y\cos\theta + a_x\sin\theta\end{aligned}$$

$$\hat{\boldsymbol{a}} = \begin{bmatrix} \cos\theta & -\sin\theta \\ \sin\theta & \cos\theta \end{bmatrix} \begin{bmatrix} a_x \\ a_y \end{bmatrix} = \begin{bmatrix} a_x\cos\theta - a_y\sin\theta \\ a_x\sin\theta + a_y\cos\theta \end{bmatrix}$$

6.7.4 사영변환

다음의 공간벡터를 보자.

$$\boldsymbol{a} = \begin{bmatrix} a_x \\ a_y \\ a_z \end{bmatrix}$$

이 공간벡터를 다음과 같이 평면벡터로 변환시켰을 때, 이 변환을 사영변환(projection transformation)이라고 정의한다.

$$\boldsymbol{b} = \begin{bmatrix} a_x \\ a_y \end{bmatrix}$$

이 변환을 그림으로 나타내면 다음 그림과 같다.

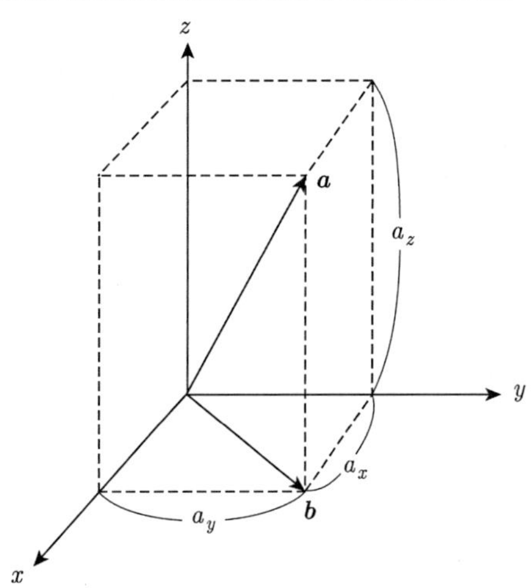

| 그림 6-9 | 사영변환

위의 그림에서 보듯이 사영변환된 벡터 $\boldsymbol{b}$는 공간벡터 $\boldsymbol{a}$가 xy 평면으로 투영된 평면벡터이다. 이 벡터 $\boldsymbol{b}$는 z 방향에서 벡터 $\boldsymbol{a}$에 빛을 비추었을 때에, xy 평면에 생기는 그림자로 생각할 수 있다. 이 변환을 사용하면 공간에 만들어진 입체 또는 곡면을 평면의 이미지로 변환시킬 수 있다. 다음 그림은 공간에 있는 산을 평면으로 사영변환시킨 그림이다.

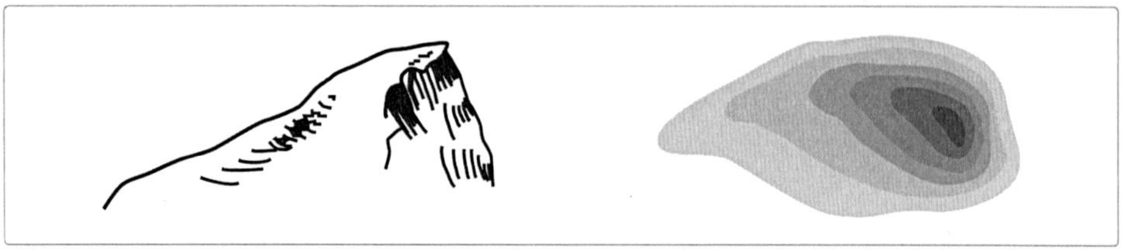

▌그림 6-10▐ 산모양 입체의 사영변환(구글 이미지)

그림에서 보듯이 산봉우리의 왼쪽 경사면은 완만하게 사영변환되었고, 오른쪽 경사면은 가파르게 사영변환되었음을 볼 수 있다.

연습문제

6-1 어느 벡터 a가 다음과 같다.

$$\boldsymbol{a} = 5\boldsymbol{i} - 3\boldsymbol{j} + 4\boldsymbol{k}$$

이 벡터의 크기를 구하시오.

6-2 어느 두 벡터 $\boldsymbol{a}$와 $\boldsymbol{b}$가 각각 다음과 같다.

$$\boldsymbol{a} = 2\boldsymbol{i} - 3\boldsymbol{j} + 4\boldsymbol{k}$$

$$\boldsymbol{b} = 3\boldsymbol{i} + 5\boldsymbol{j} - 7\boldsymbol{k}$$

이 두 벡터의 합 $\boldsymbol{a} + \boldsymbol{b}$을 구하시오.

6-3 어느 두 벡터 $\boldsymbol{a}$와 $\boldsymbol{b}$가 각각 다음과 같다.

$$\boldsymbol{a} = 5\boldsymbol{i} - 3\boldsymbol{j} + 4\boldsymbol{k}$$

$$\boldsymbol{b} = 3\boldsymbol{i} + 4\boldsymbol{j} + 2\boldsymbol{k}$$

이 두 벡터의 내적을 구하시오.

6-4 어느 두 벡터 $\boldsymbol{a}$와 $\boldsymbol{b}$가 각각 다음과 같다.

$$\boldsymbol{a} = 5\boldsymbol{i} - 3\boldsymbol{j} + 4\boldsymbol{k}$$

$$\boldsymbol{b} = 3\boldsymbol{i} + 4\boldsymbol{j} + 2\boldsymbol{k}$$

이 두 벡터의 사잇각을 구하시오.

6-5 어느 전선에 작용하는 전계 $\boldsymbol{I}$와 자계 $\boldsymbol{B}$는 기본 벡터 $\boldsymbol{i}, \boldsymbol{j}, \boldsymbol{k}$를 사용하여 다음과 같이 표기된다.

$$\boldsymbol{I} = 5\boldsymbol{j}$$

$$\boldsymbol{B} = 3\boldsymbol{i}$$

이 전선에 발생하는 힘 벡터를 구하시오.

6-6 어느 두 벡터 $\boldsymbol{a}$와 $\boldsymbol{b}$가 각각 다음과 같다.

$$\boldsymbol{a} = 5\boldsymbol{i} - 3\boldsymbol{j} + 4\boldsymbol{k}$$

$$\boldsymbol{b} = 3\boldsymbol{i} + 4\boldsymbol{j} + 2\boldsymbol{k}$$

이 두 벡터의 외적 $\boldsymbol{a} \times \boldsymbol{b}$를 구하시오.

6-7 3차원 공간의 원점에 어떤 물체가 있는데 이 물체에 다음과 같은 2개의 힘이 동시에 작용하고 있다.

$$\boldsymbol{A} = 3\boldsymbol{i} + 4\boldsymbol{j} + 2\boldsymbol{k}$$

$$\boldsymbol{B} = \boldsymbol{i} + 2\boldsymbol{j} + 3\boldsymbol{k}$$

이 물체에 가해진 전체적인 힘의 크기를 구하시오.

6-8 어느 전선에 작용하는 전류 $\boldsymbol{a}$와 자속밀도 $\boldsymbol{b}$는 각각 다음과 같다. 이 전선에 발생하는 힘의 벡터를 구하시오.

$$\boldsymbol{a} = 15\boldsymbol{k}$$

$$\boldsymbol{b} = 3\boldsymbol{i} + 4\boldsymbol{j}$$

6-9 어느 전선에 작용하는 전류 $\boldsymbol{a}$와 자속밀도 $\boldsymbol{b}$는 각각 다음과 같다. 이 전선에 발생하는 힘의 벡터를 구하시오.

$$\boldsymbol{a} = 9\boldsymbol{i}$$

$$\boldsymbol{b} = 8\boldsymbol{j}$$

6-10 어느 전선에 작용하는 전류와 자계는 각각 다음과 같다. 이 전선에 발생하는 힘의 벡터를 구하시오.

$$\boldsymbol{I} = 3i$$

$$\boldsymbol{B} = 3i + 4j$$

CHAPTER 07

복소수

7.1 복소수의 용도

간단한 수(number)부터 어떤 수가 있는지 알아본다. 가장 간단한 수는 자연수이며, 자연에 있는 물건들을 셀 때 사용하는 수이다. 수를 집합으로 나타내면 다음 그림과 같다.

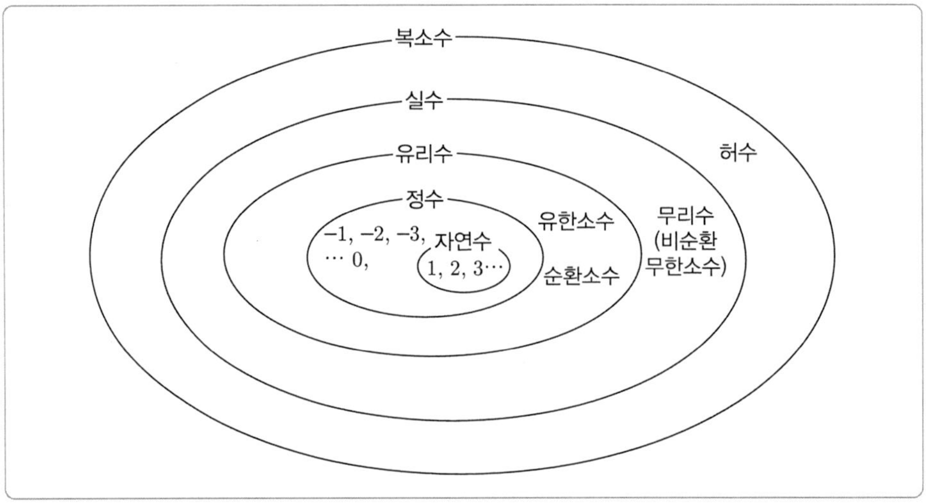

| 그림 7-1 | 수의 집합

위의 그림에서 보듯이 정수, 유한소수, 순환소수를 합해 유리수(rational number)라고 한다. 유한소수는 0.5 등과 같이 유한개의 수로 표현이 가능한 소수이다. 순환소수는 0.33333333(=1/3)과 같이 특정한 수가 반복적으로 나타나는 소수이다. 유한소수나 순환소수는 모두 분수의 형태로 표기할 수 있다. 즉, 유리수는 $\frac{\text{정수}}{\text{정수}}$의 형태로 표기할 수 있는 수이다.

유리수와 무리수(irrational number)를 합하여 실수(real number)라고 한다. 무리수는 반복되는 형태가 없이, 무한히 나가는 소수이다. 예를 들면 $\sqrt{2}$, π 등이 무리수이다. 그런데 다음의 식을 보자.

$$x^2 + 1 = 0$$

이 식을 만족하는 x의 값을 구해보자.

$$x^2 = -1 \rightarrow x = \pm\sqrt{-1}$$

제곱해서 -1이 되는 수는 실수의 집합 안에는 존재하지 않는다. 그런데 공학에서는 제곱해서 -1이 되는 수가 있어야 해결되는 문제가 많이 있다. 따라서 위의 값을 다음과 같이 정의한다.

$$\sqrt{-1} = j$$

위의 j로 표기되는 수를 허수(imaginary number)라고 한다. 즉, j는 허수의 단위이다.

예제 다음 방정식의 해를 구하시오.

$$x^2 + 7 = 0$$

풀이 $x^2 = -7 \rightarrow x = \pm\sqrt{-7} = \pm\sqrt{7}\sqrt{-1} = \pm\sqrt{7}j$

허수의 집합과 실수의 집합을 모두 합하여 복소수(complex number)라고 한다. 복소수 z의 일반적인 표기방법은 다음과 같다.

$$z = x + jy$$

위의 수에서 x와 y는 실수이다.

그렇다면 복소수를 배워서 어디에 쓰나? 이와 같은 복소수는 공학에서 많이 사용되고 있다. 특히 전기/전자/정보통신 공학에서 복소수가 매우 중요하다. 예를 들면 이 분야에서는 푸리에 변환이나 라플라스 변환이 많이 사용되는데, $x(t)$의 함수가 다음과 같이 변환된다.

$$x(t) \rightarrow X(j\omega) \quad : \text{푸리에 변환}$$
$$x(t) \rightarrow X(\sigma + j\omega) = X(s) \quad : \text{라플라스 변환}$$

위의 변환에서 보듯이 푸리에 변환에서는 시간 t의 함수가 복소평면의 허수축의 함수로 변환되고, 라플라스 변환은 시간 t의 함수가 복소평면의 함수로 변환된다. 이와 같은 복소수의 함수를 이해하려면 복소수에 대한 이해가 필요하다.

이와 같은 복소수는 선에 수를 표시할 수 없고, 평면에 수를 표기해야 한다. 그래서 복소수를 표기하는 평면을 복소평면(complex plane)이라고 한다. 복소수를 표기하는 가장 기본적인 복소평면은 직각좌표계(rectangular coordinate system)이며 직각좌표에 표기된 복소수를 직각형식(rectangular form)이라고 부른다. 다음의 직각형식의 복소수를 직각좌표계에 표시해보자.

$$z = 5 + j3$$

x 축의 값이 5이고, y 축의 값이 3이므로 다음 그림의 점으로 표기할 수 있다.

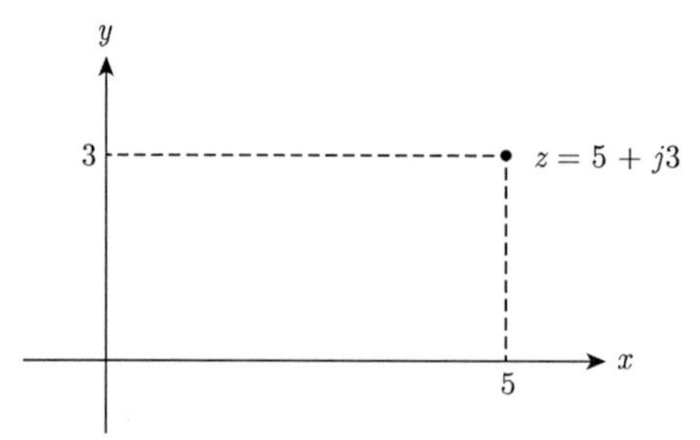

| 그림 7-2 | 직각형 복소수 z

이 복소평면에서 x 축을 실수축(real axis)이라 하고, y 축을 허수축(imaginary axis)이라 부른다. 직각형 복소수 $z = x + jy$의 크기는 다음과 같이 정의된다.

$$|z| = \sqrt{x^2 + y^2}$$

즉, 복소수의 크기는 원점에서 복소수까지의 거리이다.

7.2 복소수의 연산

다음과 같은 두 개의 복소수를 보자.

$$z_1 = x_1 + jy_1, \qquad z_2 = x_2 + jy_2$$

복소수의 덧셈

위의 두 복소수의 합은 다음과 같다.

$$z_1 + z_2 = (x_1 + jy_1) + (x_2 + jy_2) = (x_1 + x_2) + j(y_1 + y_2)$$

복소수의 뺄셈

위의 두 복소수의 차는 다음과 같다.

$$z_1 - z_2 = (x_1 + jy_1) - (x_2 + jy_2) = (x_1 - x_2) + j(y_1 - y_2)$$

복소수의 곱셈

위의 두 복소수의 곱셈은 다음과 같다.

$$z_1 z_2 = (x_1 + jy_1)(x_2 + jy_2) = x_1x_2 + jy_1x_2 + jx_1y_2 + j^2y_1y_2$$

그런데 허수의 단위 $j = \sqrt{-1}$ 이므로 $j^2 = -1$ 이다. 이를 대입하면 다음과 같다.

$$\begin{aligned} z_1 z_2 &= x_1x_2 + jy_1x_2 + jx_1y_2 + j^2y_1y_2 \\ &= (x_1x_2 - y_1y_2) + j(x_1y_2 + x_2y_1) \end{aligned}$$

복소수의 나눗셈

위의 두 복소수의 나눗셈은 다음과 같다.

$$\begin{aligned} \frac{z_1}{z_2} &= \frac{x_1 + jy_1}{x_2 + jy_2} = \frac{(x_1 + jy_1)(x_2 - jy_2)}{(x_2 + jy_2)(x_2 - jy_2)} \\ &= \frac{x_1x_2 + y_1y_2 + j(x_2y_1 - x_1y_2)}{x_2^2 + y_2^2} \end{aligned}$$

예제 두 복소수는 다음과 같다.

$$z_1 = 2 - j3, \quad z_2 = -5 + j$$

$z_1 z_2$와 $\frac{z_1}{z_2}$를 구하시오.

풀이 $z_1 z_2 = (2-j3)(-5+j) = -10+j15+j2+3 = -7+j17$

$$\frac{z_1}{z_2} = \frac{2-j3}{-5+j} = \frac{(2-j3)(-5-j)}{(-5+j)(-5-j)}$$

$$= \frac{-10+j15-j2-3}{25+1} = \frac{-13+j13}{26} = -0.5+j0.5$$

복소수의 중요 성질

임의의 복소수 z_1, z_2, z_3에 대하여 다음의 중요한 성질이 있다.

① $z_1 + z_2 = z_2 + z_1$

② $z_1 z_2 = z_2 z_1$

③ $(z_1 + z_2) + z_3 = z_1 + (z_2 + z_3)$

④ $z_1(z_2 z_3) = (z_1 z_2) z_3$

⑤ $z_1(z_2 + z_3) = z_1 z_2 + z_1 z_3$

켤레복소수

복소수 $z = x + jy$에 대하여 다음과 같이 허수 부분의 부호가 반대인 복소수를 켤레복소수(complex conjugate) 또는 공액복소수라고 한다.

$$z^* = x - jy$$

켤레복소수는 $\bar{z}$로 표기하기도 한다.

7.3 복소수의 극형식

다음의 직각형 복소수를 다시 보자.

$$z = x + jy$$

이 복소수는 직각좌표계의 복소평면에서 다음 그림과 같다.

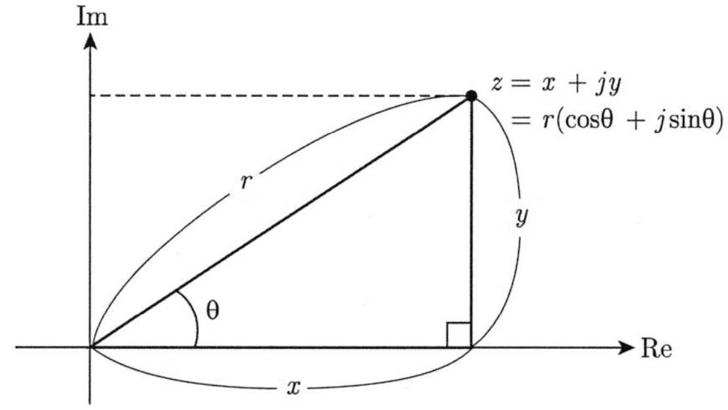

┃그림 7-3┃ 직각형식과 극형식의 복소수 z

이 복소수를 극좌표계(polar coordinate system)의 복소평면에서 나타낼 수도 있다. 극좌표계란 임의의 복소수를 길이 r과 각도 θ를 사용해서 나타내는 시스템이다. 여기서 r은 원점으로부터의 길이이며, θ는 x 축으로부터 반시계방향으로의 각도이다. 그림에서 보듯이 x와 y는 다음과 같이 나타낼 수 있다.

$$x = r\cos\theta$$

$$y = r\sin\theta$$

따라서 직각형 복소수는 다음과 같이 표기할 수 있다.

$$z = x + jy = r\cos\theta + jr\sin\theta$$

$$\therefore\ z = r(\cos\theta + j\sin\theta)$$

이와 같이 r과 θ를 사용해서 나타낸 복소수를 극형식(polar form)이라고 한다. 이 극형식의 복소수에서 r을 절댓값(absolute value)이라 부르고, θ를 편각(argument)이라고 부른다. 그림으로부터 r과 θ를 다음과 같이 x와 y를 써서 나타낼 수 있다.

$$r = \sqrt{x^2 + y^2}$$

$$\theta = \tan^{-1}\frac{y}{x}$$

예제 다음 직각형식의 복소수를 극형식으로 나타내시오.

(a) $z_1 = 1 + j$ (b) $z_2 = -1 + j\sqrt{3}$

(c) $z_3 = \sqrt{3} - j$ (d) $(d) - j3$

풀이 (a) $z_1 = 1 + j = \sqrt{2}(\cos 45° + j\sin 45°) = \sqrt{2}\left(\cos\frac{\pi}{4} + j\sin\frac{\pi}{4}\right)$

(b) $z_2 = -1 + j\sqrt{3} = 2(\cos 120° + j\sin 120°) = 2\left(\cos\frac{2}{3}\pi + j\sin\frac{2}{3}\pi\right)$

(c) $z_3 = \sqrt{3} - j = 2(\cos(-30°) + j\sin(-30°))$

$$= 2\left(\cos\left(-\frac{\pi}{6}\right) + j\sin\left(-\frac{\pi}{6}\right)\right)$$

$$= 2\left(\cos\left(\frac{\pi}{6}\right) - j\sin\left(\frac{\pi}{6}\right)\right)$$

(d) $z_4 = -j3 = 3\left(\cos\left(-\frac{\pi}{2}\right) + j\sin\left(-\frac{\pi}{2}\right)\right) = 3\left(\cos\left(\frac{\pi}{2}\right) - j\sin\left(\frac{\pi}{2}\right)\right)$

극형식을 이용한 복소수 곱셈

극형식을 이용하면 복소수의 곱셈을 쉽게 할 수 있다. 다음과 같은 두 개의 임의의 복소수를 보자.

$$z_1 = r_1(\cos\theta_1 + j\sin\theta_1)$$

$$z_2 = r_2(\cos\theta_2 + j\sin\theta_2)$$

이 두 복소수의 곱은 다음과 같다.

$$\begin{aligned} z_1 z_2 &= r_1(\cos\theta_1 + j\sin\theta_1) r_2(\cos\theta_2 + j\sin\theta_2) \\ &= r_1 r_2[(\cos\theta_1\cos\theta_2 - \sin\theta_1\sin\theta_2) + j(\sin\theta_1\cos\theta_2 + \cos\theta_1\sin\theta_2)] \\ &= r_1 r_2[\cos(\theta_1 + \theta_2) + j\sin(\theta_1 + \theta_2)] \end{aligned}$$

이 식에서 보듯이 극형식의 복소수 곱셈은 각의 덧셈으로 연산됨을 알 수 있다.

복소수의 곱셈 규칙을 이용하여 복소수 $z = r(\cos\theta + j\sin\theta)$의 n 제곱을 다음과 같이 구할 수 있다.

$$z^n = [r(\cos\theta + j\sin\theta)]^n$$
$$= r^n(\cos(n\theta) + j\sin(n\theta))$$

위의 식으로부터 알 수 있는 다음의 식을 드므아브르 공식이라고 부른다.

$$(\cos\theta + j\sin\theta)^n = \cos(n\theta) + j\sin(n\theta)$$

예제 다음 두 복소수의 곱을 구하시오.

$$z_1 = \sqrt{2}\left(\cos\left(\frac{\pi}{4}\right) + j\sin\left(\frac{\pi}{4}\right)\right)$$

$$z_2 = \sqrt{2}\left(\cos\left(-\frac{\pi}{4}\right) + j\sin\left(-\frac{\pi}{4}\right)\right)$$

풀이 이 두 복소수의 곱은 다음과 같다.

$$z_1 z_2 = 2(\cos(0) + j\sin(0)) = 2$$

예제 다음을 간단히 하시오.

(a) $(\sqrt{3}+j)^5$ (b) $(-1+j)^7$

풀이 (a) $(\sqrt{3}+j)^5 = \left[2\left(\cos\frac{\pi}{6} + j\sin\frac{\pi}{6}\right)\right]^5 = 32\left(\cos\frac{5\pi}{6} + j\sin\frac{5\pi}{6}\right)$

$$= 32\left(-\cos\frac{\pi}{6} + j\sin\frac{\pi}{6}\right) = 32\left(-\frac{\sqrt{3}}{2} + j\frac{1}{2}\right)$$

$$= -16\sqrt{3} + j16$$

(b) $(-1+j)^7 = \left[\sqrt{2}\left(\cos\frac{3\pi}{4} + j\sin\frac{3\pi}{4}\right)\right]^7$

$$= 8\sqrt{2}\left(\cos\frac{21\pi}{4} + j\sin\frac{21\pi}{4}\right) = 8\sqrt{2}\left(\cos\frac{5\pi}{4} + j\sin\frac{5\pi}{4}\right)$$

$$= 8\sqrt{2}\left(-\frac{1}{\sqrt{2}} - j\frac{1}{\sqrt{2}}\right) = -8 - j8$$

극형식을 이용한 복소수 나눗셈

극형식을 이용하면 복소수의 나눗셈을 쉽게 할 수 있다. 다음과 같은 두 개의 임의의 복소수를 보자.

$$z_1 = r_1(\cos\theta_1 + j\sin\theta_1)$$

$$z_2 = r_2(\cos\theta_2 + j\sin\theta_2)$$

이 두 복소수의 나눗셈은 다음과 같다.

$$\frac{z_1}{z_2} = \frac{r_1(\cos\theta_1 + j\sin\theta_1)}{r_2(\cos\theta_2 + j\sin\theta_2)} = \frac{r_1}{r_2}\frac{(\cos\theta_1 + j\sin\theta_1)(\cos\theta_2 - j\sin\theta_2)}{(\cos\theta_2 + j\sin\theta_2)(\cos\theta_2 - j\sin\theta_2)}$$

$$= \frac{r_1}{r_2}\frac{\cos\theta_1\cos\theta_2 + \sin\theta_1\sin\theta_2 + j(\sin\theta_1\cos\theta_2 - \sin\theta_2\cos\theta_1)}{\cos^2\theta_2 + \sin^2\theta_2}$$

$$= \frac{r_1}{r_2}[\cos(\theta_1 - \theta_2) + j\sin(\theta_1 - \theta_2)]$$

이 식에서 보듯이 극형식의 복소수 나눗셈은 각의 뺄셈으로 연산됨을 알 수 있다.

예제 극형식의 두 복소수는 다음과 같다. $\frac{z_1}{z_2}$를 구하시오.

$$z_1 = 2\left(\cos\frac{\pi}{2} + j\sin\frac{\pi}{2}\right), \quad z_2 = \sqrt{3}\left(\cos\frac{\pi}{6} + j\sin\frac{\pi}{6}\right)$$

풀이

$$\frac{z_1}{z_2} = \frac{2}{\sqrt{3}}\left[\cos\left(\frac{\pi}{2} - \frac{\pi}{6}\right) + j\sin\left(\frac{\pi}{2} - \frac{\pi}{6}\right)\right]$$

$$= \frac{2}{\sqrt{3}}\left[\cos\left(\frac{\pi}{3}\right) + j\sin\left(\frac{\pi}{3}\right)\right] = \frac{2}{\sqrt{3}}\left(\frac{1}{2} + j\frac{\sqrt{3}}{2}\right) = \frac{1}{\sqrt{3}} + j$$

7.4 복소수의 지수형식

7.4.1 오일러 공식

복소수의 형식에는 직각형식과 극형식 외에 지수형식(exponential form)이 있다. 지수형식은 극좌표계에 표시되는 점은 극형식과 같다. 지수형식을 이해하기 위해서는 다음의 오일러 공식(Euler's formula)이 필요하다.

$$e^{j\theta} = \cos\theta + j\sin\theta$$

베르누이가 발견하고 오일러가 완성한 e는 신비의 수이다. $2.718\cdots$의 무한소수 즉 무리수인 e는 전기/전자/정보통신 공학에서 가장 중요한 수임에 틀림없다. 다음과 같은 변환에서 e가 사용된다.

- 푸리에 급수
- 푸리에 변환
- 라플라스 변환
- z 변환

오일러 공식의 증명은 미분을 사용하는 방법과 급수전개를 사용하는 방법 등이 있다. 여기서는 미분을 사용하여 증명하는 방법을 알아본다. 먼저 크기가 1인 복소수를 극형식으로 나타내면 다음과 같다.

$$z = r(\cos\theta + j\sin\theta) = \cos\theta + j\sin\theta \qquad \cdots \text{ (1)}$$

위의 복소수에서 θ를 변화시키면서 복소평면에 플롯하면 단위원(unit circle)이 된다. 이 식을 θ에 대하여 미분하면 다음과 같다.

$$\frac{dz}{d\theta} = -\sin\theta + j\cos\theta = j^2\sin\theta + j\cos\theta$$

$$= j(\cos\theta + j\sin\theta) = jz$$

$$\therefore \frac{1}{z}\frac{dz}{d\theta} = j$$

이제 이 식의 양변을 θ에 대하여 부정적분하면 다음의 결과를 얻는다.

$$\int \frac{1}{z}\frac{dz}{d\theta}d\theta = \int j d\theta$$

$$\rightarrow \int \frac{1}{z}dz = j\int d\theta$$

$$\rightarrow \quad \ln z = j\theta$$

위의 부정적분에서 적분상수는 0으로 가정하였다. 이 식을 지수의 형으로 바꾸면 다음과 같다.

$$z = e^{j\theta} \tag{2}$$

식 (1)과 (2)로부터 다음의 오일러 공식을 얻을 수 있다.

$$e^{j\theta} = \cos\theta + j\sin\theta \tag{3}$$

이 오일러 공식은 테일러 급수를 이용하여 증명할 수도 있다.(부록 참조) (3)의 식을 이용하여 다음의 두 번째 오일러 공식을 얻을 수 있다.

$$e^{-j\theta} = \cos(-\theta) + j\sin(-\theta) = \cos\theta - j\sin\theta \tag{4}$$

식 (3)과 (4)를 이용하여 $\cos\theta$와 $\sin\theta$를 다음과 같이 나타낼 수 있다. 즉, (3)과 (4)의 식을 더하면 다음의 세 번째 오일러 공식을 얻는다.

$$e^{j\theta} + e^{-j\theta} = 2\cos\theta \ \rightarrow \ \cos\theta = \frac{e^{j\theta} + e^{-j\theta}}{2}$$

또한 (3)에서 (4)의 식을 빼면 다음의 네 번째 오일러 공식을 얻는다.

$$e^{j\theta} - e^{-j\theta} = 2j\sin\theta \ \rightarrow \ \sin\theta = \frac{e^{j\theta} - e^{-j\theta}}{2j}$$

오일러 공식을 종합하면 다음과 같다.

$$e^{j\theta} = \cos\theta + j\sin\theta$$

$$e^{-j\theta} = \cos\theta - j\sin\theta$$

$$\cos\theta = \frac{e^{j\theta} + e^{-j\theta}}{2}$$

$$\sin\theta = \frac{e^{j\theta} - e^{-j\theta}}{2j}$$

!!! 세상에서 가장 아름다운 공식 !!!

오일러 공식 $e^{j\theta} = \cos\theta + j\sin\theta$ 에서 θ에 π를 대입하면 "세상에서 가장 아름다운 공식"으로 알려져 있는 다음의 공식을 얻는다.

$$e^{j\pi} + 1 = 0$$

일본 소설가 오가와 요코가 쓴 "박사가 사랑한 수식"이란 소설에 나오는 이 식에 대한 문장을 소개한다.

| 그림 7-4 | 세상에서 가장 아름다운 공식

18세기 최고의 수학자였다는 레온하르트 오일러에 대해 생각했다. 그에 대해서는 무엇 하나 아는 것이 없었지만, 이 공식 하나로도 충분히 그의 체온을 느낄 수 있을 것 같았다. 오일러는 부자연스럽기 짝이 없는 개념을 이용해서 하나의 공식을 짜냈다. 무관하게 보이는 수들 사이에서 자연스러운 연결을 발견한 것이다.

π와 j를 곱한 수로 e를 거듭제곱해서 1을 더하면 0이 된다. 나는 다시 한 번 박사의 메모를 쳐다보았다.

> 한없이 순환하는 수와,
> 절대로 정체를 드러내지 않는 수가
> 간결한 궤적을 그리며 한 점에 착지한다.
>
> 어디에도 원은 없는데
> 하늘에서 π가 e 곁으로 내려와
> 수줍음 많은 j와 악수를 한다.
>
> 그들은 서로 몸을 기대고 숨죽이고 있는데,
> 한 인간이 1을 더하는 순간 세계가 전환된다.
> 모든 것이 0으로 규합된다.

오일러의 공식은 어둠 속에서 빛나는 한 줄기 유성 같았다. 어둠의 동굴에 새겨진 한 줄의 시였다. 거기에 담긴 아름다움에 감동하면서 나는 메모지를 다시 정액권 지갑에 집어넣었다. 계단을 내려오다가 문득 뒤돌라보았지만 수학 코너는 여전히 한산했다. 그렇게 아름다운 것들이 아무에게도 알려지지 않은 채 조용히 숨 쉬고 있었다.

7.4.2 지수형식

오일러 공식을 이용하여 극형식의 복소수는 다음과 같이 나타낼 수 있다.

$$z = r(\cos\theta + j\sin\theta) = re^{j\theta}$$

이와 같은 복소수를 지수형식(exponential form)이라고 한다. 이 지수형식은 전기/전자/정보통신 공학에서 유용하게 사용된다.

예제 다음 지수형식의 복소수를 직각형식으로 나타내시오.

(a) $z_1 = e^{j(\pi/2)}$ (b) $z_2 = e^{j(\pi)}$ (c) $z_3 = e^{j(3\pi/2)}$ (d) $z_4 = e^{j(2\pi)}$

풀이 (a) $z_1 = e^{j(\pi/2)} = \cos\frac{\pi}{2} + j\sin\frac{\pi}{2} = 0 + j = j$

(b) $z_1 = e^{j(\pi)} = \cos\pi + j\sin\pi = -1 + j0 = -1$

(c) $z_1 = e^{j(3\pi/2)} = \cos\frac{3\pi}{2} + j\sin\frac{3\pi}{2} = 0 - j = -j$

(d) $z_1 = e^{j(2\pi)} = \cos 2\pi + j\sin 2\pi = 1 + j0 = 1$

지수형식의 복소수는 다음 식과 같은 복소함수로 만들어져, 전기/전자/정보통신 공학에서 매우 중요하게 사용되어진다.

$$e^{jt} = \cos t + j\sin t$$

위의 식에서 보듯이 지수는 시간 t로 표기함으로써 시간의 함수로 나타낼 수 있다. 위의 식을 $T=1$의 주기함수로 만들면 다음과 같이 기본 복소함수로 나타낼 수 있다.

$$e^{j2\pi t} = \cos 2\pi t + j\sin 2\pi t$$

위의 기본 복소함수는 1초에 단위원을 한 바퀴 회전하는 함수이다. 위의 기본 복소함수에 주파수를 변수로 넣으면 다음과 같은 복소함수가 만들어진다.

$$e^{j2\pi ft} = \cos 2\pi ft + j\sin 2\pi ft$$

위의 식에서 헤르츠 주파수 f를 라디안 주파수 ω로 표기하기 위해 $2\pi f = \omega$의 정의를 사용하면 다음식이 얻어진다.

$$e^{j\omega t} = \cos\omega t + j\sin\omega t$$

바로 이 식이 푸리에 급수, 푸리에 변환 등의 정의에 사용되는 매우 중요한 식이다.

부록 테일러 급수를 이용한 오일러 공식의 증명

테일러 급수(Taylor series)를 사용하여 e^x를 전개하면 다음과 같다.

$$e^x = 1 + \frac{x}{1!} + \frac{x^2}{2!} + \frac{x^3}{3!} + \frac{x^4}{4!} + \frac{x^5}{5!} + \cdots \qquad (1)$$

x가 1인 경우에 5번째 항까지 구하면 다음과 같다.

$$e = 1 + \frac{1}{1} + \frac{1}{2} + \frac{1}{6} + \frac{1}{24} = 2.7083333$$

테일러 급수를 사용하여 $\sin x$를 전개하면 다음과 같다.

$$\sin x = x - \frac{x^3}{3!} + \frac{x^5}{5!} - \frac{x^7}{7!} + \frac{x^9}{9!} - \frac{x^{11}}{11!} + \cdots$$

테일러 급수를 사용하여 $\cos x$를 전개하면 다음과 같다.

$$\cos x = 1 - \frac{x^2}{2!} + \frac{x^4}{4!} - \frac{x^6}{6!} + \frac{x^8}{8!} - \frac{x^{10}}{10!} + \cdots$$

(1)의 식에서 x에 jx를 대입하면 다음과 같다.

$$\begin{aligned} e^{jx} &= 1 + \frac{jx}{1!} + \frac{-x^2}{2!} + \frac{-jx^3}{3!} + \frac{x^4}{4!} + \frac{jx^5}{5!} + \frac{-x^6}{6!} + \frac{-jx^7}{7!} + \cdots \\ &= \left(1 - \frac{x^2}{2!} + \frac{x^4}{4!} - \frac{x^6}{6!} + \frac{x^8}{8!} \cdots\right) + j\left(x - \frac{x^3}{3!} + \frac{x^5}{5!} - \frac{x^7}{7!} + \frac{x^9}{9!} \cdots\right) \\ &= \cos x + j\sin x \end{aligned}$$

연습문제

7-1 복소수 $z = 5 - 3j$의 크기를 구하시오.

7-2 복소수 a와 b가 각각 다음과 같다. a/b를 구하시오.

$$a = 2 + 3j,\ \ b = 5 + j$$

7-3 복소수 a와 b가 각각 다음과 같다. a/b를 구하시오.

$$a = \cos 120° + j\sin 120°,\ \ b = \cos 90° + j\sin 90°$$

7-4 지수형 복소수 $e^{j20°}$를 직각형 복소수로 바꾸시오.

7-5 다음 식을 직각형식으로 나타내시오.

$$\frac{2j}{3+j}$$

7-6 다음 복소수의 크기를 구하시오.

$$z = 3 + \sqrt{2}j$$

7-7 다음 복소수를 극형식으로 나타내시오.

$$z = \sqrt{3} + j$$

7-8 다음 복소수를 직각형식으로 나타내시오.

$$e^{-\frac{\pi}{4}j}$$

7-9 다음 식을 간단히 하시오.

$$(\sqrt{3} + j)^{12}$$

7-10 다음 식을 간단히 하시오.

$$(1-j)^{24}$$

CHAPTER 08

미분방정식

8.1 미분방정식의 용도와 분류

전기/전자 회로는 대부분 시스템으로 구성되어 있다. 시스템의 정의는 어떤 한 신호를 또 다른 신호로 변형하는 규칙이다. 시스템을 표현하는 블록도는 다음 그림과 같다.

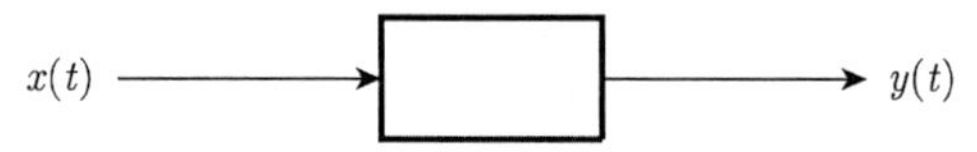

| 그림 8-1 | 시스템 블록도

위의 블록도에서 보듯이 시스템에서 입력신호 $x(t)$가 출력신호 $y(t)$로 변형되고 있다. 그런데 대부분의 시스템은 입력신호 $x(t)$와 출력신호 $y(t)$의 관계를 미분방정식(Differential Equation, DE)을 사용하여 나타낼 수 있다. 미분방정식이란 미분이 들어간 방정식이다. 요약하면 전기/전자/정보통신 공학에서 사용되는 대부분의 시스템은 미분방정식으로 구성되어 있다. 따라서 시스템을 만들거나, 분석하기 위하여 미분방정식을 이해할 필요가 있다. 미분방정식의 중요한 용도를 몇 가지 살펴보면 다음과 같다.

- **시스템의 출력 계산** : 입력신호에 대한 미분방정식의 해를 구하면 시스템의 출력신호를 구할 수 있다.
- **시스템의 주파수 응답** : 미분방정식을 이용하여 시스템의 주파수 응답을 구할 수 있다. 주파수 응답은 모든 주파수의 입력에 대한 출력을 관찰할 수 있는 그래프이다.
- **시스템 설계** : 어떤 특별한 역할을 수행하는 시스템을 설계하면 설계 결과물로서 미분방정식이 만들어진다.

이 책에서는 시스템의 출력을 계산하는 방법 즉, 미분방정식의 해를 구하는 용도에 대하여만 기술한다. 미분방정식을 이용하여 주파수 응답을 구하거나, 시스템 설계에 사용하는 용도는 '신호 및 시스템' 등의 서적을 참고하여야 한다.

수학에서 정의하는 미분방정식의 종류는 여러 가지가 있는데, 전기/전자/정보통신 공학에서는 그 중 10% 정도만 사용된다. 따라서 먼저 미분방정식의 종류를 분류해보기로 한다. 미분방정식은 상미분방정식(ordinary DE)과 편미분방정식(partial DE)으로 분류할 수 있다.

$$\text{미분방정식}\begin{cases}\text{상미분방정식}\\ \text{편미분방정식}\end{cases}$$

상미분 방정식은 다음 미분방정식과 같이 독립변수가 1개인 미분방정식이다.

$$\frac{dy}{dx}+2y=\sin x$$

위의 식에서 1개의 독립변수 x가 사용되었다. 다음 식을 보자.

$$\frac{\partial z}{\partial x}+\frac{\partial z}{\partial y}=x+y$$

위의 식에서는 2개의 독립변수 x와 y가 사용된 미분방정식이므로 편미분방정식이다. 그런데 전기/전자/정보통신 공학에서는 주로 상미분방정식이 사용되며, 편미분방정식은 이 책에서는 다루지 않는다.

상미분방정식은 다음과 같이 분류할 수 있다.

$$\text{상미분방정식}\begin{cases}\text{1차 상미분방정식}\\ \text{2차이상의 상미분방정식}\end{cases}$$

다음의 미분방정식을 보자.

$$\frac{dy}{dx}+2y=\sin x$$

$$\left(\frac{dy}{dx}\right)^2+2y=\sin x$$

위의 식에서 첫 번째 식은 미분 dy/dx의 차수가 1이고 두 번째 식은 미분 dy/dx의 차수가 2이다. 전기/전자/정보통신 공학에서는 차수가 1인 상미분방정식이 주로 사용되며, 2차 이상의 상미분방정식은 이 책에서는 다루지 않는다. 1차 상미분방정식은 다음과 같이 분류할 수 있다.

$$1\text{차 상미분방정식}\begin{cases}\text{선형미분방정식}\\ \text{비선형미분방정식}\end{cases}$$

다음의 1차 상미분방정식을 보자.

$$\frac{d^2y}{dx^2}+(2x+3)\frac{dy}{dx}+y=\sin x$$

$$\frac{d^2y}{dx^2}+(x+2y)\frac{dy}{dx}+3y=e^x$$

위의 식에서 첫 번째 식은 미분 dy/dx의 계수가 독립변수 x의 함수이므로 선형미분방정식(linear DE)이고 두 번째 식은 미분 dy/dx의 계수가 독립변수 x와 종속변수 y의 함수이므로 비선형미분방정식(non-linear DE)이다. 전기/전자/정보통신 공학에서는 선형미분방정식이 주로 사용되며, 비선형미분방정식은 이 책에서는 다루지 않는다. 선형미분방정식은 다음과 같이 분류할 수 있다.

$$\text{선형미분방정식}\begin{cases}\text{상계수 선형미분방정식}\\ \text{비상계수 선형미분방정식}\end{cases}$$

다음의 선형미분방정식을 보자.

$$\frac{d^2y}{dx^2}+3\frac{dy}{dx}+2y=\sin x$$

$$\frac{d^2y}{dx^2}+(3x+2)\frac{dy}{dx}+2y=e^x$$

위의 식에서 첫 번째 식은 미분 dy/dx의 계수가 상수계수(constant coefficient)이므로 상계수 선형미분방정식(Linear Constant Coefficient DE, LCCDE)이고 두 번째 식은 미분 dy/dx의 계수가 상수계수가 아니므로 비상계수 선형미분방정식이다. 전기/전자/정보통신 공학에서는 상계수 선형미분방정식이 주로 사용되며, 비상계수 선형미분방정식은 이 책에서는 다루지 않는다. LCCDE는 다음과 같이 분류할 수 있다.

$$\text{상계수 선형미분방정식}\begin{cases}\text{1계 상계수 선형미분방정식}\\\text{2계 상계수 선형미분방정식}\\\text{3계 이상의 상계수 선형미분방정식}\end{cases}$$

다음의 선형미분방정식을 보자.

$$\frac{dy}{dx}+2y=\sin x$$

$$\frac{d^2y}{dx^2}+3\frac{dy}{dx}+2y=\sin x$$

$$\frac{d^3y}{dx^3}+6\frac{d^2y}{dx^2}+11\frac{dy}{dx}+6y=\sin x$$

위의 식에서 첫 번째 식은 종속변수 y를 독립변수 x로 한번 미분하였으므로 1계 LCCDE라고 하며 두 번째와 세 번째 식은 각각 종속변수 y를 독립변수 x로 두 번 또는 세 번 미분하였으므로 2계와 3계 LCCDE라고 부른다. 전기/전자/정보통신 공학에서는 1계 또는 2계 LCCDE가 주로 사용되며, 3계이상의 LCCDE는 이 책에서는 다루지 않는다. 계를 표기하는 다음과 같은 방법도 사용된다.

$$\frac{d^2y}{dx^2}+3\frac{dy}{dx}+2y=\sin x$$

$$y''+3y'+2y=\sin x$$

$y=f(x)$인 경우에 다음의 표기방법도 사용된다.

$$\frac{d^2f(x)}{dx^2}+3\frac{df(x)}{dx}+2f(x)=\sin x$$

$$f''(x)+3f'(x)+2f(x)=\sin x$$

지금까지 분류한 것을 요약하면 전기/전자/정보통신 공학에서 사용되는 시스템에서는 LCCDE가 주로 사용되며, 이 책에서는 이것들만 다루기로 한다.

8.2 동차 1계 LCCDE

1계 LCCDE(상계수 선형미분방정식)의 기본형은 다음과 같다.

$$\frac{dy}{dx} + ay = g(x)$$

이 LCCDE가 나타내는 시스템에서 입력이 $g(x)$이고 출력은 y이다. 이 미분방정식에서 다음과 같이 입력 $g(x)$가 0인 경우를 동차 LCCDE라고 한다.

$$\frac{dy}{dx} + ay = 0$$

이 동차 LCCDE의 해를 구하는 두 가지 방법을 알아보기로 한다.

방법 1

해(solution)를 구하기 위해 이 LCCDE를 다음과 같이 나타내보자.

$$\frac{dy}{dx} = -ay$$

어느 함수와 그 함수의 미분이 같으려면 먼저 생각나는 함수는 바로 다음과 같은 지수함수이다.

$$y = e^{-ax}$$

이 지수함수를 LCCDE에 대입해보면 다음과 같이 등식이 성립한다.

$$-ae^{-ax} = -ae^{-ax}$$

따라서 $y = e^{-ax}$가 이 LCCDE의 해가 될 수 있다. 그럼 해는 이것 하나인가? 다음의 식도 해가 될 수 있을까?

$$y = ce^{-ax}$$

여기서 c는 임의의 상수이다. 이 지수함수를 원래의 LCCDE에 넣어보자.

$$-ace^{-ax} = -ace^{-ax}$$

위의 식에서 보듯이 $y = ce^{-ax}$도 이 LCCDE의 해이다.

방법 2

이 LCCDE는 종속변수 y와 독립변수 x를 분리하면 다음과 같다.

$$\frac{1}{y}dy = -adx$$

이 미분방정식을 적분하면 다음과 같다.

$$\int \frac{1}{y}dy = -a\int dx$$

이 부정적분을 풀면 다음과 같다.

$$\ln y = -ax + c_1$$

여기서 c_1은 적분상수이다. 이 로그 방정식을 지수 방정식으로 나타내면 다음과 같다.

$$y = e^{(-ax + c_1)} = e^{-ax}e^{c_1} = ce^{-ax}$$

이 해는 방법 1의 결과와 같음을 볼 수 있다. 이 방법 2를 변수분리형 방법이라고 한다.

이번에는 다음 회로와 같은 저항과 인덕터로 이루어진 시스템을 보자.

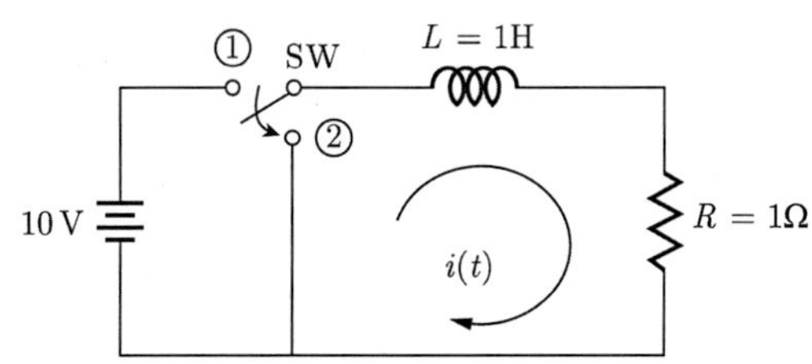

그림 8-2 저항과 인덕터로 구성된 시스템

이 시스템에서 $t=0$에서 스위치가 ①에서 ②로 전환되었다. 이 시스템의 독립변수는 시간 t이고 종속변수는 전류 i이다. 즉 전류 i는 시간 t의 함수이다. 이 시스템의 LCCDE는 다음과 같다.

$$L\frac{di(t)}{dt}+Ri(t)=0$$

인덕터는 전선을 감은 코일로 만들 수 있으며 인덕터에 걸리는 전압은 전류의 변화량(미분)에 비례한다. 그리고 비례상수를 인덕턴스 L이라고 하며 단위는 H(헨리)이다. 저항 R에 걸리는 전압은 $Ri(t)$이고 R의 단위는 Ω(오옴)이다. 1계 LCCDE의 기본형은 $di(t)/dt$의 계수가 1이어야 한다. 따라서 위의 미분방정식은 다음과 같은 기본형으로 나타낼 수 있다.

$$\frac{di(t)}{dt}+\frac{R}{L}i(t)=0$$

앞의 예제에서 보았듯이 이 LCCDE의 해는 다음과 같다.

$$i(t)=ce^{-\frac{R}{L}t}$$

여기서 c는 어떤 임의 상수도 가능하다. 이와 같이 임의의 상수를 포함하고 있어서 확정된 값을 표기할 수 없는 해를 이 미분방정식의 일반해(general solution)라고 부른다.

하지만 특별한 조건이 주어지면 임의의 상수 값을 구할 수 있다. 그림에서 인가된 전압은 10 V이고 $R=1\,\Omega$이면 c는 다음과 같이 초기값 i_0로부터 구할 수 있다.

$$i_0=\frac{V}{R}=\frac{10}{1}=10A,\ \ i_0=ce^{-\frac{R}{L}\times 0}=10\quad \therefore c=10$$

이 해는 스위치가 닫히는 $t=0$에서부터 유효하므로 다음과 같이 $u(t)$의 함수를 붙여서 나타낸다.

$$i(t)=10e^{-\frac{R}{L}t}u(t)$$

$u(t)$는 단위계단함수라고 하며 $t<0$에서는 함숫값이 0이고, $t\geq 0$에서는 함숫

값이 1인 함수이다. 이와 같이 $u(t)$는 어떤 신로를 0부터 시작하도록 제한할 때 사용된다.

지금까지 구한 전류 $i(t)$의 변화를 그래프로 나타내면 다음 그림과 같다.

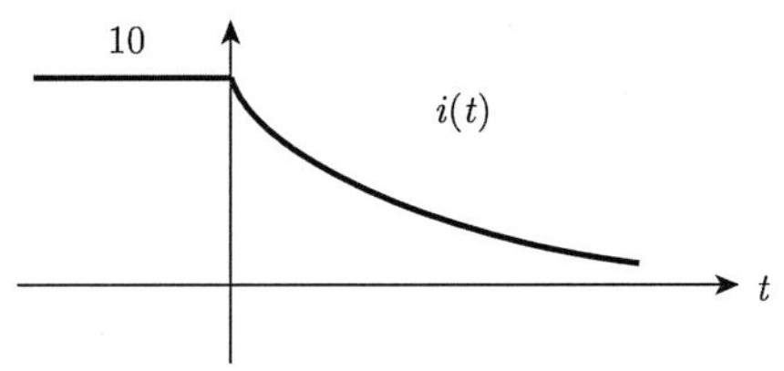

┃그림 8-3┃ 전류의 변화

이 시스템에서 인덕턴스가 $L = 1\,\mathrm{H}$이므로 $R/L = 1$이다. 따라서 실제 값으로 나타낸 해는 다음과 같다.

$$i(t) = 10e^{-\frac{R}{L}t}u(t) = 10e^{-t}u(t)$$

이 해를 사용하여 1초 후의 전류를 구하면 다음과 같다.

$$i(1) = 10e^{-t}u(t) = 10 \times 0.3679 = 3.679\,A$$

예제 앞의 시스템에서 저항을 조명등이라고 하자. 스위치가 $t = 0$에서 ①에서 ②로 절환되었다. 2초 후의 조명의 밝기는 $t = 0$에서의 밝기의 몇 %인가?

풀이 2초 후의 전류는 다음과 같다.

$$i(2) = 10e^{-t}u(t) = 10 \times 0.1353 = 1.353\,A$$

이와 같이 2초 후에 전류는 13.53%로 감소된다. 저항에 걸린 전압도 전류에 비례하므로 2초 후에 전압도 13.53%로 감소한다. 따라서 조명의 밝기도 2초 후에 13.53%가 된다.

8.3 일반 1계 LCCDE

다음 그림과 같이 입력이 $g(x)$이고 출력이 $f(x)$인 시스템을 보자.

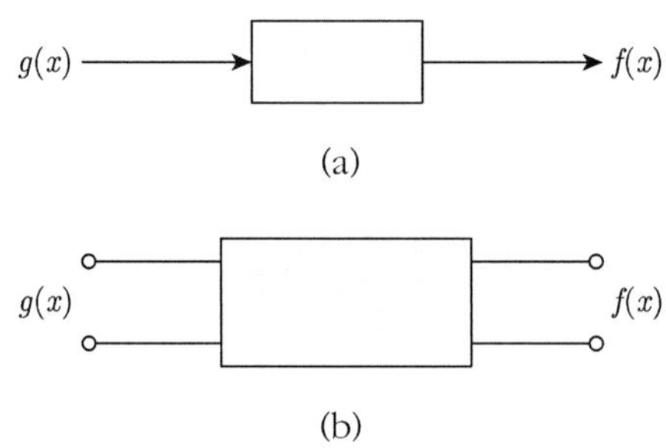

| 그림 8-4 | 입력이 $g(x)$이고 출력이 $f(x)$인 시스템

그림 8-4(a)는 시스템을 나타내는 기본적인 블록도이다. 그러나 실제 시스템에서는 입력신호나 출력신호는 2개의 전기선을 사용해야 하므로 그림 8-4(b)와 같이 나타내기도 한다.

위의 시스템은 입력과 출력이 모두 독립변수 x의 함수이다. 이 시스템이 다음과 같이 1계 LCCDE(상계수 선형미분방정식)의 기본형으로 나타내진다고 가정해보자.

$$\frac{df(x)}{dx} + af(x) = g(x)$$

이 식과 같이 입력이 0이 아니고 특정한 함수로 정의되는 1계 LCCDE를 일반 1계 LCCDE라고 한다. 이 시스템의 출력 $f(x)$를 이 LCCDE의 해라고 부른다. 그런데 이 시스템에는 입력이 또 하나 있다. 바로 초기조건(initial condition)이라는 입력이다. $t=0$의 시점부터 출력을 관찰하고자 할 때에 그 때부터 입력되는 $g(x)$도 입력이지만 그 순간 내부 시스템의 소자의 초기조건에 의해서도 출력이 나타난다. 이 초기조건에 의한 출력을 기본해(fundamental solution, homogeneous solution)라고 한다. 이 기본해를 Zero Input Response(ZIR)라고 부르기도 하는데 이는 입력(Input)을 0으로 가정한 응답(Response)이라는 의미이다.

그리고 인가된 입력 $g(x)$에 의해 나타나는 출력을 특수해(particular solution)라고 한다. 이 특수해를 Zero State Response(ZSR)라고 부르기도 한다. 이는 초기상태(Initial State)를 0으로 가정한 응답이라는 의미이다. ZIR은 초기조건에 의해 나타나는 출력이고, ZSR은 주어진 입력에 의해 나타나는 출력이다.

그럼 2개의 입력이 들어간 이 시스템의 출력은 어떻게 구하나? 선형 시스템의 성질을 이용하여 구할 수 있다.

이 책에서 다루는 시스템은 모두 선형 시스템인데 선형 시스템은 다음과 같은 덧셈 성질(additivity property)을 만족하고 있다. 어느 시스템에서 $g_1(x)$를 입력시켰을 때의 출력은 $f_1(x)$이고, $g_2(x)$를 입력시켰을 때의 출력은 $f_2(x)$라고 다음 식과 같이 가정한다.

$$f_1(x) = T\{g_1(x)\}$$

$$f_2(x) = T\{g_2(x)\}$$

선형 시스템에서는 다음 그림과 같이 두 개의 신호를 더해서 입력시켰을 때의 출력과, 각각의 신호를 입력시켜서 얻은 출력의 합이 같다. 이러한 성질을 덧셈 성질이라고 부른다.

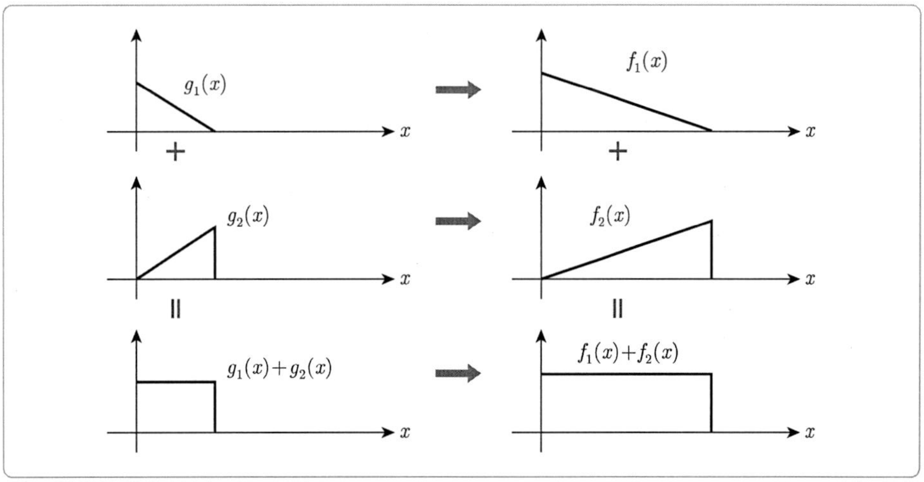

| 그림 8-5 | 덧셈 성질

덧셈 성질을 식으로 표현하면 다음과 같다.

$$T\{g_1(x)+g_2(x)\}=f_1(x)+f_2(x)$$

이 성질을 시스템에 적용해보자. 먼저 입력 $g(x)$를 0으로 가정하고 초기조건에 의해 생기는 출력 $f_f(x)$를 구한다. 이 해를 기본해(fundamental solution, homogeneous solution)라고 한다. 그리고 이번에는 초기조건을 0으로 가정하고 인가한 입력에 의해 생기는 출력 $f_p(x)$를 구한다. 이 해를 특수해(particular solution)라고 한다. 이렇게 각각 구한 출력을 더하면 다음 식과 같은 완전해가 된다.

$$f(x)=f_f(x)+f_p(x)$$

또한 $y=f(x)$이므로 완전해를 다음과 같이 나타내기도 한다.

$$y=y_f+y_p$$

이 식에서 y_f는 기본해이고 y_p는 특수해이다.

다음의 간단한 일반 1계 LCCDE를 풀어보기로 한다.

$$\frac{dy}{dx}+3y=\sin x$$

이 식에서 보듯이 입력은 $g(x)=\sin x$이다. 먼저 초기조건에 의한 기본해를 구해보기로 한다.

$$\frac{dy}{dx}+3y=0$$

이 식의 기본해 y_f는 다음과 같다.

$$y_f=ce^{-3x}$$

이제 특수해 y_p를 구해보자. 입력이 $\sin x$이므로 이에 대한 출력은 다음과 같이 가정한다. 즉,

$$y_p=a\sin x+b\cos x$$

이와 같이 주파수는 변하지 않고 단지 크기만 바뀐 $\sin x$와 $\cos x$ 신호가 출력된

다고 가정한다. 이 출력신호는 실제로는 진폭과 위상이 변화된 sin 신호이다. 즉, 시스템에 sin 신호가 입력되면 진폭과 위상이 변화되어 출력된다.

위에서 가정한 출력의 실제 값 a와 b는 다음과 같이 구한다.

$$\frac{dy_p}{dx} = a\cos x - b\sin x$$

이제 dy_p/dx와 y_p를 원식에 대입하면 다음과 같다.

$$a\cos x - b\sin x + 3(a\sin x + b\cos x) = \sin x$$

이 식을 정리해보자.

$$(3a - b)\sin x + (a + 3b)\cos x = \sin x$$

이 식에서 다음의 연립방정식을 얻는다.

$$3a - b = 1$$

$$a + 3b = 0$$

이 연립방정식을 풀면 $a = 0.3$과 $b = -0.1$을 얻는다. 따라서 특수해는 다음과 같다.

$$y_p = 0.3\sin x - 0.1\cos x$$

이 특수해의 진폭과 위상의 변형을 구해보기로 한다. 먼저 진폭을 구하기 위하여 다음과 같이 미분하여 기울기가 0인 각도를 구한다.

$$y_p' = 0.3\cos x + 0.1\sin x = 0$$

$$0.3\cos x = -0.1\sin x \rightarrow \tan x = -3 \rightarrow x = -71.565^\circ$$

기울기가 0일 때의 y는 다음과 같다.

$$y = 0.3\sin(-71.565) - 0.1\cos(-71.565) = -0.31049$$

따라서 특수해는 다음과 같이 진폭과 위상의 변형을 나타낼 수 있다.

$$y_p = 0.3\sin x - 0.1\cos x = 0.31049\sin(x - 18.435^\circ)$$

진폭은 1에서 0.31049로 변형되었고, 위상은 0° 에서 18.435° 로 지연되었다. 따라서 지금까지 구한 완전해는 다음과 같다.

$$y = y_f + y_p = ce^{-3x} + 0.3\sin x - 0.1\cos x = ce^{-3x} + 0.31049\sin(x - 18.435°)$$

8.3.1 인덕터가 사용된 일반 1계 LCCDE 시스템

그림 8-6의 저항과 인덕터로 이루어진 시스템을 해석해보기로 한다.

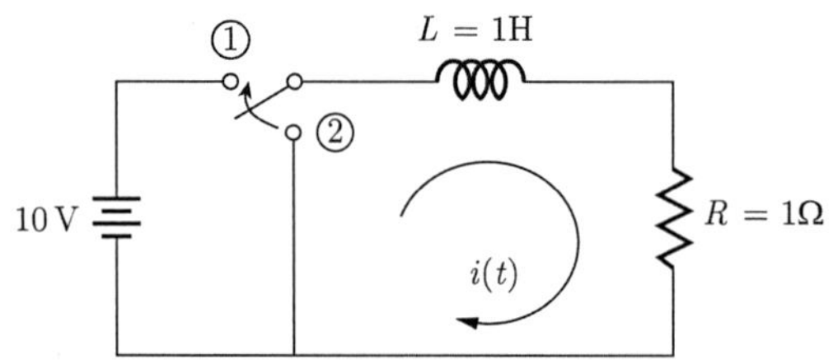

| 그림 8-6 | 저항과 인덕터로 구성된 시스템

이 시스템에서 $t = 0$에서 스위치가 ②에서 ①로 전환되었다. 이 시스템의 독립변수는 시간 t이다. 이 시스템의 LCCDE는 다음과 같다.

$$L\frac{di(t)}{dt} + Ri(t) = 10$$

인덕터는 전선을 감은 코일로 만들 수 있으며 인덕터에 걸리는 전압은 전류의 변화량(미분)에 비례한다. 그리고 비례상수를 인덕턴스 L이라고 하며 단위는 H(헨리)이다. 저항 R의 단위는 Ω(오옴)이다. 1계 LCCDE의 기본형은 $di(t)/dt$의 계수가 1이다. 따라서 위의 미분방정식은 다음과 같은 기본형으로 나타낼 수 있다.

$$\frac{di(t)}{dt} + \frac{R}{L}i(t) = \frac{10}{L}$$

앞의 예제에서 보았듯이 이 LCCDE의 기본해는 다음과 같다.

$$i_f(t) = ce^{-\frac{R}{L}t}$$

이제 특수해 $i_p(t)$를 구해보자. 인가된 입력이 상수이므로 $i_p(t)$를 다음과 같이 상수로 가정한다.

$$i_p(t) = a \;\Rightarrow\; \frac{di_p(t)}{dt} = 0$$

이 결과를 미분방정식에 대입하면 다음과 같다($R = 1\Omega,\; L = 1H$).

$$0 + \frac{R}{L}a = \frac{10}{L} \quad\Rightarrow\; a = \frac{10}{R} \quad\therefore\; i_p(t) = \frac{10}{R} = 10$$

따라서 임의의 상수가 포함된 완전해는 다음과 같다.

$$i(t) = i_f(t) + i_p(t) = ce^{-t} + 10$$

전류의 초기값은 $i(0) = 0$이므로 이를 사용하면 c를 구할 수 있다.

$$0 = ce^{-1\times 0} + 10 \quad\therefore\; c = -10$$

따라서 이 시스템의 완전해는 다음과 같다.

$$i(t) = i_p(t) + i_f(t) = 10(1 - e^{-t})$$

이 완전해를 그래프로 나타내면 다음과 같다.

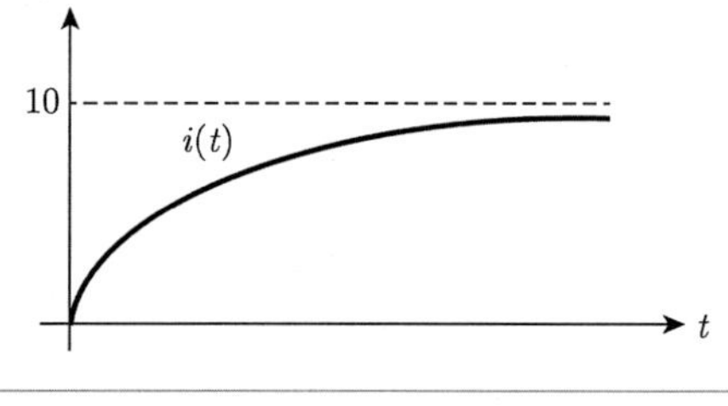

┃그림 8-7┃ 시스템의 해(전류의 변화)

이 해를 사용하여 1초 후의 전류를 구하면 다음과 같다.

$$i(1) = 10(1 - e^{-1}) = 10(1 - 0.3679) = 10 \times 0.6321 = 6.321\,A$$

예제 앞의 시스템에서 저항을 조명등이라고 하자. 스위치가 $t=0$에서 ②에서 ①로 전환되었다. 2초 후의 조명의 밝기는 최대 밝기의 몇 %인가?

풀이 2초 후의 전류는 다음과 같다.

$$i(2)=10(1-e^{-2})=10(1-0.1353)=10\times 0.8647=8.647\,A$$

이와 같이 2초 후에 전류는 최댓값의 86.47%까지 증가한다. 저항에 걸린 전압도 전류에 비례하므로 2초 후에 전압도 86.47%로 증가한다. 따라서 조명의 밝기도 2초 후에 최댓값의 86.47%가 된다.

인덕터가 사용된 저역통과필터

이번에는 다음 그림과 같은 저항과 인덕터로 구성된 시스템의 미분방정식을 구하고 특수해를 구해보기로 하자(초기조건은 0으로 가정).

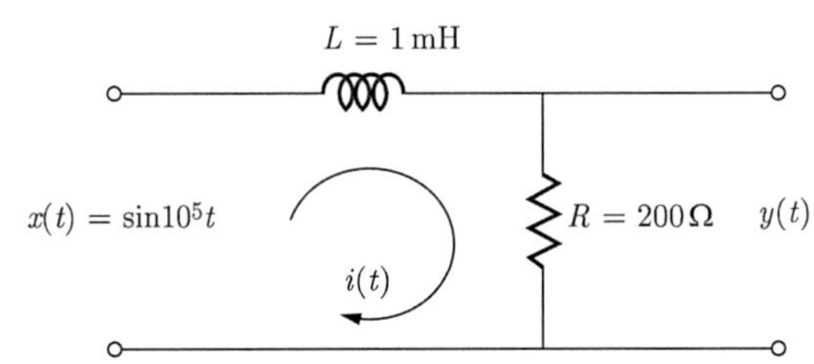

| 그림 8-8 | 저항과 인덕터의 1계 LCCDE 시스템

이 시스템에서 독립변수는 시간 t이고 입력, 출력, 전류는 각각 $x(t)$, $y(t)$, $i(t)$라고 하자. 이제 이 시스템의 미분방정식을 만들고 특수해를 구해보자. 이 회로에서 먼저 다음의 미분방정식을 만들 수 있다.

$$L\frac{di(t)}{dt}+Ri(t)=x(t)$$

그런데 출력 $y(t)$를 구하는 것이 목적이므로 $y(t)$에 대한 미분방정식으로 바꿔야한다. 즉,

$$y(t)=Ri(t)\ \Rightarrow\ \frac{dy(t)}{dt}=R\frac{di(t)}{dt}\qquad \therefore\ \frac{L}{R}\frac{dy(t)}{dt}+y(t)=x(t)$$

미분방정식에서 $dy(t)/dt$의 계수가 1이 되어야 하므로 다음의 미분방정식을 얻는다.

$$\frac{dy(t)}{dt}+\frac{R}{L}y(t)=\frac{R}{L}x(t)$$

이 예제에서 저항은 $R=200\Omega$이고 인덕턴스는 $L=1\,\mathrm{mH}=10^{-3}\,\mathrm{H}$이므로 실제의 LCCDE는 다음과 같다.

$$\frac{R}{L}=\frac{200}{10^{-3}}=2\times10^5 \;\Rightarrow\; \frac{dy(t)}{dt}+2\times10^5y(t)=2\times10^5x(t)$$

입력은 $x(t)=\sin 10^5t$이므로 이를 대입하면 최종 미분방정식은 다음과 같다.

$$\frac{dy(t)}{dt}+2\times10^5y(t)=2\times10^5\sin10^5t$$

이제 특수해를 구해보자. 입력이 $\sin10^5t$이므로 특수해를 다음과 같이 가정한다.

$$y_p(t)=a\sin10^5t+b\cos 10^5t$$

이와 같이 주파수는 변하지 않고 단지 크기만 바뀐 $\sin10^5t$와 $\cos10^5t$의 가중합의 신호가 출력된다고 가정한다. 이 가정한 출력의 실제 값 a와 b는 다음과 같이 구한다.

$$\frac{dy_p(t)}{dt}=10^5a\cos 10^5t-10^5b\sin10^5t$$

이제 $dy_p(t)/dt$와 $y_p(t)$를 원식에 대입하면 다음과 같다.

$$10^5a\cos10^5t-10^5b\sin10^5t+2\times10^5(a\sin10^5t+b\cos10^5t)=2\times10^5\sin10^5t$$

위의 식을 정리하면 다음과 같다.

$$(2\times10^5a-10^5b)\sin10^5t+(10^5a+2\times10^5b)\cos10^5t=2\times10^5\sin10^5t$$

이 식에서 다음과 같은 연립방정식을 얻는다.

$$\begin{cases}2\times10^5a-10^5b=2\times10^5\\10^5a+2\times10^5b=\quad 0\end{cases} \Rightarrow \begin{cases}2a-b=2\\a+2b=0\end{cases} \quad \therefore a=0.8,\; b=-0.4$$

따라서 특수해 $y_p(t)$는 다음과 같다.

$$y_p(t) = 0.8\sin 10^5 t - 0.4\cos 10^5 t$$

이 예제의 특수해는 다음 그림과 같다.

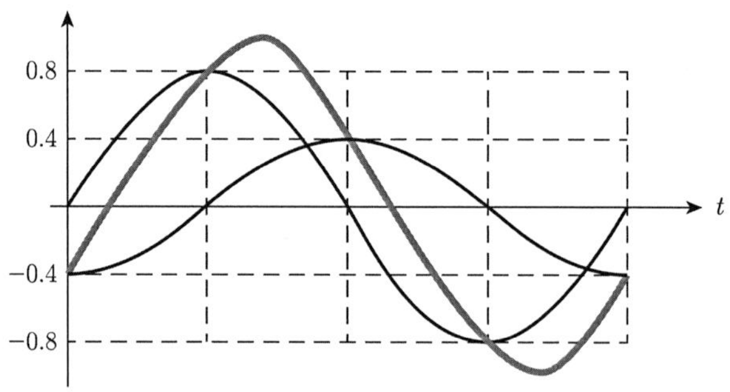

▎그림 8-9▐ 이 예제의 특수해

위의 특수해의 그래프에서 정확한 진폭과 위상을 구해보기로 한다. 먼저 극댓값이나 극솟값을 구하기 위하여 다음과 같이 미분한다.

$$y_p{}' = 0.8\times 10^5 \cos 10^5 t + 0.4\times 10^5 \sin 10^5 t = 0$$

$$0.8\times 10^5 \cos 10^5 t = -0.4\times 10^5 \sin 10^5 t \rightarrow \tan 10^5 t = -2 \rightarrow 10^5 t = -63.435^\circ$$

기울기가 0일 때의 y는 다음과 같다.

$$y = 0.8\sin(-63.435) - 0.4\cos(-63.435) = -0.89443$$

따라서 특수해는 다음과 같이 진폭과 위상의 변형을 나타낼 수 있다.

$$y_p = 0.8\sin 10^5 t - 0.4\cos 10^5 t = 0.89443\sin(10^5 t - 26.565^\circ)$$

입력의 진폭 1은 출력의 진폭 0.89443으로 변형되었고, 위상은 0°에서 26.565°로 지연되었다.

이번에는 지난 예제와 똑 같은 시스템에서 다음 그림과 같이 입력신호의 주파수를 10배로 높여보기로 한다.

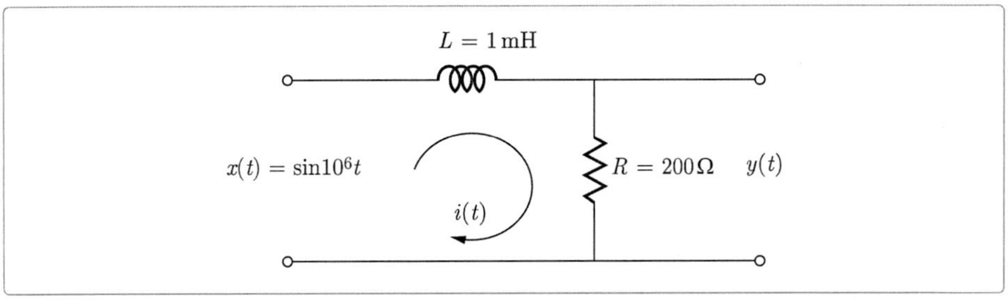

▌그림 8-10▐ 저항과 인덕터의 1계 LCCDE 시스템

이제 이 시스템의 특수해를 구해보자. 이전 예제와 같은 시스템이므로 미분방정식을 다시 불러오면 다음과 같다.

$$\frac{dy(t)}{dt}+2\times 10^5 y(t)=2\times 10^5 x(t)$$

입력은 $x(t)=\sin 10^6 t$이므로 이를 대입하면 최종 미분방정식은 다음과 같다.

$$\frac{dy(t)}{dt}+2\times 10^5 y(t)=2\times 10^5 \sin 10^6 t$$

이제 특수해를 구해보자. 입력이 $\sin 10^6 t$이므로 이에 대한 특수해를 다음과 같이 가정한다.

$$y_p(t)=a\sin 10^6 t+b\cos 10^6 t$$

이와 같이 주파수는 변하지 않고 단지 크기만 바뀐 $\sin 10^6 t$와 $\cos 10^6 t$의 가중합의 신호가 출력된다고 가정한다. 이 가정한 출력의 실제 값 a와 b는 다음과 같이 구한다.

$$\frac{dy_p(t)}{dt}=10^6 a\cos 10^6 t-10^6 b\sin 10^6 t$$

이제 $dy_p(t)/dt$와 $y_p(t)$를 원식에 대입하면 다음과 같다.

$$10^6 a\cos 10^6 t-10^6 b\sin 10^6 t+2\times 10^5(a\sin 10^6 t+b\cos 10^6 t)=2\times 10^5 \sin 10^6 t$$

이 식을 정리하면 다음과 같다.

$$(2\times 10^5 a-10^6 b)\sin 10^6 t+(10^6 a+2\times 10^5 b)\cos 10^6 t=2\times 10^5\sin 10^6 t$$

이 식에서 다음과 같은 연립방정식을 얻는다.

$$\begin{cases}2\times 10^5 a-10^6 b=2\times 10^5\\ 10^6 a+2\times 10^5 b=\quad 0\end{cases}\Rightarrow\begin{cases}2a-10b=2\\ 10a+2b=0\end{cases}\quad\therefore a=0.03846,\ b=-0.1923$$

따라서 특수해 $y_p(t)$는 다음과 같다.

$$y_p(t)=0.03846\sin 10^6 t-0.1923\cos 10^6 t$$

위의 특수해의 정확한 진폭과 위상을 구해보기로 한다. 먼저 극댓값이나 또는 극솟값을 구하기 위하여 다음과 같이 미분한다.

$$y_p{}'=0.03846\times 10^6\cos 10^6 t+0.1923\times 10^6\sin 10^6 t=0$$

$$0.03846\times 10^6\cos 10^6 t=-0.1923\times 10^6\sin 10^6 t$$

$$\rightarrow\tan 10^6 t=-0.2\ \rightarrow 10^6 t=-11.31^\circ$$

기울기가 0일 때의 y는 다음과 같다.

$$y=0.03846\sin(-11.31)-0.1923\cos(-11.31)=-0.1961$$

따라서 특수해는 다음과 같이 진폭과 위상의 변형을 나타낼 수 있다.

$$y_p(t)=0.03846\sin 10^6 t-0.1923\cos 10^6 t=0.1961\sin(x-78.69^\circ)$$

입력의 진폭 1은 출력의 진폭 0.1961로 변형되었고, 위상은 0°에서 78.69°로 지연되었다.

앞의 두 예제를 통하여 $\sin 10^5 t$의 주파수에 대한 응답은 0.89443으로 상대적으로 크고 $\sin 10^6 t$에 대한 응답은 0.1961로 상대적으로 작음을 알 수 있다. 이와 같이 상대적으로 낮은 주파수는 통과시키고 상대적으로 높은 주파수는 억제시키는 시스템을 저역통과 필터(Low-Pass Filter, LPF)라고 부른다.

8.3.2 커패시터가 사용된 일반 1계 LCCDE 시스템

커패시터가 사용된 저역통과필터

이번에는 다음 그림과 같은 저항과 커패시터로 구성된 시스템의 미분방정식을 구하고 특수해를 구해보기로 한다(초기조건은 0으로 가정).

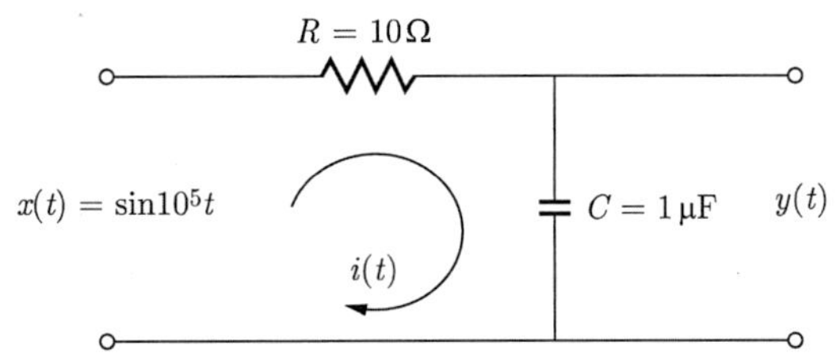

| 그림 8-11 | 저항과 커패시터의 1계 LCCDE 시스템

이 시스템에서 입력, 출력, 전류를 각각 $x(t)$, $y(t)$, $i(t)$라고 하자. 먼저 이 시스템의 미분방정식을 다음과 같이 만들 수 있다.

$$Ri(t) + y(t) = x(t)$$

커패시터(capacitor)는 두 개의 전극 판 사이에 절연물질을 넣어서 만든 전기 소자로서 인덕터와 같이 널리 사용되는 소자이다. 커패시터의 물리적인 성질은 커패시터에 흐르는 전류가 커패시터에 걸리는 전압의 미분에 비례한다는 성질이다. 따라서 위의 회로에서 다음과 같이 나타낼 수 있다.

$$i(t) = C\frac{dy(t)}{dt}$$

이때의 비례상수를 커패시턴스라고 부르고 C로 표기하며 단위는 F(파라드)이다. 커패시터의 이 성질을 사용하여 $y(t)$에 대한 미분방정식으로 표현하면 다음과 같다.

$$RC\frac{dy(t)}{dt} + y(t) = x(t)$$

$dy(t)/dt$의 계수를 1로 만들면 다음의 미분방정식을 얻는다.

$$\frac{dy(t)}{dt}+\frac{1}{RC}y(t)=\frac{1}{RC}x(t)$$

이 예제에서 저항은 $R=10\Omega$이고 커패시턴스는 $C=1\mu\mathrm{F}=10^{-6}\mathrm{F}$이므로 $1/RC$의 값은 다음과 같다.

$$\frac{1}{RC}=\frac{1}{10\times 10^{-6}}=10^{5}$$

이 값을 대입하면 미분방정식은 다음과 같다.

$$\frac{dy(t)}{dt}+10^{5}y(t)=10^{5}x(t)$$

이 예제에서 입력이 $x(t)=\sin 10^{5}t$이므로 이를 대입한 최종 미분방정식은 다음과 같다.

$$\frac{dy(t)}{dt}+10^{5}y(t)=10^{5}\sin 10^{5}t$$

이제부터 특수해를 구해보자. 입력이 $\sin 10^{5}t$이므로 이에 대한 특수해를 다음과 같이 가정한다.

$$y_p(t)=a\sin 10^{5}t+b\cos 10^{5}t$$

이와 같이 주파수는 변하지 않고 단지 크기만 바뀐 $\sin 10^{5}t$와 $\cos 10^{5}t$의 가중합의 신호가 출력된다고 가정한다. 이 가정한 출력의 실제 값 a와 b는 다음과 같이 구한다.

$$\frac{dy_p(t)}{dt}=10^{5}a\cos 10^{5}t-10^{5}b\sin 10^{5}t$$

이제 $dy_p(t)/dt$와 $y_p(t)$를 미분방정식에 대입하면 다음과 같다.

$$10^{5}a\cos 10^{5}t-10^{5}b\sin 10^{5}t+10^{5}(a\sin 10^{5}t+b\cos 10^{5}t)=10^{5}\sin 10^{5}t$$

위의 식을 정리하면 다음과 같다.

$$(10^{5}a-10^{5}b)\sin 10^{5}t+(10^{5}a+10^{5}b)\cos 10^{5}t=10^{5}\sin 10^{5}t$$

이 식에서 다음과 같은 연립방정식을 얻는다.

$$\begin{cases} 10^5 a - 10^5 b = 10^5 \\ 10^5 a + 10^5 b = \ 0 \end{cases} \Rightarrow \begin{cases} a - b = 1 \\ a + b = 0 \end{cases} \quad \therefore a = 0.5,\ b = -0.5$$

따라서 특수해 $y_p(t)$는 다음과 같다.

$$y_p(t) = 0.5 \sin 10^5 t - 0.5 \cos 10^5 t$$

이 예제의 특수해를 그래프로 나타내면 다음 그림과 같다.

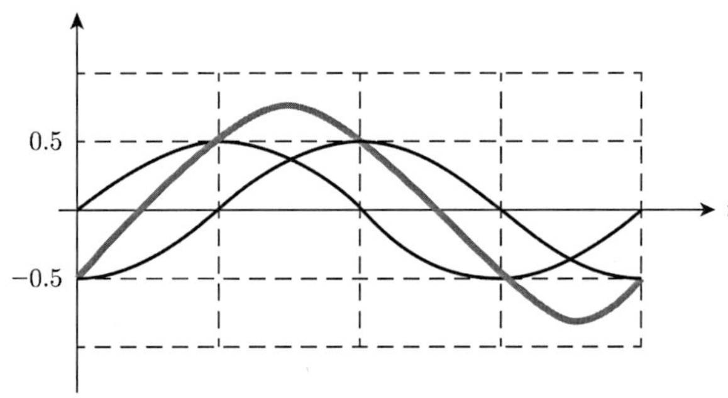

| 그림 8-12 | 이 예제의 특수해

위의 특수해 그래프에서 정확한 진폭과 위상을 구해보기로 한다. 먼저 극댓값 또는 극솟값을 구하기 위하여 다음과 같이 미분한다.

$$y_p' = 0.5 \times 10^5 \cos 10^5 t + 0.5 \times 10^5 \sin 10^5 t = 0$$

$$0.5 \times 10^5 \cos 10^5 t = -0.5 \times 10^5 \sin 10^5 t \rightarrow \tan 10^5 t = -1 \rightarrow 10^5 t = -45^\circ$$

기울기가 0일 때의 y는 다음과 같다.

$$y = 0.5 \sin(-45) - 0.5 \cos(-45) = -0.7071$$

따라서 특수해는 다음과 같이 나타낼 수 있다.

$$y_p = 0.5 \sin 10^5 t - 0.5 \cos 10^5 t = 0.7071 \sin(10^5 t - 45^\circ)$$

입력의 진폭 1은 출력의 진폭 0.7071로 변형되었고, 위상은 0°에서 45°로 지연되었다.

이번에는 이전 예제와 같은 시스템에서 입력의 주파수만 10배로 증가시킨 다음의 시스템에서 미분방정식과 특수해를 구해보기로 한다.

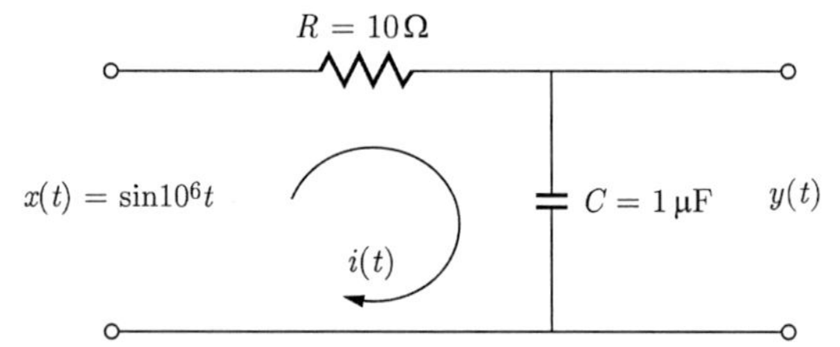

▍그림 8-13 ▍ 저항과 커패시터의 1계 LCCDE 시스템

이전 시스템과 같은 시스템이므로 이전에 구한 미분방정식을 불러오면 다음과 같다.

$$\frac{dy(t)}{dt} + 10^5 y(t) = 10^5 x(t)$$

입력은 10배로 빠라진 $x(t) = \sin 10^6 t$이므로 이를 대입한 최종 미분방정식은 다음과 같다.

$$\frac{dy(t)}{dt} + 10^5 y(t) = 10^5 \sin 10^6 t$$

이 미분방정식의 특수해를 다음과 같이 가정한다.

$$y_p(t) = a \sin 10^6 t + b \cos 10^6 t$$

계수 a와 b를 구하기 위하여 먼저 $y_p(t)$를 다음과 같이 미분한다.

$$\frac{dy_p(t)}{dt} = 10^6 a \cos 10^6 t - 10^6 b \sin 10^6 t$$

이제 $dy_p(t)/dt$와 $y_p(t)$를 원식에 대입하면 다음과 같다.

$$10^6 a\cos 10^6 t - 10^6 b\sin 10^6 t + 10^5[a\sin 10^6 t + b\cos 10^6 t] = 10^5 \sin 10^6 t$$

위의 식을 정리하면 다음과 같다.

$$(10^5 a - 10^6 b)\sin 10^6 t + (10^6 a + 10^5 b)\cos 10^6 t = 10^5 \sin 10^6 t$$

위의 식으로부터 계수 비교를 통하여 다음과 같은 연립방정식을 얻는다.

$$\begin{cases} 10^5 a - 10^6 b = 10^5 \\ 10^6 a + 10^5 b = \ 0 \end{cases} \Rightarrow \begin{cases} a - 10b = 1 \\ 10a + b = 0 \end{cases} \quad \therefore a = 0.01,\ \ b = -0.099$$

따라서 특수해 $y_p(t)$는 다음과 같다.

$$y_p(t) = 0.01\sin 10^6 t - 0.099\cos 10^6 t$$

위의 특수해에서 정확한 진폭과 위상을 구해보기로 한다. 먼저 극댓값이나 극솟값을 구하기 위하여 다음과 같이 미분한다.

$$y_p{}' = 0.01 \times 10^6 \cos 10^6 t + 0.099 \times 10^6 \sin 10^6 t = 0$$

$$0.01 \times 10^6 \cos 10^6 t = -0.099 \times 10^6 \sin 10^6 t \rightarrow \tan 10^6 t = -0.101 \rightarrow 10^5 t = -5.767^\circ$$

기울기가 0일 때의 y는 다음과 같다.

$$y = 0.01\sin(-5.767^\circ) - 0.099\cos(-5.767^\circ) = -0.099$$

따라서 특수해는 다음과 같이 진폭과 위상의 변형을 나타낼 수 있다.

$$y_p = 0.01\sin x - 0.099\cos x = 0.099\sin(x - 84.233^\circ)$$

입력의 진폭 1은 출력의 진폭 0.099로 변형되었고, 위상은 0°에서 84.233°로 지연되었다.

앞의 두 예제를 통하여 $\sin 10^5 t$의 주파수에 대한 응답은 0.7071로 상대적으로 크고 $\sin 10^6 t$에 대한 응답은 0.099로 상대적으로 작음을 알 수 있다. 이와 같이 상대적으로 낮은 주파수는 통과시키고 상대적으로 높은 주파수는 억제시키므로 이 시스템의 역할은 저역통과 필터이다.

지금까지 미분방정식으로 나타내어지는 시스템에서 입력이 삼각함수인 경우에 대하여 특수해를 구하는 방법에 대하여 알아보았다. 시스템의 입력이 삼각함수, 지수함수, 다항함수인 경우에는 비교적 쉽게 미분방정식의 특수해를 구할 수 있다. 이와 같은 여러 가지 입력에 대하여 특수해를 구하는 방법은 8.5절의 일반 2계 LCCDE에서 다루기로 한다.

8.4 동차 2계 LCCDE

2계 LCCDE(상계수 선형미분방정식)의 기본형은 다음과 같다.

$$\frac{d^2y}{dx^2}+a_1\frac{dy}{dx}+a_2y=g(x)$$

이 LCCDE가 나타내는 시스템에서 입력이 $g(x)$이고 출력은 y이다. 이 미분방정식에서 다음과 같이 $g(x)=0$인 경우를 동차 2계 LCCDE라고 한다.

$$\frac{d^2y}{dx^2}+a_1\frac{dy}{dx}+a_2y=0$$

이 동차 LCCDE는 입력이 없으므로 오직 초기 조건에 의한 기본해(또는 ZIR)만 존재한다. 이 동차 2계 LCCDE의 기본해를 구해보자.

이 미분방정식의 해 y는 무엇일까? 어느 함수와 그 함수의 미분, 그리고 2번 미분한 것을 더해서 0이 되는 함수는 무엇일까? 다음 함수가 가능하지 않을까?

$$y=e^{mx}$$

이 지수함수의 미분과 2번 미분은 다음과 같이 역시 지수함수이기 때문이다.

$$\frac{dy}{dx}=me^{mx},\quad \frac{d^2y}{dx^2}=m^2e^{mx}$$

이 관계식을 2계 미분방정식에 대입하면 다음과 같다.

$$m^2e^{mx}+a_1me^{mx}+a_2e^{mx}=0$$

$$(m^2+a_1m+a_2)e^{mx}=0$$

위의 식에서 다음이 만족되어야 한다.

$$m^2 + a_1 m + a_2 = 0$$

위의 2차방정식이 2개의 실근 m_1과 m_2를 갖고 있는 경우에는 다음 2개의 예측은 실제의 해가 된다.

$$y_1 = e^{m_1 x}, \quad y_2 = e^{m_2 x}$$

위의 해는 특수한 경우이고 다음의 해가 일반적인 해가 된다.

$$y_1 = c_1 e^{m_1 x}, \quad y_2 = c_2 e^{m_2 x}$$

이는 2개의 초기 조건이 있음을 나타내고 있다. 첫 번째의 초기 조건에 의해 y_1이 나타나고, 또 다른 두 번째의 초기 조건에 의해 y_2가 나타났다면 2개의 초기 조건이 함께 존재하면 해는 다음과 같다.

$$y = c_1 e^{m_1 x} + c_2 e^{m_2 x}$$

위와 같은 형태의 해를 갖게 되는 것은 이 미분방정식이 선형미분방정식이므로 덧셈 성질을 갖고 있기 때문이다.

그런데 다음의 방정식이 두 개의 실근을 갖고 있는 경우만 있는 것은 아니다.

$$m^2 + a_1 m + a_2 = 0$$

위의 식을 특성방정식(characteristic equation)이라고 부른다. 이 특성방정식이 다음과 같이 허근을 갖는 경우에는 해가 어떻게 되는지 알아보기로 한다.

$$m_1 = p + jq, \quad m_2 = p - jq$$

이 경우에는 해가 다음과 같다.

$$\begin{aligned} y &= d_1 e^{(p+jq)x} + d_2 e^{(p-jq)x} \\ &= d_1 e^{px} e^{jqx} + d_2 e^{px} e^{-jqx} \\ &= e^{px}(d_1 e^{jqx} + d_2 e^{-jqx}) \end{aligned}$$

$$= e^{px}[d_1(\cos qx + j\sin qx) + d_2(\cos qx - j\sin qx)]$$

$$= e^{px}[(d_1 + d_2)\cos qx + j(d_1 - d_2)\sin qx]$$

$$= e^{px}(c_1\cos qx + c_2\sin qx)$$

마지막으로 특성방정식이 다음과 같이 중근을 갖고 있는 경우의 해를 알아보기로 한다.

$$m^2 + 6m + 9 = 0$$

이 특성방정식의 중근은 다음과 같다.

$$(m+3)^2 = 0, \quad m = -3$$

따라서 하나의 해는 다음과 같다.

$$y_1 = e^{-3x}$$

그러면 또 하나의 해는 무엇일까? 또 다른 해를 다음과 같이 가정해 보자.

$$y_2 = xe^{-3x}$$

이 y_2의 미분과 2번 미분은 각각 다음과 같다.

$$\frac{dy_2}{dx} = e^{-3x} - 3xe^{-3x} = (1-3x)e^{-3x}$$

$$\frac{d^2y_2}{dx^2} = -3e^{-3x} - 3(1-3x)e^{-3x} = (-6+9x)e^{-3x}$$

이 관계식을 2계 미분방정식에 대입하면 다음과 같이 0이 된다.

$$(-6+9x)e^{-3x} + 6(1-3x)e^{-3x} + 9xe^{-3x}$$

$$= (-6+9x+6-18x+9x)e^{-3x} = 0$$

따라서 $y_2 = xe^{-3x}$도 해가 되므로 다음의 2개는 실제의 해가 된다.

$$y_1 = e^{-3x}, \quad y_2 = xe^{-3x}$$

위의 해는 특수한 경우이고 다음의 해가 일반적인 해가 된다.

$$y_1 = c_1 e^{-3x}, \quad y_2 = c_2 c e^{-3x}$$

이 LCCDE는 선형시스템이므로 해는 다음과 같다.

$$y = c_1 e^{-3x} + c_2 x e^{-3x}$$

지금까지 기술한 3가지 특성방정식의 경우를 요약하면 다음과 같다.

(1) 2개의 실근 m_1, m_2 : $y = c_1 e^{m_1 x} + c_2 e^{m_2 x}$

(2) 2개의 허근 $p+jq, p-jq$: $y = e^{px}(c_1 \cos qx + c_2 \sin qx)$

(3) 중근 m : $y = c_1 e^{mx} + c_2 x e^{mx}$

8.5 일반 2계 LCCDE

일반 2계 LCCDE(상계수 선형미분방정식)의 기본형은 다음과 같다.

$$\frac{d^2 y}{dx^2} + a_1 \frac{dy}{dx} + a_2 y = g(x)$$

이 절에서는 이 일반 2계 LCCDE의 일반해를 구하는 방법을 알아보기로 한다. 일반 1계 LCCDE의 시스템과 마찬가지로 이 LCCDE가 나타내는 시스템도 2개의 출력이 나타난다.

① 첫 번째 출력은 입력 $g(x)$를 0으로 가정하고 오직 초기 조건에 의해 나타나는 출력이다. 이를 기본해(fundamental solution)라고 부른다(또는 ZIR라고 부르기도 한다).

② 두 번째 출력은 초기 조건은 0으로 가정하고 오직 이 시스템에 입력된 $g(x)$에 의해 나타나는 출력이다. 이를 특수해(particular solution)라고 부른다(또는 ZSR라고 부르기도 한다).

③ 기본해와 특수해를 더하면 완전해가 된다.

④ 초기 조건이 주어진 경우에는 초기조건을 사용하여 미지의 계수를 결정할 수 있다.

기본해를 구하는 방법은 전 절의 동차 2계 LCCDE에서 다루었으므로 여기에서는 여러 가지의 $g(x)$에 따른 특수해를 구하는 방법을 알아보도록 한다. 가장 널리 사용되는 방법으로서 미정계수법이 있다. 이 방법은 특수해를 들어온 입력과 비슷한 형태로 가정하여 해를 구하는 방법이다.

$g(x)$가 다항함수인 경우

다음의 초기조건이 주어진 예를 통해 완전해를 구하는 방법을 알아본다.

$$\frac{d^2y}{dx^2}+3\frac{dy}{dx}+2y=4x^2, \quad y_0=1, \quad y_0{}'=2$$

① 기본해

기본해를 구하기 위한 특성방정식은 다음과 같다.

$$m^2+3m+2=0, \qquad m_1=-1, \; m_2=-2$$

따라서 기본해는 다음과 같다.

$$y_{f=c_1}e^{-x}+c_2e^{-2x}$$

② 특수해

이제 특수해를 구해보자. 이 시스템에 $4x^2$의 입력이 들어오므로 같은 차수의 출력이 나타나게 된다. 따라서 특수해를 다음과 같이 가정한다.

$$y_p=k_1x^2+k_2x+k_3$$

가정된 y_p의 미분과 2번 미분은 각각 다음과 같다.

$$\frac{dy_p}{dx}=2k_1x+k_2, \quad \frac{d^2y_p}{dx^2}=2k_1$$

위의 결과를 LCCDE에 대입하여 정리하면 다음과 같다.

$$2k_1+3(2k_1x+k_2)+2(k_1x^2+k_2x+k_3)=4x^2$$

$$2k_1x^2+(6k_1+2k_2)x+(2k_1+3k_2+2k_3)=4x^2$$

좌변과 우변의 계수를 비교하면 다음의 3원1차 연립방정식을 얻는다.

$$2k_1 = 4$$

$$6k_1 + 2k_2 = 0$$

$$2k_1 + 3k_2 + 2k_3 = 0$$

이 연립방정식을 풀면 다음의 결과를 얻는다.

$$k_1 = 2,\ \ k_2 = -6,\ \ k_3 = 7$$

따라서 다음의 특수해를 구할 수 있다.

$$y_p = 2x^2 - 6x + 7$$

③ 완전해

지금까지 구한 기본해와 특수해를 더한 완전해는 다음과 같다.

$$y = y_f + y_p = c_1 e^{-x} + c_2 e^{-2x} + 2x^2 - 6x + 7$$

④ 초기조건을 반영한 완전해

초기조건을 이용하여 다음의 식을 얻는다.

$$y_0 = c_1 + c_2 + 7 = 1$$

$$y_0{}' = -c_1 - 2c_2 - 6 = 2$$

이 연립방정식을 풀면 $c_1 = -4$와 $c_2 = -2$를 얻는다. 따라서 초기조건을 반영한 완전해는 다음과 같다.

$$y = y_f + y_p = -4e^{-x} - 2e^{-2x} + 2x^2 - 6x + 7$$

$g(x)$가 삼각함수인 경우

이번에는 $g(x)$가 $p\sin qx$나 $p\cos qx$와 같은 삼각함수인 경우에 특수해를 구하는 방법에 대하여 알아본다. 이런 경우 특수해는 1계 LCCDE의 경우와 마찬가지로 sin과 cos의 가중합으로 가정한다. 예를 들면 $g(x) = p\sin qx$가 입력된 경우의 출력은 진폭과 위상이 변화되어 출력되며 주파수 q는 바뀌지 않으므로 $y_p = a\sin qx + b\cos qx$로 가정한다. 다음 예제의 LCCDE를 통하여 완전해를 구하는 방법을 알아보기로 한다.

$$\frac{d^2y}{dx^2} + 3\frac{dy}{dx} + 2y = 3\cos 2x, \quad y_0 = 1, \quad y_0{}' = 2$$

① 기본해

기본해를 구하기 위한 특성방정식은 다음과 같다.

$$m^2 + 3m + 2 = 0, \qquad m_1 = -1, \ m_2 = -2$$

따라서 기본해는 다음과 같다.

$$y_{f=c_1} e^{-x} + c_2 e^{-2x}$$

② 특수해

이제 특수해를 다음과 같이 가정하고 a와 b를 구해보자.

$$y_p = a\sin 2x + b\cos 2x$$

위의 y_p의 미분과 2번 미분은 각각 다음과 같다.

$$\frac{dy_p}{dx} = 2a\cos 2x - 2b\sin 2x, \quad \frac{d^2y_p}{dx^2} = -4a\sin 2x - 4b\cos 2x$$

이 결과를 LCCDE에 대입하여 정리하면 다음과 같다.

$$-4a\sin 2x - 4b\cos 2x + 3(2a\cos 2x - 2b\sin 2x) + 2(a\sin 2x + b\cos 2x) = 3\cos 2x$$

$$(-4a - 6b)\sin 2x + (6a - 4b)\cos 2x = 3\cos 2x$$

좌변과 우변의 계수를 비교하면 다음의 2원1차 연립방정식을 얻는다.

$$-4a - 6b = 0$$

$$6a - 4b = 3$$

이 연립방정식을 풀면 다음의 결과를 얻는다.

$$a = \frac{9}{26},\ b = -\frac{3}{13}$$

따라서 다음의 특수해를 구할 수 있다.

$$y_p = \frac{9}{26}\sin 2x - \frac{3}{13}\cos 2x$$

③ 완전해

지금까지 구한 기본해와 특수해를 더한 완전해는 다음과 같다.

$$y = y_f + y_p = c_1 e^{-x} + c_2 e^{-2x} + \frac{9}{26}\sin 2x - \frac{3}{13}\cos 2x$$

④ 초기조건을 반영한 완전해

초기조건을 이용하여 다음의 식을 얻는다.

$$y_0 = c_1 + c_2 - \frac{3}{13} = 1$$

$$y_0{}' = -c_1 - 2c_2 + \frac{18}{26} = 2$$

이 연립방정식을 풀면 $c_1 = 49/13$와 $c_2 = -33/13$를 얻는다. 따라서 초기조건을 반영한 완전해는 다음과 같다.

$$y = y_f + y_p = \frac{49}{13}e^{-x} - \frac{33}{13}e^{-2x} + \frac{9}{26}\sin 2x - \frac{3}{13}\cos 2x$$

이번에는 다음 그림과 같은 저항, 인덕터, 커패시터로 구성된 시스템의 특수해를 구해보기로 한다(이 시스템에서 초기조건은 0으로 가정한다).

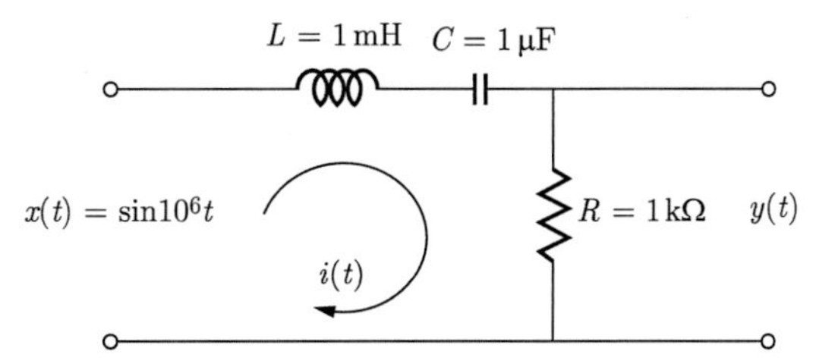

| 그림 8-14 | 저항, 인덕터, 커패시터로 구성된 시스템

키르히호프의 전압법칙을 사용하여 이 시스템의 미분방정식을 만들면 다음과 같다.

$$L\frac{di(t)}{dt}+\frac{1}{C}\int i(t)dt+Ri(t)=x(t)$$

적분기호를 없애기 위하여 양변을 미분하면 다음과 같다.

$$L\frac{d^2i(t)}{dt^2}+R\frac{di(t)}{dt}+\frac{1}{C}i(t)=\frac{dx(t)}{dt}$$

이 식에 $y(t)=Ri(t)$를 대입하면 다음의 식을 얻는다.

$$\frac{L}{R}\frac{d^2y(t)}{dt^2}+\frac{dy(t)}{dt}+\frac{1}{RC}y(t)=\frac{dx(t)}{dt}$$

$$\frac{d^2y(t)}{dt^2}+\frac{R}{L}\frac{dy(t)}{dt}+\frac{1}{LC}y(t)=\frac{R}{L}\frac{dx(t)}{dt}$$

위의 미분방정식의 계수는 각각 다음과 같다.

$$\frac{R}{L}=\frac{10^3}{10^{-3}}=10^6,\quad \frac{1}{LC}=\frac{1}{10^{-3}\times 10^{-6}}=10^9$$

계수를 대입한 최종 미분방정식은 다음과 같다.

$$\frac{d^2y(t)}{dt^2}+10^6\frac{dy(t)}{dt}+10^9y(t)=10^6\frac{dx(t)}{dt}$$

입력 $x(t)=\sin 10^6t$를 대입한 최종 미분방정식은 다음과 같다.

$$\frac{d^2y(t)}{dt^2}+10^6\frac{dy(t)}{dt}+10^9y(t)=10^{12}\cos 10^6t$$

이제 특수해를 다음과 같이 가정하고 a와 b를 구해보기로 한다.

$$y_p=a\sin 10^6t+b\cos 10^6t$$

위의 y_p의 미분과 2번 미분은 각각 다음과 같다.

$$\frac{dy_p}{dx} = 10^6 a\cos 10^6 t - 10^6 b\sin 10^6 t,$$

$$\frac{d^2 y_p}{dx^2} = -10^{12} a\sin 10^6 t - 10^{12} b\cos 10^6 t$$

위의 결과를 LCCDE에 대입하여 정리하면 다음과 같다.

$$-10^{12} a\sin 10^6 t - 10^{12} b\cos 10^6 t + 10^6 (10^6 a\cos 10^6 t - 10^6 b\sin 10^6 t)$$

$$+10^9 (a\sin 10^6 t + b\cos 10^6 t) = 10^{12}\cos 10^6 t$$

$$(-10^{12} a - 10^{12} b + 10^9 a)\sin 10^6 t + (10^{12} a - 10^{12} b + 10^9 b)\cos 10^6 t = 10^{12}\cos 10^6 t$$

좌변과 우변의 계수를 비교하면 다음의 2원1차 연립방정식을 얻는다.

$$-10^{12} a - 10^{12} b + 10^9 a = 0$$

$$10^{12} a - 10^{12} b + 10^9 b = 10^{12}$$

위의 연립방정식을 간단히 정리하면 다음과 같다.

$$999a + 1000b = 0$$

$$1000a - 999b = 1000$$

위의 연립방정식을 풀면 다음의 결과를 얻는다.

$$a \simeq 0.5, \quad b \simeq -0.5$$

따라서 특수해 $y_p(t)$는 다음과 같다.

$$y_p(t) = 0.5\sin 10^6 t - 0.5\cos 10^6 t$$

이 특수해의 정확한 진폭과 위상을 구해보기로 한다. 먼저 기울기가 0이 되는 각도를 구하기 위하여 다음과 같이 미분한다.

$$y_p{}' = 0.5\times 10^6\cos 10^6 t + 0.5\times 10^6\sin 10^6 t = 0$$

$$0.5\times 10^6\cos 10^6 t = -0.5\times 10^6\sin 10^6 t \rightarrow \tan 10^6 t = -1 \rightarrow 10^6 t = -45^\circ$$

$-45°$에서의 y는 다음과 같다.

$$y = 0.5\sin(-45^\circ) - 0.5\cos(-45^\circ) = -0.7071$$

따라서 특수해는 다음과 같이 진폭과 위상의 변형을 나타내고 있다.

$$y_p = 0.5\sin 10^6 t - 0.5\cos 10^6 t = 0.7071\sin(10^6 t - 45^\circ)$$

위의 특수해에서 보듯이 입력의 진폭 1은 출력의 진폭 0.7071로 변형되었고, 위상은 0°에서 45°로 지연되었다.

이 R, L, C 시스템은 어떤 역할을 하는 시스템일까? 위의 예제에서 하나의 주파수에 대한 진폭변화의 관찰로는 어떤 역할을 수행하는 시스템인지 판별할 수 없다. 그런데 이 시스템에 $\sin 10^6 t$보다 더 낮은 주파수의 신호를 입력시켜서 진폭을 구하면 진폭이 상대적으로 작아지고, $\sin 10^6 t$보다 더 높은 주파수의 신호를 입력시켜서 진폭을 구하면 역시 진폭이 상대적으로 작아지는 결과를 얻는다. 이와 같은 역할을 수행하는 시스템을 대역통과 필터(Band-Pass Filter, BPF)라고 정의한다.

$g(x)$가 지수함수인 경우

이번에는 $g(x)$가 지수함수인 경우에 특수해를 구하는 방법에 대하여 알아본다. 이 경우 특수해도 역시 지수함수로 가정한다. 예를 들면 $g(x) = pe^{qx}$이 입력된 경우에 출력은 $y_p = ae^{qx}$로 가정한다. 다음 예제의 LCCDE를 통하여 완전해를 구하는 방법을 알아보기로 한다.

$$\frac{d^2y}{dx^2} + 3\frac{dy}{dx} + 2y = 4e^{-3x}, \quad y_0 = 1,\ y_0{}' = 2$$

① 기본해

기본해를 구하기 위한 특성방정식은 다음과 같다.

$$m^2 + 3m + 2 = 0, \qquad m_1 = -1,\ m_2 = -2$$

따라서 기본해는 다음과 같다.

$$y = c_1 e^{-x} + c_2 e^{-2x}$$

② 특수해

이제 특수해를 다음과 같이 가정하고 a를 구해보자.

$$y_p = ae^{-3x}$$

위의 y_p의 미분과 2번 미분은 각각 다음과 같다.

$$\frac{dy_p}{dx} = -3ae^{-3x}, \qquad \frac{d^2y_p}{dx^2} = 9ae^{-3x}$$

위의 결과를 LCCDE에 대입하면 다음과 같다.

$$9ae^{-3x} - 9ae^{-3x} + 2ae^{-3x} = 4e^{-3x}$$

좌변과 우변의 계수를 비교하면 다음의 결과를 얻는다.

$$a = 2$$

따라서 다음의 특수해를 구할 수 있다.

$$y_p = 2e^{-3x}$$

③ 완전해

지금까지 구한 기본해와 특수해를 더한 완전해는 다음과 같다.

$$y = y_f + y_p = c_1e^{-x} + c_2e^{-2x} + 2e^{-3x}$$

④ 초기조건을 반영한 완전해

초기조건을 이용하여 다음의 식을 얻는다.

$$y_0 = c_1 + c_2 + 2 = 1$$

$$y_0{}' = -c_1 - 2c_2 - 6 = 2$$

이 연립방정식을 풀면 $c_1 = 6$과 $c_2 = -7$을 얻는다. 따라서 초기조건을 반영한 완전해는 다음과 같다.

$$y = y_f + y_p = 6e^{-x} - 7e^{-2x} + 2e^{-3x}$$

연습문제

8-1 다음 미분방정식의 기본해를 구하시오.

$$\frac{d^2y}{dx^2} + 4\frac{dy}{dx} + 3y = 0$$

8-2 다음 미분방정식의 완전해를 구하시오.

$$\frac{dy}{dx} + 2y = \sin 4x$$

8-3 다음 미분방정식의 완전해를 구하시오.

$$\frac{d^2y}{dx^2} + 3\frac{dy}{dx} + 2y = 2x^2$$

8-4 다음 미분방정식의 완전해를 구하시오.

$$\frac{dy}{dx} + 5y = 3e^{-x}$$

8-5 다음 회로를 보고 물음에 답하시오.

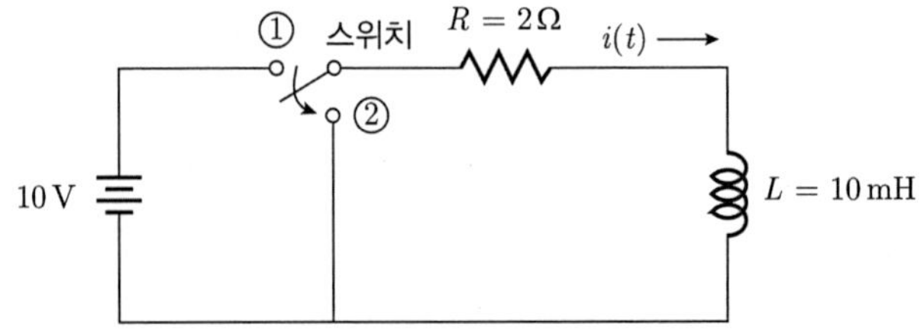

스위치가 $t = 0$에서 ①에서 ②로 바뀌었다. 이 때, 흐르는 전류 $i(t)$를 구하시오.

8-6 다음 그림은 인덕터가 사용된 고역통과필터 시스템이다. 입력, 출력, 전류는 각각 $x(t)$, $y(t)$, $i(t)$라고 하자.

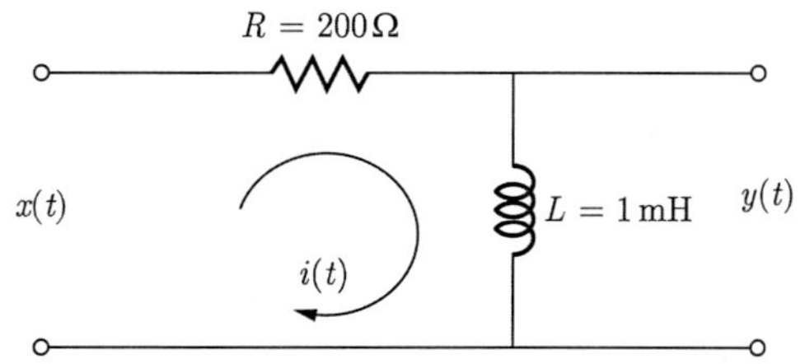

(a) $x(t) = \sin 10^5 t$일 때의 특수해를 구하고 진폭의 변화를 구하시오.

(b) $x(t) = \sin 10^6 t$일 때의 특수해를 구하고 진폭의 변화를 구하시오.

CHAPTER 09

푸리에 변환

이 장에서는 함수(신호)가 갖고 있는 주파수 성분을 분석하는 도구인 푸리에 변환(Fourier Transform)에 대하여 알아보기로 한다. 일반적인 함수뿐만 아니라 가시광선도 다음 그림과 같이 스펙트럼을 갖고 있다.

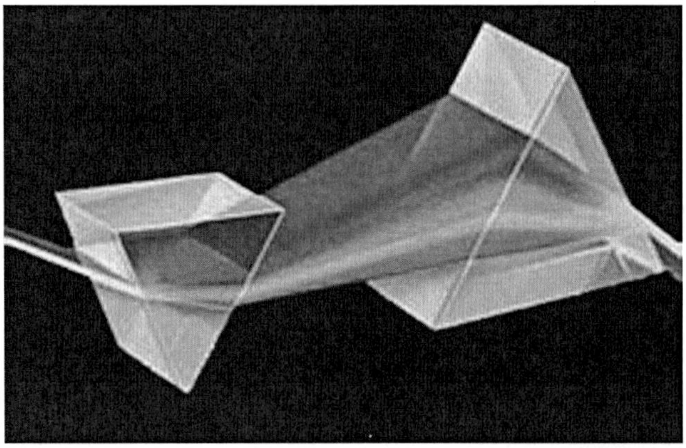

❙그림 9-1❙ 빛의 스펙트럼(출처 : 네이버)

아이작 뉴튼은 프리즘을 통과한 빛이 주파수에 따라 굴절하는 각도가 다르다는 성질을 발견했다. 이와 같이 분해된 여러 가지 주파수의 띠를 스펙트럼이라고 한다. 이와 마찬가지로 함수도 여러 가지 주파수의 합으로 구성되어 있으며, 이 주파수 성분의 띠를 스펙트럼이라고 한다.

스펙트럼 해석의 시작점은 푸리에 급수이다. 프랑스의 수학자인 푸리에(1768~1830)는 열전도론(熱傳導論)을 연구하여 1807년 '열의 해석적 이론'을 발표하였고, 1822년 완성된 이 이론에는 '푸리에의 정리'가 포함되어 있으며, '푸리에 급수'의 이론으로 그 후의 수리물리학 발전에 크게 공헌하였다. 열전도론을 위해 만들어졌던 푸리에 급수는 오늘날 신호처리와 통신분야 등의 정보통신공학 기본이론으로 중요하게 사용되고 있다.

전기/전자 회로는 대부분 시스템으로 구성되어 있다. 시스템의 정의는 어떤 한 신호를 또 다른 신호로 변형하는 규칙이다. 시스템을 표현하는 블록도는 다음 그림과 같다.

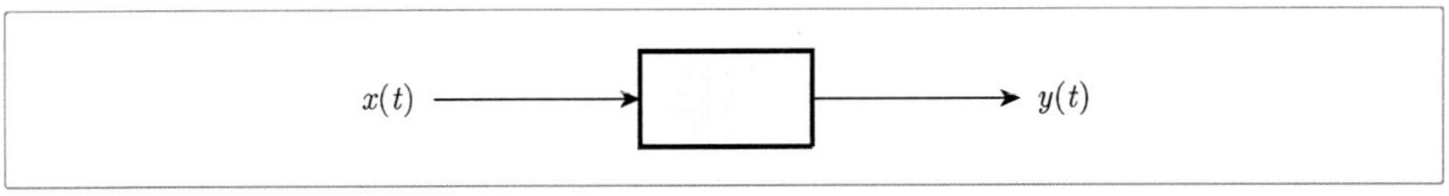

| 그림 9-2 | 시스템 블록도

위의 블록도에서 보듯이 시스템에서 입력신호 $x(t)$가 출력신호 $y(t)$로 변형되고 있다. 위와 같은 시스템에서 입력신호 $x(t)$와 출력신호 $y(t)$의 관계는 대부분 미분방정식을 사용하여 나타낼 수 있다. 그런데 이와 같은 신호와 시스템을 해석하는 데에 미분방정식만으로는 부족하다. 그래서 미분방정식과 더불어 시스템의 해석에 사용되는 것이 푸리에 변환이며 다음과 같이 표기한다.

$$x(t) \longleftrightarrow X(\omega)$$

위의 표기에서 보듯이 시간 t의 함수인 $x(t)$가 주파수 ω의 함수인 $X(\omega)$로 변환되고 있다. 이와 같이 변환(transform)이란 변수가 바뀌는 것을 의미한다. 이 장에서는 변환 중에서도 가장 중요한 푸리에 변환에 대하여 알아보기로 한다. 함수를 푸리에 변환하면 시간 축에서 보이지 않던 것들이 주파수 축에서 보이기 시작하므로 신호 및 시스템의 해석에 주로 사용된다. 따라서 시스템을 만들거나, 분석하기 위하여 푸리에 변환을 이해할 필요가 있다. 푸리에 변환의 중요한 용도를 몇 가지만 살펴보면 다음과 같다.

- **신호의 주파수 성분** : 신호를 푸리에 변환하면 그 신호를 구성하고 있는 주파수 성분을 볼 수 있다.
- **시스템의 주파수 응답** : 미분방정식과 푸리에 변환을 이용하여 시스템의 주파수 응답을 구할 수 있다. 주파수 응답은 모든 주파수의 입력에 대한 출력을 관찰할 수 있는 그래프이다.
- **시스템 설계** : 어떤 특별한 역할을 수행하는 시스템을 설계하는데 푸리에 변환이 사용된다.

이 책에서는 신호의 주파수 성분을 관찰하는 용도에 대하여만 기술한다. 주파수 응답을 구하거나 시스템 설계에 사용하는 용도는 '신호 및 시스템' 등의 서적을 참고하여야 한다.

9.1 푸리에 급수

9.1.1 삼각 푸리에 급수

주기가 T인 모든 주기 함수 $\tilde{x}(t)$는 다음 식과 같이 삼각 함수들의 가중 합으로 나타낼 수 있다.

$$\tilde{x}(t) = a_0 + \sum_{k=1}^{\infty}[a_k \cos 2\pi k f_0 t \ + \ b_k \sin 2\pi k f_0 t], \quad T = \frac{1}{f_0}$$

헤르츠 주파수 f_0와 라디안 주파수 ω_0의 관계는 $\omega_0 = 2\pi f_0$이므로 라디안 주파수를 사용하여 다음 식과 같이 나타내기도 한다.

$$\tilde{x}(t) = a_0 + \sum_{k=1}^{\infty}[a_k \cos k\omega_0 t \ + \ b_k \sin k\omega_0 t], \quad T = \frac{2\pi}{\omega_0}$$

위의 두 식을 삼각 푸리에 급수(trigonometric Fourier Series)라고 정의한다. 그리고 위의 식들에서 $k=1$일 때의 헤르츠 주파수 f_0와 라디안 주파수 ω_0를 기본주파수(fundamental frequency)라고 부른다. 이 책에서는 위의 두 식 중에서 두 번째 표기를 사용하기로 한다.

위의 식에서 보듯이 모든 주기 함수는 여러 가지 주파수의 cos 함수와 sin 함수의 합으로 구성되어 있음을 알 수 있다. 그리고 위의 식에서 a_0는 주기 함수의 직류성분을 나타낸다. 예를 들어 $\tilde{x}(t) = 1 + \sin t$라는 주기 함수에서 a_0는 1이 된다.

이제 다음 그림의 주기 함수를 삼각함수의 가중 합으로 표현할 수 있음을 이해해 보기로 하자. 이 주기 함수의 주기는 $T = 2\pi$이며 한 주기만을 굵은 실선으로 나타냈다.

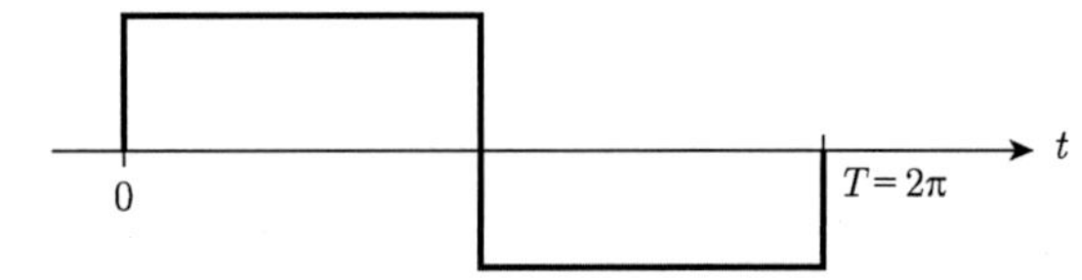

| 그림 9-3 | 예제의 구형파

이 구형파의 주기함수를 한 개의 삼각함수만을 사용하여 근사적으로 표현하려면 다음 그림의 점선과 같이 $b_1\sin t$를 사용하는 것이 가장 바람직함을 알 수 있다. 이 때 b_1을 얼마로 정해야 하는지는 조금 후에 알아보기로 한다.

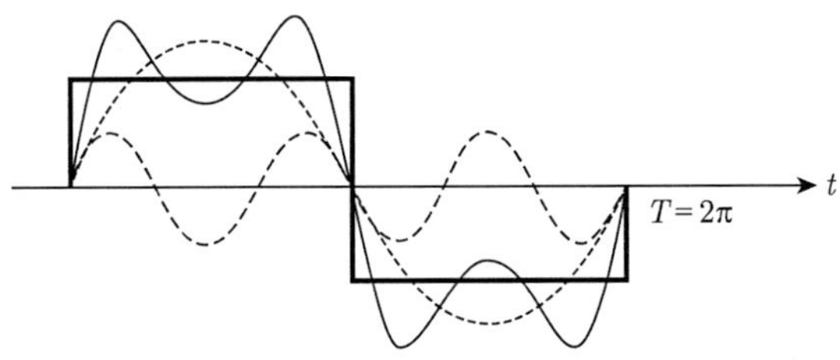

❙그림 9-4❙ 구형파의 삼각 푸리에 급수 표현

만일 2개의 삼각함수를 사용하여 근사적으로 나타내려면 위의 그림의 넓은 점선 $b_3\sin 3t$를 한 개 더 사용하여 $b_1\sin t$와 더하면 실선의 모양을 얻는다. 이 실선의 모양이 한 개의 삼각함수 $b_1\sin t$만을 사용한 것보다 더욱 구형파와 닮았음을 알 수 있다. 따라서 $b_5\sin 5t$를 한 개 더 사용한다면 구형파와 근사적으로 더욱 닮아 진다는 것을 추측할 수 있다. 독자들은 $b_5\sin 5t$를 한 개 더 사용하여 확인해 보기 바란다. 지금까지는 그래프를 사용하여 삼각함수의 합을 알아보았으며 이제부터는 삼각 푸리에 급수의 식으로 표기해보기로 한다. 먼저 주기함수 $\tilde{x}(t)$를 삼각 푸리에 급수로 나타내면 다음과 같다.

$$\tilde{x}(t) = a_0 + \sum_{k=1}^{\infty}[a_k \cos k\omega_0 t \ + \ b_k \sin k\omega_0 t]$$

위의 구형파는 직류성분을 갖고 있지 않으므로 a_0는 0임을 알 수 있다. 또한 cos 함수는 우함수이므로 사용되지 않는다. 또한 기본주파수는 $\omega_0 = 2\pi/T = 1$임을 알 수 있다. 따라서 이 구형파는 다음과 같이 sin 함수의 가중 합으로 표현할 수 있다.

$$\tilde{x}(t) = a_0 + \sum_{k=1}^{\infty}[a_k \cos k\omega_0 t \ + \ b_k \sin k\omega_0 t] = \sum_{k=1}^{\infty} b_k \sin kt$$

또한 sin 함수 중에서도 기본주파수의 짝수배주파수의 sin 함수는 원 주기함수를 만드는데 사용되지 않는다. 따라서 다음 식과 같이 $b_1\sin t$, $b_3\sin 3t$, $b_5\sin 5t$, … 등의 홀수의 가중 합으로 나타낼 수 있음을 알 수 있다.

$$\tilde{x}(t) = a_0 + \sum_{k=1}^{\infty}[a_k\cos k\omega_0 t \ + \ b_k\sin k\omega_0 t] = \sum_{k=1}^{\infty} b_k \sin kt$$

$$= b_1\sin t + b_3\sin 3t + b_5\sin 5t + \cdots$$

이제 삼각 푸리에 급수에서의 가중치 즉 삼각 푸리에 급수 계수 a_k, b_k, a_0를 구하는 방법을 알아보기로 한다.

○ cos 신호의 가중치 a_k를 구하는 방법

주어진 주기신호에 구하고 싶은 가중치의 cos 함수를 곱하여 적분하면 그 가중치를 구할 수 있다. 예를 들어보기로 한다. 만일 $\cos 5\omega_0 t$의 가중치 a_5를 구하고 싶으면 다음과 같이 주기함수 $\tilde{x}(t)$에 $\cos 5\omega_0 t$를 곱하여 적분한다.

$$\begin{aligned}
&\int_{t_0}^{t_0+T} \tilde{x}(t)\cos 5\omega_0 t dt \\
&= \int_{t_0}^{t_0+T} \left\{ a_0 + \sum_{k=1}^{\infty}[a_k\cos k\omega_0 t + b_k\sin k\omega_0 t] \right\} \cos 5\omega_0 t dt \\
&= a_0 \int_{t_0}^{t_0+T} \cos 5\omega_0 t dt + \sum_{k=1}^{\infty} a_k \left[\int_{t_0}^{t_0+T} \cos k\omega_0 t \cos 5\omega_0 t dt \right] \\
&\quad + \sum_{k=1}^{\infty} b_k \left[\int_{t_0}^{t_0+T} \sin k\omega_0 t \cos 5\omega_0 t dt \right]
\end{aligned}$$

위의 식에서 첫 번째 항은 cos 신호의 적분이므로 0이 된다. 그리고 세 번째 항에서 sin 신호와 cos 신호의 곱도 역시 주기 신호가 되므로 적분하면 0이 된다. 따라서 두 번째 항만 남게 되어 다음과 같이 나타낼 수 있다.

$$\int_{t_0}^{t_0+T} \tilde{x}(t)\cos 5\omega_0 t dt = \sum_{k=1}^{\infty} a_k \left[\int_{t_0}^{t_0+T} \cos k\omega_0 t \cos 5\omega_0 t dt \right]$$

위의 식의 우변에서 주기가 다른 두 개의 cos 신호의 곱도 역시 주기신호이므로 적분하면 0이 된다. 곱하여 적분했을 때 0이 안 되는 오직 하나의 경우는 k가 5인 경우 뿐이다. 즉 같은 주기의 cos 신호를 곱하면 양의 함수가 되어 적분하면 값을 갖게 된다. 그리고 그 적분값은 $T/2$가 된다. 주기 T가 2π인 $\cos t$ 신호를 제곱한 다음 그림을 통하여 적분값을 확인해보기로 한다.

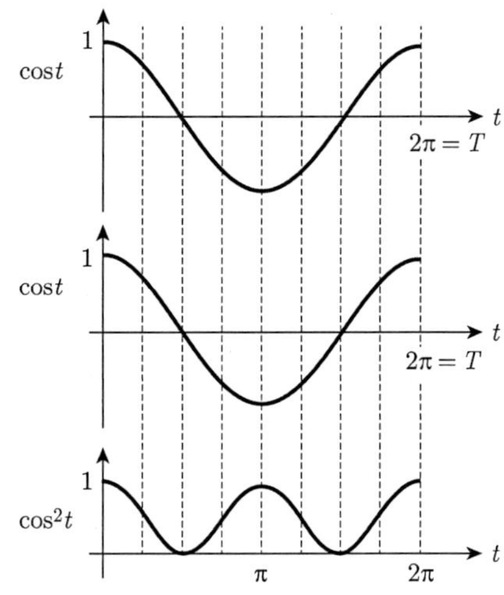

┃그림 9-5┃ $\cos t$ 신호의 제곱

이 제곱된 신호를 한주기 동안 적분하면 다음과 같다.

$$\int_0^{2\pi} \cos^2 t\, dt = \int_0^{2\pi} \frac{1+\cos 2t}{2} dt = \frac{1}{2}\int_0^{2\pi} (1+\cos 2t)dt$$

$$= \frac{1}{2}\left[t + \frac{\sin 2t}{2}\right]_0^{2\pi} = \frac{1}{2}(2\pi) = \pi$$

즉 주기가 $T=2\pi$인 $\cos t$ 신호를 제곱해서 적분하면 그 값은 $T/2$가 됨을 알 수 있다. 따라서 무한개의 항은 다음과 같이 한 개의 항만 남게 된다.

$$\sum_{k=1}^{\infty} a_k [\int_{t_0}^{t_0+T} \cos k\omega_0 t \cos 5\omega_0 t dt] = a_5 \frac{T}{2}$$

위의 식으로부터 계수 a_5는 다음과 같이 구해진다.

$$a_5 = \frac{2}{T}\int_{t_0}^{t_0+T} \tilde{x}(t) \cos 5\omega_0 t dt$$

따라서 다음과 같이 a_k를 구하는 일반적인 공식을 얻을 수 있다.

$$a_k = \frac{2}{T}\int_{t_0}^{t_0+T}\tilde{x}(t)\cos k\omega_0 t dt$$

○ sin 신호의 가중치 b_k를 구하는 방법

주어진 주기함수에 구하고 싶은 가중치의 sin 함수를 곱하여 적분하면 그 가중치를 구할 수 있다. 만일 $\sin 3\omega_0 t$의 가중치 b_3를 구하고 싶으면 다음과 같이 주기함수 $\tilde{x}(t)$에 $\sin 3\omega_0 t$를 곱하여 적분한다.

$$\begin{aligned}
&\int_{t_0}^{t_0+T}\tilde{x}(t)\sin 3\omega_0 t dt \\
&= \int_{t_0}^{t_0+T}\left\{a_0 + \sum_{k=1}^{\infty}[a_k\cos k\omega_0 t + b_k \sin k\omega_0 t]\right\}\sin 3\omega_0 t dt \\
&= a_0\int_{t_0}^{t_0+T}\sin 3\omega_0 t dt + \sum_{k=1}^{\infty}a_k[\int_{t_0}^{t_0+T}\cos k\omega_0 t\sin 3\omega_0 t dt] \\
&\quad + \sum_{k=1}^{\infty}b_k[\int_{t_0}^{t_0+T}\sin k\omega_0 t\sin 3\omega_0 t dt]
\end{aligned}$$

위의 식에서 첫 번째 항은 sin 신호의 적분이므로 0이 된다. 그리고 두 번째 항에서 sin 신호와 cos 신호의 곱도 역시 주기 신호가 되므로 적분하면 0이 된다. 따라서 세 번째 항만 남게 되어 다음과 같이 나타낼 수 있다.

$$\int_{t_0}^{t_0+T}\tilde{x}(t)\sin 3\omega_0 t dt = \sum_{k=1}^{\infty}b_k[\int_{t_0}^{t_0+T}\sin k\omega_0 t\sin 3\omega_0 t dt]$$

위의 식의 우변에서 주기가 다른 두 개의 sin 신호의 곱도 역시 주기신호이므로 적분하면 0이 된다. 곱하여 적분했을 때 0이 안 되는 오직 하나의 경우는 k가 3인 경우뿐이다. 즉 같은 주기의 sin 신호를 곱하면 양의 함수가 되어 적분하면 값을 갖게 된다. 그리고 그 값은 $T/2$가 된다. 따라서 다음과 같이 나타낼 수 있다.

$$\sum_{k=1}^{\infty}b_k[\int_{t_0}^{t_0+T}\sin k\omega_0 t\sin 3\omega_0 t dt] = b_3\frac{T}{2}$$

위의 식으로부터 계수 b_3는 다음과 같이 구해진다.

$$b_3 = \frac{2}{T}\int_{t_0}^{t_0+T}\tilde{x}(t)\sin 3\omega_0 t dt$$

따라서 다음과 같이 b_k를 구하는 일반적인 공식을 얻을 수 있다.

$$b_k = \frac{2}{T}\int_{t_0}^{t_0+T}\tilde{x}(t)\sin k\omega_0 t dt$$

○ 직류성분 a_0를 구하는 방법

a_0는 이 주기신호의 직류성분이므로 다음과 같이 $\tilde{x}(t)$의 한 주기를 적분하면 구할 수 있다.

$$a_0 = \frac{1}{T}\int_{t_0}^{t_0+T}\tilde{x}(t)dt$$

삼각 푸리에 급수의 정의와 이에 대한 계수를 찾는 식을 정리하면 다음과 같다.

$$\tilde{x}(t) = a_0 + \sum_{k=1}^{\infty}[a_k\cos k\omega_0 t + b_k\sin k\omega_0 t], \quad T = \frac{2\pi}{\omega_0}$$

$$a_0 = \frac{1}{T}\int_{t_0}^{t_0+T}x(t)\ dt$$

$$a_k = \frac{2}{T}\int_{t_0}^{t_0+T}x(t)\cos k\omega_0 t\ dt, \quad k = 1, 2, \cdots$$

$$b_k = \frac{2}{T}\int_{t_0}^{t_0+T}x(t)\sin k\omega_0 t\ dt, \quad k = 1, 2, \cdots$$

헤르츠 주파수를 사용하여 삼각 푸리에 급수를 표기하면 다음과 같다.

$$\tilde{x}(t) = a_0 + \sum_{k=1}^{\infty}[a_k\cos 2\pi k f_0 t + b_k\sin 2\pi k f_0 t], \quad T = \frac{1}{f_0}$$

$$a_0 = \frac{1}{T}\int_{t_0}^{t_0+T}x(t)\ dt$$

$$a_k = \frac{2}{T}\int_{t_0}^{t_0+T} x(t)\cos 2\pi k f_0 t \ dt, \quad k = 1,2,\cdots$$

$$b_k = \frac{2}{T}\int_{t_0}^{t_0+T} x(t)\sin 2\pi k f_0 t \ dt, \quad k = 1,2,\cdots$$

예제 다음 구형파의 주기함수를 삼각 푸리에 급수로 나타내었을 때, $k = 0, 1, 2, 3$까지의 삼각 푸리에 급수 계수를 구하시오.

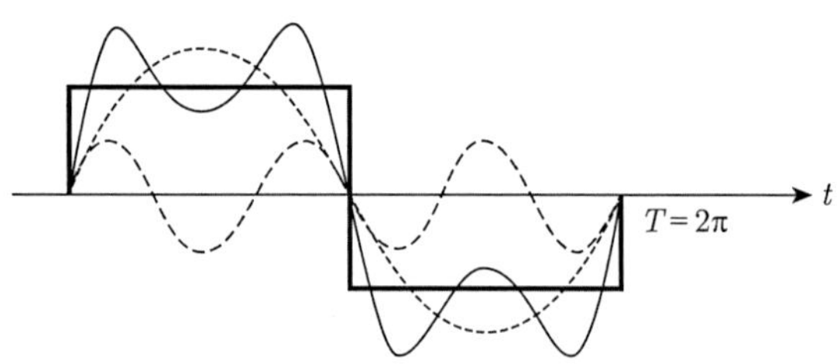

| 그림 9-6 | 예제의 구형파와 삼각 푸리에 급수 표현

풀이 이 구형파는 직류성분이 없으므로 a_0는 0이다. 또한 이 주기함수는 기함수이므로 cos 성분은 없다. 또한 기본주파수는 $\omega_0 = 2\pi/T = 1$이므로 다음과 같이 나타낼 수 있다.

$$\tilde{x}(t) = a_0 + \sum_{k=1}^{\infty}[a_k \cos k\omega_0 t + b_k \sin k\omega_0 t] = \sum_{k=1}^{\infty} b_k \sin k\omega_0 t = \sum_{k=1}^{\infty} b_k \sin kt$$

또한 모든 sin 함수가 사용되는 것은 아니고 홀수의 sin 함수만 사용되고 있으므로 최종적으로 다음과 같이 나타낼 수 있다.

$$\tilde{x}(t) = b_1 \sin t + b_3 \sin 3t + b_5 \sin 5t + \cdots$$

이 식에서 b_1과 b_3는 다음과 같이 구할 수 있다.

$$\begin{aligned} b_1 &= \frac{2}{T}\int_{t_0}^{t_0+T} x(t)\sin\omega_0 t dt = \frac{1}{\pi}\int_0^{2\pi} x(t)\sin t dt \\ &= \frac{1}{\pi}\left\{\int_0^{\pi}\sin t dt - \int_{\pi}^{2\pi}\sin t dt\right\} = \frac{1}{\pi}[2-(-2)] = \frac{4}{\pi} = 1.2732 \end{aligned}$$

$$b_3 = \frac{2}{T}\int_{t_0}^{t_0+T} x(t)\sin 3\omega_0 t dt = \frac{1}{\pi}\int_0^{2\pi} x(t)\sin 3t dt$$
$$= \frac{1}{\pi}\left\{\int_0^{\pi}\sin 3t dt - \int_{\pi}^{2\pi}\sin 3t dt\right\} = \frac{4}{3\pi} = 0.4244$$

요약하면 다음과 같다.

$$a_0 = 0,\ a_1 = 0,\ a_2 = 0,\ a_3 = 0,\ b_1 = 1.2732,\ b_2 = 0,\ b_3 = 0.4244$$

9.1.2 지수 푸리에 급수

삼각 푸리에 급수로 표현된 주기 함수 $\tilde{x}(t)$는 삼각 푸리에 급수 계수 a_0, a_k, b_k가 모두 실수인 장점을 갖고 있으나 3가지의 계수를 따로 찾아야 하는 단점이 있다. 그러나 이 절에서 다루게 될 지수 푸리에 급수(exponential Fourier Series)를 사용하여 주기함수를 표현하면 이런 단점을 없앨 수 있다.

삼각 푸리에 급수는 어느 하나의 k에 대하여 두 가지 계수의 가중 합이 존재하는데, 다음의 식과 같이 한 가지 종류의 가중 합으로 표현하는 것이 가능하다.

$$a_k\cos k\omega_0 t + b_k\sin k\omega_0 t = a_k\frac{e^{jk\omega_0 t} + e^{-jk\omega_0 t}}{2} + b_k\frac{e^{jk\omega_0 t} - e^{-jk\omega_0 t}}{2j}$$
$$= \frac{a_k - jb_k}{2}e^{jk\omega_0 t} + \frac{a_k + jb_k}{2}e^{-jk\omega_0 t}$$
$$= X_k e^{jk\omega_0 t} + X_{-k}e^{-jk\omega_0 t}$$

위의 식에서 보듯이 양수의 2개의 항이 1개의 양수 항과 1개의 음수 항으로 표현됨을 알 수 있다. 즉, a_k와 b_k의 2종류의 계수가 X_k의 한 종류의 계수로 표현될 수 있다. 따라서 위의 식을 사용하면 삼각 푸리에 급수를 다음 식과 같은 간단한 모양의 지수 푸리에 급수로 표현할 수 있다.

$$\tilde{x}(t) = \sum_{k=-\infty}^{\infty} X_k e^{jk\omega_0 t}$$

위의 식에서 보듯이 지수 푸리에 급수로 주기함수를 표현하면 삼각 푸리에 급수의 a_0, a_k, b_k의 세 종류 계수를 한 종류의 계수 X_k로 나타낼 수 있다. 이때, 지수 푸리에 급수 계수 X_m은 다음과 같이 주기함수 $\tilde{x}(t)$에 $e^{-jm\omega_0 t}$를 곱하여 적분하면 구할 수 있다.

$$\int_0^T \tilde{x}(t)e^{-jm\omega_0 t}dt = \int_0^T \sum_{k=-\infty}^{\infty} X_k e^{j(k-m)\omega_0 t}dt$$

$$= \sum_{k=-\infty}^{\infty} X_k \int_0^T e^{j(k-m)\omega_0 t}dt = X_m T$$

$$\therefore X_m = \frac{1}{T}\int_0^T \tilde{x}(t)e^{-jm\omega_0 t}dt$$

위의 식에서 변수 m을 k로 치환하여 모든 지수 푸리에 급수의 계수를 구하는 식을 얻을 수 있다.

$$X_k = \frac{1}{T}\int_0^T \tilde{x}(t)e^{-jk\omega_0 t}dt$$

다시 지수 푸리에 급수와 지수 푸리에 급수 계수를 정의하면 다음과 같다.

지수 푸리에 급수	지수 푸리에 급수 계수
$\tilde{x}(t) = \sum_{k=-\infty}^{\infty} X_k e^{jk\omega_0 t}$,	$X_k = \frac{1}{T}\int_0^T \tilde{x}(t)e^{-jk\omega_0 t}dt$

이와 같은 지수 푸리에 급수 계수는 한 개의 주기 함수에 대하여 한 종류의 계수 X_k로 스펙트럼을 나타낼 수 있는 장점이 있으나 이 값이 일반적으로 복소수이므로 하나의 그래프로 나타낼 수 없다. 따라서 지수 푸리에 급수 계수를 극형식(polar form)을 사용하여 다음과 같이 표기한다.

$$X_k = |X_k|e^{j\angle X_k}$$

위의 식에서 $k\omega_0$에 대한 $|X_k|$의 그래프를 진폭 스펙트럼이라고 하며 $\tilde{x}(t)$를 구성하는 여러 주파수들의 진폭을 나타낸다. 또한 $k\omega_0$에 대한 $\angle X_k$의 그래프를 위상 스펙트럼이라고 한다. 이와 같은 진폭 스펙트럼과 위상 스펙트럼들은 선으로 구성되므로 "선 스펙트럼(line spectrum)"이라고도 부른다.

9.2 푸리에 변환의 정의

주기함수의 스펙트럼을 분석하기 위하여 푸리에 급수가 사용된다. 푸리에 급수를 사용한 해석은 함수가 주기함수이어야 하는 제한을 갖고 있다. 그렇다면 비주기 함수에 대한 스펙트럼은 어떻게 나타낼 수 있을까? 푸리에 급수와 유사한 방법으로 비주기 함수를 표현하는 푸리에 변환이 개발되었으며 이를 연속시간 푸리에 변환(Continuous Time Fourier Transform, CTFT)이라고 한다.

푸리에 변환은 주기함수의 주기를 무한대로 확장한 푸리에 급수의 개념으로 이해할 수 있다. 이를 알아보기 위해 먼저 다음과 같은 주기 $T=5$인 구형파 주기함수와 그 푸리에 급수 계수 $|X_k|$를 그려보기로 하자.

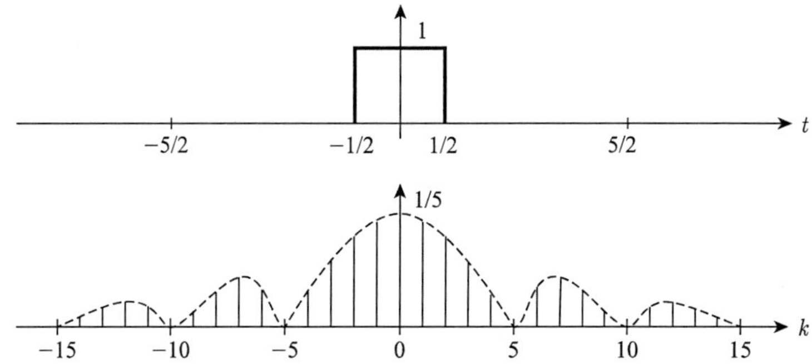

그림 9-7 $T=5$인 구형파 주기신호와 그 푸리에 급수 계수 $|X_k|$

위의 구형파 주기 신호의 주기는 $T=5$이므로 푸리에 급수 계수를 구하면 다음과 같다.

$$X_k = \frac{1}{T}\int_{-T/2}^{T/2} \tilde{x}(t)e^{-jk\omega_0 t}\,dt = \frac{1}{5}\int_{-1/2}^{1/2} e^{-jk\omega_0 t}\,dt$$

$$= \frac{1}{5}\left[\frac{e^{-jk\omega_0 t}}{-jk\omega_0}\right]_{-1/2}^{1/2} = \frac{(e^{-jk\omega_0/2} - e^{jk\omega_0/2})}{-5jk\omega_0}$$

$$= \frac{(e^{jk\omega_0/2} - e^{-jk\omega_0/2})}{5jk\omega_0} = \frac{(e^{jk\pi/5} - e^{-jk\pi/5})}{2jk\pi} = \frac{\sin(k\pi/5)}{k\pi}$$

이와 같이 구한 푸리에 급수 계수 $|X_k|$를 그래프로 나타내면 위의 그림과 같다. 위의 그래프에서 보듯이 $k=5$일 때 처음으로 0이 되고, 5의 배수마다 0이 되는 그래프이다.

이번에는 구형파의 모양은 똑같고 주기만 $T=10$으로 늘어난 다음 그림과 같은 구형파의 푸리에 급수 계수 $|X_k|$의 그래프를 그려보기로 하자.

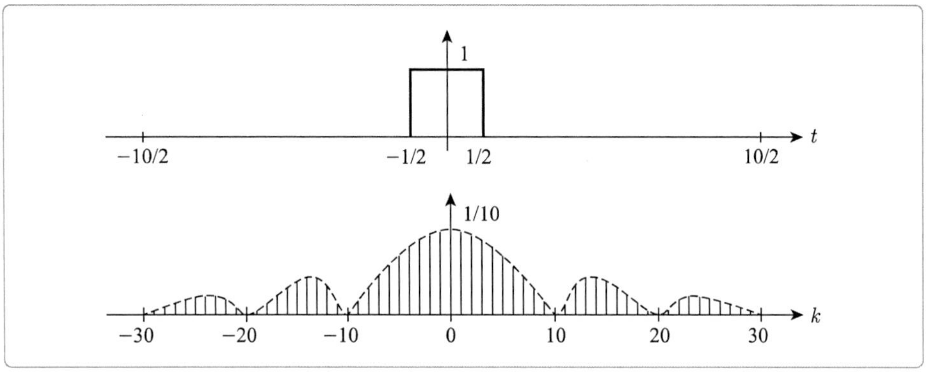

❙ 그림 9-8 ❙ $T=10$인 구형파 주기신호와 그 푸리에 급수 계수 $|X_k|$

위의 주기 신호의 푸리에 급수 계수를 구하면 다음과 같다.

$$X_k = \frac{1}{T}\int_{-T/2}^{T/2} \tilde{x}(t)e^{-jk\omega_0 t}\,dt = \frac{1}{10}\int_{-1/2}^{1/2} e^{-jk\omega_0 t}\,dt$$

$$= \frac{1}{10}\left[\frac{e^{-jk\omega_0 t}}{-jk\omega_0}\right]_{-1/2}^{1/2} = \frac{(e^{-jk\omega_0/2} - e^{jk\omega_0/2})}{-10jk\omega_0}$$

$$= \frac{(e^{jk\omega_0/2} - e^{-jk\omega_0/2})}{10jk\omega_0} = \frac{(e^{jk\pi/10} - e^{-jk\pi/10})}{2jk\pi} = \frac{\sin(k\pi/10)}{k\pi}$$

위의 두 예에서 보듯이 $T=10$으로 주기가 늘어나면 스펙트럼은 처음으로 0이 되는 지점까지의 선 스펙트럼의 수가 5개에서 10개로 늘어남을 볼 수 있다.

그렇다면 주기가 무한대가 되면 어떤 현상이 일어날까? 원점에서부터 처음 0이 되는 지점까지 선 스펙트럼이 무한대로 증가해서 선 스펙트럼이 연속 스펙트럼으로 나타나게 될 것이다. 이와 같은 개념으로 푸리에 급수가 푸리에 변환으로 확장될 수 있다.

이제 수학적으로 푸리에 급수가 푸리에 변환으로 어떻게 변하는지 알아보기로 한다. 먼저 푸리에 급수를 다시 불러보자.

푸리에 급수	푸리에 급수 계수
$\tilde{x}(t) = \sum_{k=-\infty}^{\infty} X_k e^{jk\omega_0 t}$	$X_k = \frac{1}{T}\int_0^T \tilde{x}(t) e^{-jk\omega_0 t}\,dt$

(1) 먼저 주기가 무한대가 되면 푸리에 급수 계수 X_k가 어떻게 변하는지 알아보자. 주기가 무한대가 되면($T \to \infty$) 선스펙트럼의 주파수 간격 ω_0는 무한히 작아지므로 다음과 같이 $d\omega$가 된다.

$$\omega_0 = \frac{2\pi}{T} \xrightarrow{T \to \infty} d\omega = \frac{2\pi}{T}$$

또한 주기가 무한대가 되면 선스펙트럼의 주파수 $k\omega_0$는 연속 변수가 된다. 즉,

$$k\omega_0 \xrightarrow{T \to \infty} \omega$$

따라서 푸리에 급수 계수 X_k는 다음과 같이 표현될 수 있다.

$$X_k = \frac{d\omega}{2\pi}\int_{-\infty}^{\infty} \tilde{x}(t) e^{-j\omega t}\,dt$$

(2) 이번에는 푸리에 급수가 어떻게 변하는지 알아보자.
주기가 무한대가 되면 주기신호는 다음과 같이 표현할 수 있다.

$$\tilde{x}(t) \xrightarrow{T \to \infty} x(t), \quad \sum_{k=-\infty}^{\infty} \xrightarrow{T \to \infty} \int_{\omega=-\infty}^{\infty}$$

이 식들을 푸리에 급수 식에 대입하면 다음과 같다.

$$\begin{aligned} x(t) &= \int_{\omega=-\infty}^{\infty} \frac{d\omega}{2\pi}\int_{t=-\infty}^{\infty} x(t) e^{-j\omega t}\,dt\ e^{j\omega t} \\ &= \frac{1}{2\pi}\int_{\omega=-\infty}^{\infty}\left\{\int_{t=-\infty}^{\infty} x(t) e^{-j\omega t}\,dt\right\} e^{j\omega t}d\omega \end{aligned}$$

위의 결과로부터 다음의 푸리에 변환을 정의할 수 있다.

$$x(t) \longleftrightarrow X(\omega)$$

$$X(\omega) = \int_{-\infty}^{\infty} x(t)e^{-j\omega t}\,dt$$

$$x(t) = \frac{1}{2\pi}\int_{-\infty}^{\infty} X(\omega)\ e^{j\omega t}d\omega$$

어떤 함수의 푸리에 변환 $X(\omega)$을 그 함수의 스펙트럼이라고도 한다. 마치 가시 광선의 스펙트럼처럼 함수의 스펙트럼도 주파수 성분이 띠 모양을 이루기 때문이다. 푸리에 변환 $X(\omega)$는 주파수 ω의 함수인데, 일반적으로 그 함숫값이 복소수이다. 따라서 이 함숫값을 그래프로 나타내기 위하여 다음과 같이 절댓값을 사용하여 그래프로 나타낸다.

$$|X(\omega)|$$

위의 스펙트럼을 진폭 스펙트럼이라고 한다.

9.3 여러 가지 함수의 푸리에 변환

9.3.1 지수함수의 푸리에 변환

다음과 같은 지수함수의 푸리에 변환을 구해보기로 한다.

$$x(t) = ae^{-at}u(t), \quad a > 0$$

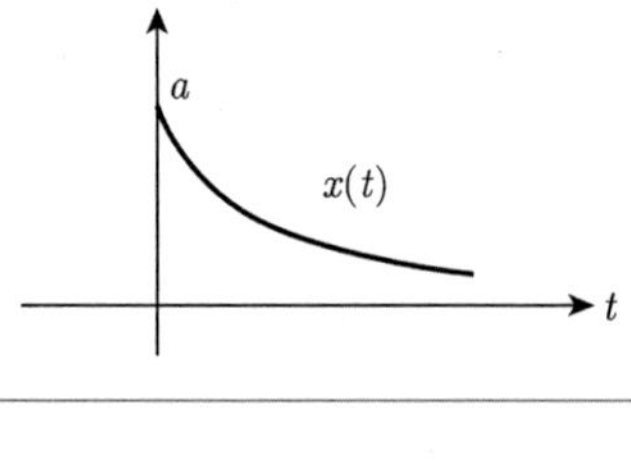

| 그림 9-9 | 지수함수

이 지수함수의 푸리에 변환은 다음과 같다.

$$X(\omega) = \int_{-\infty}^{\infty} ae^{-at}u(t)e^{-j\omega t}dt = a\int_{0}^{\infty} e^{-(a+j\omega)t}dt$$

$$= a\left[\frac{e^{-(a+j\omega)t}}{-(a+j\omega)}\right]_0^{\infty} = \frac{a}{a+j\omega}$$

$$\therefore x(t) = ae^{-at}u(t),\ a > 0 \quad \leftrightarrow \quad X(\omega) = \frac{a}{a+j\omega}$$

위의 푸리에 변환에 대한 진폭 스펙트럼을 구해보기로 한다. 진폭 스펙트럼 $|X(\omega)|$는 다음과 같다.

$$|X(\omega)| = \left|\frac{a}{a+j\omega}\right| = \frac{|a|}{|a+j\omega|} = \frac{a}{\sqrt{a^2+\omega^2}}$$

이 진폭 스펙트럼의 그래프는 다음 그림과 같다.

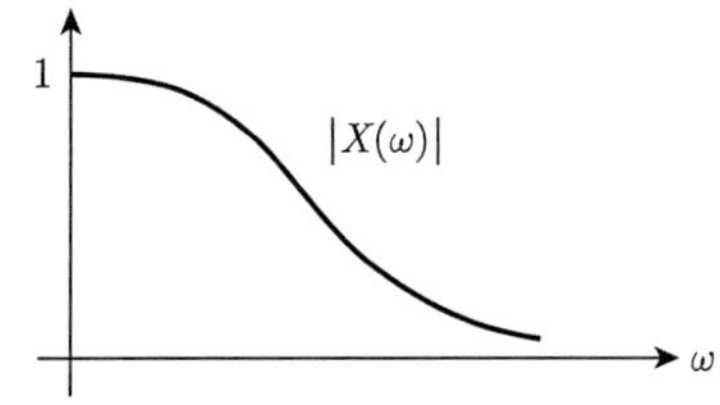

| 그림 9-10 | 지수함수의 진폭 스펙트럼

예제 다음 지수함수를 보고 물음에 답하시오.

$$x(t) = 100e^{-100t}u(t)$$

(a) 진폭스펙트럼을 구하시오.

(b) 진폭스펙트럼을 그리시오(10 Hz와 100 Hz에서의 진폭스펙트럼 값을 구하시오).

풀이 (a) 이 지수함수의 푸리에 변환은 다음과 같다.

$$X(\omega)=\int_{-\infty}^{\infty}100e^{-100t}u(t)e^{-j\omega t}dt=100\int_{0}^{\infty}e^{-(100+j\omega)t}dt$$

$$=100\left[\frac{e^{-(100+j\omega)t}}{-(100+j\omega)}\right]_0^{\infty}=\frac{100}{100+j\omega}$$

$$\therefore\ |X(\omega)|=\left|\frac{100}{100+j\omega}\right|=\frac{|100|}{|100+j\omega|}=\frac{100}{\sqrt{100^2+\omega^2}}$$

(b) 진폭 스펙트럼은 다음과 같다.

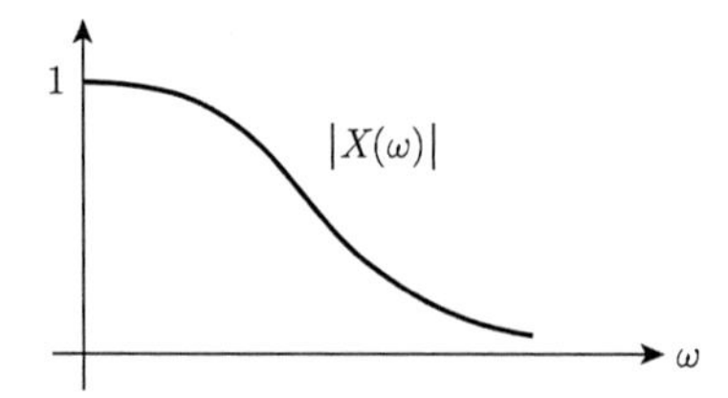

$$|X(2\pi\times10)|=\frac{100}{\sqrt{100^2+(2\pi\times10)^2}}=0.8469$$

$$|X(2\pi\times100)|=\frac{100}{\sqrt{100^2+(2\pi\times1000)^2}}=0.1573$$

이 지수함수의 10 Hz 성분은 0.8469이고 100 Hz 성분은 0.1573으로 상대적으로 작음을 알 수 있다.

9.3.2 펄스함수의 푸리에 변환

다음과 같은 펄스함수 $x(t)$의 푸리에 변환을 구해보기로 한다.

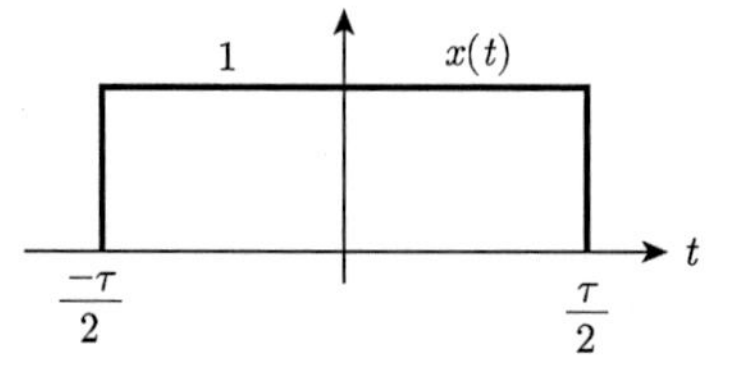

| 그림 9-11 | 예제의 펄스함수

푸리에 변환의 정의에 펄스함수를 대입하면 다음과 같다.

$$X(\omega)=\int_{-\infty}^{\infty}x(t)e^{-j\omega t}dt=\int_{-\tau/2}^{\tau/2}e^{-j\omega t}dt=\left[\frac{e^{-j\omega t}}{-j\omega}\right]_{-\tau/2}^{\tau/2}$$

$$=\frac{1}{j\omega}(e^{j\omega\tau/2}-e^{-j\omega\tau/2})=\frac{2}{\omega}\frac{e^{j\omega\tau/2}-e^{-j\omega\tau/2}}{2j}$$

$$=\frac{2\sin(\omega\tau/2)}{\omega}$$

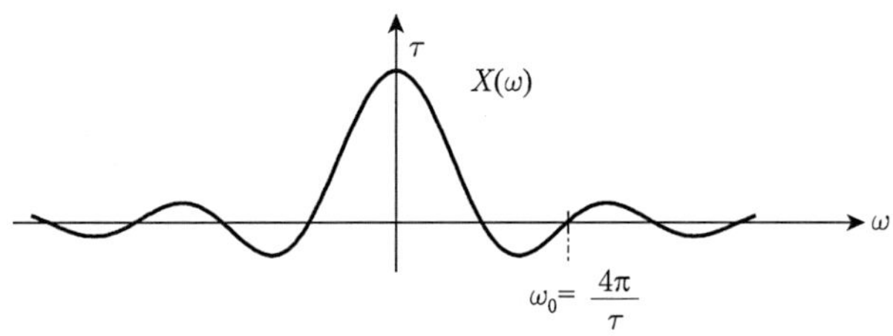

| 그림 9-12 | 펄스함수의 푸리에 변환

위의 모양과 같은 그래프를 싱크함수(sinc function)라고 한다. 위의 푸리에 변환 그래프에서 $\omega=0$에서의 값은 다음과 같이 로피탈의 정리를 이용하여 구한다.

$$\left.\frac{(2\sin(\tau\omega/2))'}{\omega'}\right|_{\omega=0}=\left.\frac{\tau\cos(\tau\omega/2)}{1}\right|_{\omega=0}=\tau$$

이와 같이 펄스함수의 푸리에 변환은 싱크함수의 모양을 갖는다.

9.3.3 싱크함수의 푸리에 변환

펄스함수의 푸리에 변환이 싱크함수의 모양이 됨을 보았다. 이와 마찬가지로 싱크함수의 푸리에 변환은 주파수 영역에서 펄스함수의 모양을 갖는다. 싱크함수의 푸리에 변환을 찾기 위하여 주파수 영역의 펄스 함수를 역 푸리에 변환하는 것이 쉽다. 다음 그림의 $X(\omega)$의 역 푸리에 변환을 구해보기로 한다.

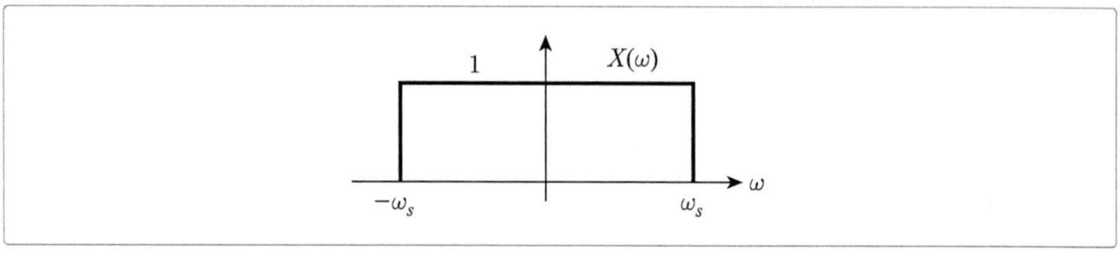

▌그림 9-13▐ 예제의 $X(\omega)$

$$x(t)=\frac{1}{2\pi}\int_{-\infty}^{\infty}X(\omega)e^{j\omega t}d\omega=\frac{1}{2\pi}\int_{-\omega_s}^{\omega_s}e^{j\omega t}d\omega=\frac{1}{2\pi}\left[\frac{e^{j\omega t}}{jt}\right]_{-\omega_s}^{\omega_s}$$

$$=\frac{1}{2\pi jt}(e^{j\omega_s t}-e^{-j\omega_s t})=\frac{\sin\omega_s t}{\pi t}$$

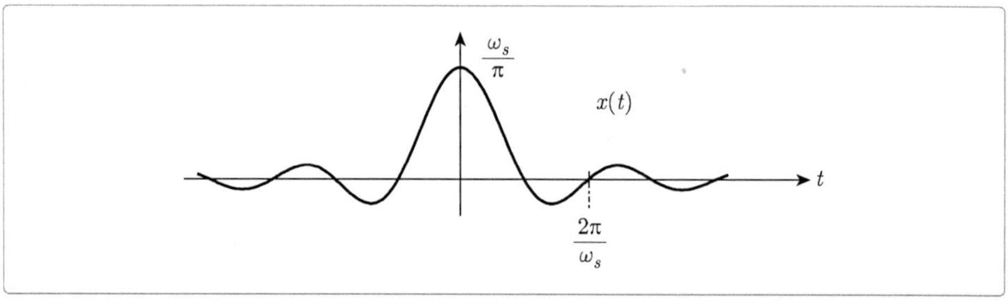

▌그림 9-14▐ 예제의 $x(t)$

$x(0)$의 값은 다음과 같다.

$$\left.\frac{(\sin\omega_s t)'}{(\pi t)'}\right|_{t=0}=\left.\frac{\omega_s\cos\omega_s t}{\pi}\right|_{t=0}=\frac{\omega_s}{\pi}$$

이와 같이 싱크함수의 푸리에 변환은 펄스함수가 된다.

예제 다음 두 함수의 역 푸리에 변환을 구하시오.

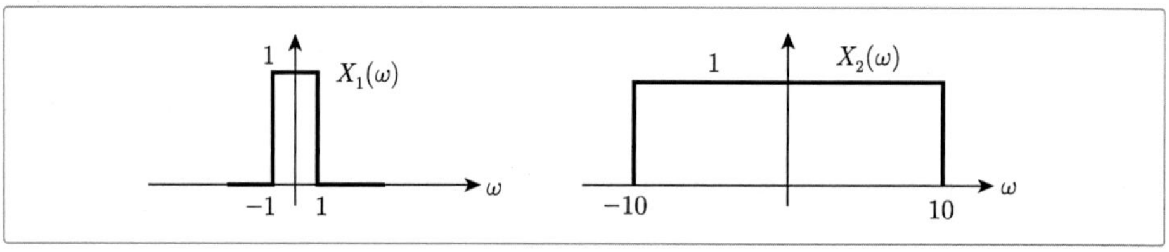

▌그림 9-15▐ 예제의 함수

풀이 역 푸리에 변환은 각각 다음과 같다.

$$x_1(t) = \frac{1}{2\pi}\int_{-\infty}^{\infty} X_1(\omega)e^{j\omega t}d\omega = \frac{1}{2\pi}\int_{-1}^{1} e^{j\omega t}d\omega = \frac{1}{2\pi}\left[\frac{e^{j\omega t}}{jt}\right]_{-1}^{1}$$

$$= \frac{1}{2\pi jt}(e^{jt} - e^{-jt}) = \frac{\sin t}{\pi t}$$

$$x_2(t) = \frac{1}{2\pi}\int_{-\infty}^{\infty} X_2(\omega)e^{j\omega t}d\omega = \frac{1}{2\pi}\int_{-10}^{10} e^{j\omega t}d\omega = \frac{1}{2\pi}\left[\frac{e^{j\omega t}}{jt}\right]_{-10}^{10}$$

$$= \frac{1}{2\pi jt}(e^{j10t} - e^{-j10t}) = \frac{\sin 10t}{\pi t}$$

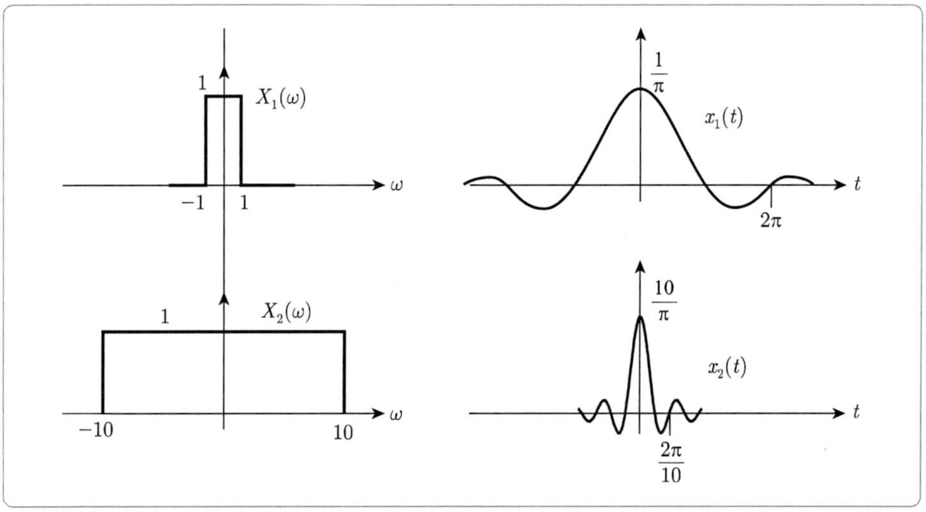

그림 9-16 예제의 역 푸리에 변환

$x_1(0)$과 $x_2(0)$의 값은 각각 다음과 같다.

$$\left.\frac{(\sin t)'}{(\pi t)'}\right|_{t=0} = \left.\frac{\cos t}{\pi}\right|_{t=0} = \frac{1}{\pi}, \quad \left.\frac{(\sin 10t)'}{(\pi t)'}\right|_{t=0} = \left.\frac{10\cos 10t}{\pi}\right|_{t=0} = \frac{10}{\pi}$$

이 예제에서 보듯이 펄스의 폭을 계속 넓히면 역 푸리에 변환은 폭이 점점 좁아짐을 알 수 있다.

9.4 푸리에 변환의 성질

9.4.1 선형성

두 개 함수의 푸리에 변환이 각각 다음과 같다.

$$x_1(t) \leftrightarrow X_1(\omega), \qquad x_2(t) \leftrightarrow X_2(\omega)$$

이때 이들 함수의 가중합에 대한 푸리에 변환은 다음과 같다.

$$ax_1(t) + bx_2(t) \leftrightarrow aX_1(\omega) + bX_2(\omega)$$

이 성질을 선형성(linearity)이라고 한다.

9.4.2 주파수이동 성질

함수 $x(t)$의 푸리에 변환이 $X(\omega)$일 때, 다음과 같은 성질이 있다.

$$x(t)e^{j\omega_0 t} \leftrightarrow X(\omega - \omega_0)$$

이 성질을 주파수이동 성질(frequency shifting property)이라고 한다.

증명 $$\frac{1}{2\pi}\int_{-\infty}^{\infty} X(\omega - \omega_0)e^{j\omega t}d\omega = \frac{1}{2\pi}\int_{-\infty}^{\infty} X(a)e^{jat}e^{j\omega_0 t}da$$

$$= e^{j\omega_0 t}\left\{\frac{1}{2\pi}\int_{-\infty}^{\infty} X(a)e^{jat}da\right\} = x(t)e^{j\omega_0 t}$$

9.4.3 시간이동 성질

함수 $x(t)$의 푸리에 변환이 $X(\omega)$일 때, 다음과 같은 성질이 있다.

$$x(t - t_0) \leftrightarrow X(\omega)e^{-j\omega t_0}$$

이 성질을 시간이동 성질(time shifting property)이라고 한다.

증명 $\int_{-\infty}^{\infty} x(t-t_0)e^{-j\omega t}dt = \int_{-\infty}^{\infty} x(\tau)e^{-j\omega\tau}e^{-j\omega t_0}d\tau$

$$= e^{-j\omega t_0}\left\{\int_{-\infty}^{\infty} x(\tau)e^{-j\omega\tau}d\tau\right\} = X(\omega)e^{-j\omega t_0}$$

9.4.4 미분 성질

함수 $x(t)$의 푸리에 변환이 $X(\omega)$일 때, 다음과 같은 성질이 있다.

$$\frac{dx(t)}{dt} \leftrightarrow j\omega X(\omega)$$

이 성질을 미분 성질(differentiation property)이라고 한다.

증명 다음의 역 푸리에 변환 식에서

$$x(t) = \frac{1}{2\pi}\int_{-\infty}^{\infty} X(\omega)e^{j\omega t}d\omega$$

양변을 미분하면 다음과 같다.

$$\frac{dx(t)}{dt} = \frac{1}{2\pi}\int_{-\infty}^{\infty} [j\omega X(\omega)]\, e^{j\omega t}d\omega$$

9.4.5 에너지 정리

함수 $x(t)$의 푸리에 변환이 $X(\omega)$일 때, 다음과 같은 성질이 있다.

$$\int_{-\infty}^{\infty} |x(t)|^2 dt = \frac{1}{2\pi}\int_{-\infty}^{\infty} |X(\omega)|^2 d\omega$$

이 성질을 에너지 정리(energy theorem)라고 한다.

증명 $\int_{-\infty}^{\infty} |x(t)|^2 dt = \int_{-\infty}^{\infty} x(t)x^*(t)dt$

$$= \int_{-\infty}^{\infty} x(t)\left[\frac{1}{2\pi}\int_{-\infty}^{\infty} X^*(\omega)e^{-j\omega t}d\omega\right]dt$$

$$= \frac{1}{2\pi} \int_{-\infty}^{\infty} X^*(\omega) \left[\int_{-\infty}^{\infty} x(t) e^{-j\omega t} dt \right] d\omega$$

$$= \frac{1}{2\pi} \int_{-\infty}^{\infty} |X(\omega)|^2 d\omega$$

9.4.6 스케일링 성질

함수 $x(t)$의 푸리에 변환이 $X(\omega)$이다. $x(t)$가 $y(t) = x(at)$로 스케일링 되었을 때에 $y(t)$의 푸리에 변환은 다음과 같다.

$$Y(\omega) = \frac{1}{|a|} X\left(\frac{\omega}{a} \right)$$

위의 성질을 스케일링 성질(scaling property)이라고 한다.

9.5 푸리에 변환의 활용

어느 기계에서 발생하는 진동 신호의 스펙트럼(주파수 성분)을 측정할 필요가 많이 발생한다. 평상시에 발생하지 않던 특정한 주파수 성분이 생기면 그 기계의 이상을 감지할 있기 때문이다. 이 절에서는 푸리에 변환을 이용하는 주파수 측정기에 대하여 알아보기로 한다. 어느 기계에서 발생하는 신호의 진폭스펙트럼을 주파수 측정기로 측정한 그래프는 다음과 같다.

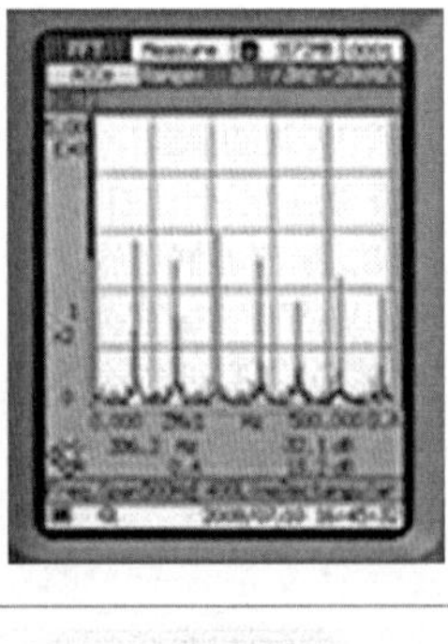

| 그림 9-17 | 어느 기계의 진폭스펙트럼

위의 주파수 측정기에서 측정된 진폭 스펙트럼의 주파수 성분은 각각 다음과 같다.

500 Hz : 2.8

1000 Hz : 2.4

1500 Hz : 3.0

2000 Hz : 2.4

2500 Hz : 1.7

3000 Hz : 2.2

3500 Hz : 1.8

측정된 주파수 성분은 500 Hz부터 3500 Hz까지 500 Hz의 간격으로 측정되었다. 위의 측정된 주파수 성분은 기계가 정상적으로 동작할 때 발생한 진동신호의 주파수 성분이다. 만일 이 기계에 이상이 발생하면 위의 주파수 성분 이외의 주파수 성분이 나타나게 되어 기계의 이상을 감지할 수 있게 된다.

연습문제

9-1 다음 구형파의 주기함수를 삼각 푸리에 급수로 나타내었을 때, $k=0,1,2,\cdots,10$ 까지 삼각 푸리에 급수 계수를 구하시오(구형파의 크기는 1과 −1이다).

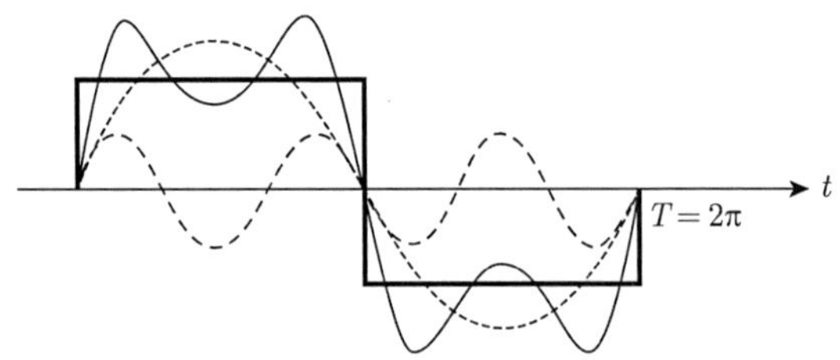

9-2 다음 그림의 주기 함수를 삼각 푸리에 급수로 나타내려고 한다. 삼각 푸리에 급수 계수 a_0, a_1, a_2, a_3, b_1, b_2, b_3를 각각 구하시오($T=2\pi$).

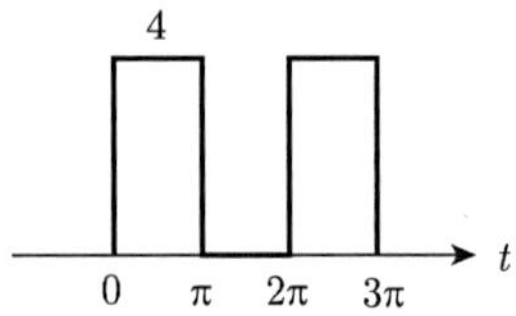

9-3 다음 함수 $x(t)$의 푸리에 변환 $X(\omega)$를 구하시오.

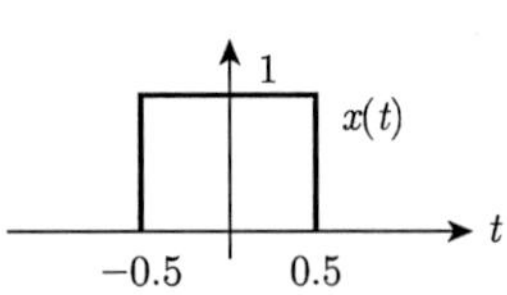

9-4 다음 $X(\omega)$의 역 푸리에 변환 $x(t)$를 구하시오.

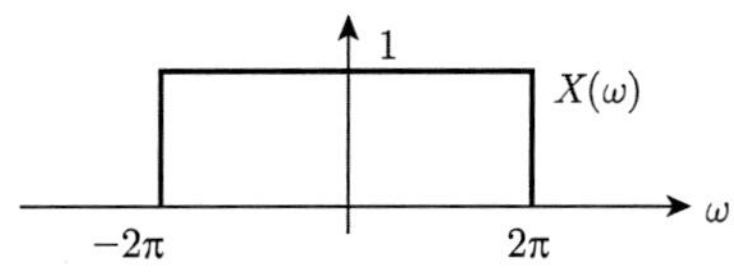

CHAPTER 10

라플라스 변환

10.1 라플라스 변환의 정의 및 용도

이 장에서는 다루게 될 라플라스 변환은 푸리에 변환을 일반화시킨 변환이다. 즉, 푸리에 변환은 라플라스 변환의 부분집합이다. 푸리에 변환 $X(\omega)$는 다음과 같이 표기하기도 한다.

$$x(t) \longleftrightarrow X(j\omega)$$

시간 t의 함수 $x(t)$가 주파수 ω의 함수인 $X(j\omega)$로 변환된다. j를 붙인 이유는 복소평면의 허수축의 함수로 변환되기 때문이다. 이와 비교하여 라플라스 변환의 표기는 다음과 같다.

$$x(t) \longleftrightarrow X(\sigma + j\omega) = X(s)$$

라플라스 변환에서는 시간 t의 함수 $x(t)$가 복소평면의 두 개의 변수 σ와 ω의 함수인 $X(\sigma + j\omega)$로 변환된다. 그런데 $\sigma + j\omega = s$로 정의하여 $X(s)$로 표기한다. 라플라스 변환을 통하여 복소평면의 함수인 곡면으로 변환되는 것이다. 곡면을 입체라고 표현할 수도 있다. 그런데 왜 라플라스 변환이 필요한 것일까? 시간의 함수 $x(t)$를 주파수의 함수로 변환해야 여러 가지 해석이 가능한데 푸리에 변환이 되지 않는 함수가 많기 때문이다. 즉, 모든 함수가 푸리에 변환이 되지는 않는다. 예를 들면 다음과 같은 신호는 푸리에 변환이 존재하지 않는다.

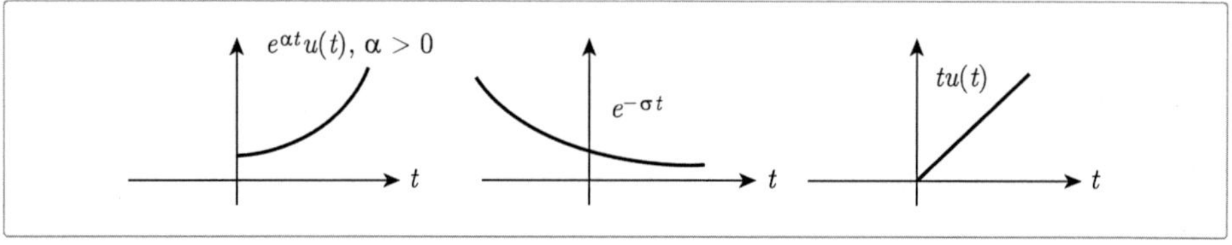

| 그림 10-1 | 푸리에 변환이 되지 않는 함수들

신호처리에서는 이와 같이 푸리에 변환이 존재하지 않는 함수들도 주파수영역으로 변환할 필요가 있다. 따라서 이와 같이 푸리에 변환이 존재하지 않는 함수(신호)들도 주파수영역으로 변환시킬 수 있는 라플라스 변환이 개발되었다.

이 장에서는 모든 함수들의 주파수 영역의 해석 방법인 라플라스 변환에 대하여 알아보기로 한다. 다음과 같은 푸리에 변환이 되지 않는 함수를 어떻게 주파수 영역으로 변환시키는지 알아보기로 한다.

$$x(t) = e^{at}u(t), \quad a > 0$$

이 함수는 그림 10-2(a)와 같이 발산하는 신호이다.

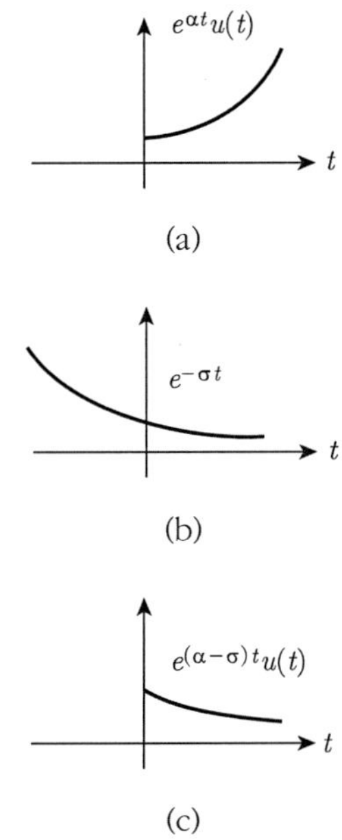

| 그림 10-2 | 푸리에 변환이 되도록 변형

이와 같이 계속 커지는 지수함수에 그림 10-2(b)와 같은 감소하는 지수함수를 곱하면 그림 10-2(c)와 같이 푸리에 변환이 되는 함수로 바꿀 수 있다. 그림 10-2(c)의 푸리에 변환은 다음과 같다.

$$\int_{-\infty}^{\infty} e^{at}u(t)e^{-\sigma t}e^{-j\omega t}dt = \int_{0}^{\infty} e^{at}e^{-(\sigma+j\omega)t}dt = \int_{0}^{\infty} e^{at}e^{-st}dt$$

위의 식에서 보듯이 두 개의 변수가 $s = \sigma + j\omega$의 정의로 한 개의 변수로 치환되었다. 이와 같이 지수함수를 곱하면 푸리에 변환이 가능함을 알 수 있다. 이와 같은 변환을 **일반화된 푸리에 변환**이라고도 부른다. 위의 함수가 푸리에 변환이 가능하려면 σ의 범위는 다음과 같다.

$$\sigma > a$$

예를 들면 $a = 2$일 때 $\sigma > 2$의 복소평면에서 **일반화된 푸리에 변환**이 가능하다. 일반화된 푸리에 변환이 가능한 복소평면의 영역은 다음 그림과 같다.

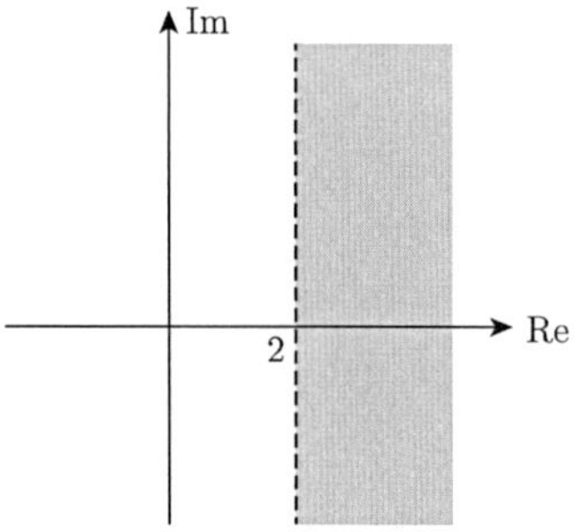

| 그림 10-3 | 예제의 일반화된 푸리에변환이 가능한 영역

일반화된 푸리에 변환이 가능한 영역이 Im 축을 포함하면 푸리에 변환도 가능한 함수이다. 위의 평면에서 Im 축은 복소평면의 허수축(imaginary axis)을 의미하고, Re 축은 실수축(real axis)을 의미한다. 그림 10-3의 영역은 Im 축은 포함하지 않으므로 푸리에 변환은 불가능하다. 이와 같이 푸리에 변환이 되지 않는 함수도 지수함수를 곱하면 변환이 가능함을 보았다. 이와 같은 일반화된 푸리에 변환을 다음과 같이 라플라스 변환(Laplace Transform)으로 정의한다.

$$X(s) = \int_{0}^{\infty} x(t)e^{-st}dt$$

위의 라플라스 변환을 다음의 푸리에 변환과 비교해 보자.

$$X(\omega) = \int_{-\infty}^{\infty} x(t)e^{-j\omega t}dt$$

두 변환의 또 다른 차이점은 위의 두 식에서 보듯이 적분의 하한이 다르다는 것이다. 즉, 라플라스 변환은 오직 $t \geq 0$의 구간에서 정의되는 $x(t)$에 대해서 변환하는 점이 푸리에 변환과 다르다.

라플라스 변환의 중요한 용도를 살펴보면 다음과 같다.

- **미분방정식의 해** : 라플라스 변환을 사용하면 미분방정식의 해를 쉽게 구할 수 있다.
- **시스템 설계** : 어떤 특별한 역할을 수행하는 시스템을 설계하는데 라플라스 변환이 사용된다.
- **다양한 시스템의 구현도** : 라플라스 변환을 사용하여 어느 한 시스템에 대하여 다양한 구현도(구조)를 만들 수 있다.

이 책에서는 미분방정식의 해를 구하는 용도에 대하여만 기술한다. 시스템 설계나 구현도 제작에 사용되는 용도는 '신호 및 시스템' 등의 서적을 참고하여야 한다.

10.2 수렴영역 및 극점과 영점

10.2.1 수렴영역

함수를 라플라스 변환하면 복소평면의 함수인 곡면 또는 입체로 변환된다. 그런데 모든 복소평면에서 함숫값을 갖지 않는 경우도 있다. 따라서 복소평면에서 라플라스 변환의 함숫값을 갖는 영역을 수렴영역(ROC, Region Of Convergence)이라고 정의한다. 지금부터 두 가지 지수함수의 라플라스 변환의 수렴영역을 구해보기로 한다. 첫 번째로 다음 지수함수의 수렴영역을 구해보기로 한다.

$$x(t) = e^{-at}u(t), \quad a > 0$$

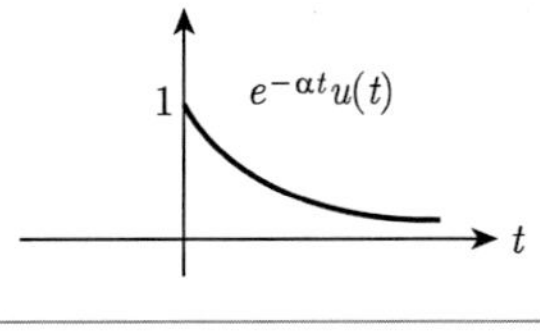

| 그림 10-4 | 첫 번째 지수함수

이 함수의 라플라스 변환은 다음과 같다.

$$X(s)=\int_0^\infty e^{-at}u(t)e^{-st}dt=\int_0^\infty e^{-(s+a)t}dt=\left[\frac{e^{-(s+a)t}}{-(s+a)}\right]_0^\infty=\frac{1}{s+a}$$

이 $X(s)$가 존재하는 복소평면의 영역을 생각해보자.

$$X(s)=\int_0^\infty e^{-at}u(t)e^{-(\sigma+j\omega)t}dt=\int_0^\infty e^{-(a+\sigma)t}u(t)e^{-j\omega t}dt$$

이 $X(s)$는 $e^{-(a+\sigma)t}u(t)$의 푸리에 변환으로 볼 수 있다. $e^{-(a+\sigma)t}u(t)$가 푸리에 변환이 되려면 적분이 가능해야 하며 다음의 조건을 만족해야 한다.

$$a+\sigma>0 \quad \Rightarrow \quad \sigma>-a$$

$a=1$인 경우에 $\sigma>-1$이면 푸리에 변환이 가능하며 수렴영역은 다음 그림과 같다.

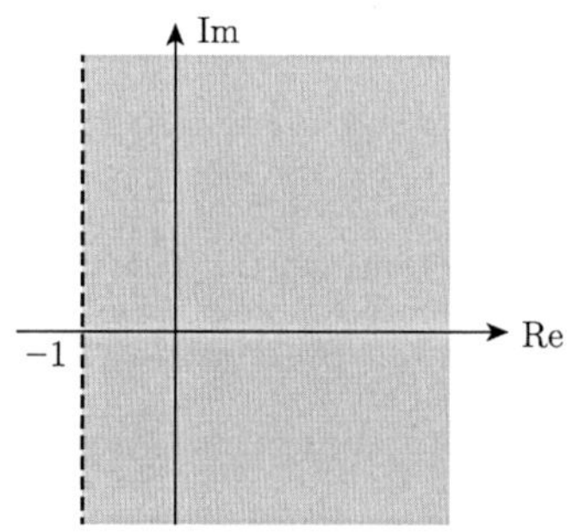

▍그림 10-5▐ 첫 번째 지수함수의 수렴영역

그림에서 보듯이 $X(s)$가 존재하는 수렴영역은 $\mathrm{Re}\{s\}>-1$이다. 그림 10-5의 수렴영역이 Im 축을 포함하고 있으므로 이 함수는 푸리에 변환이 존재한다.

이번에는 다음의 두 번째 지수함수에 대하여 라플라스 변환의 수렴영역을 구해보기로 한다.

$$x(t)=e^{at}u(t),\quad a>0$$

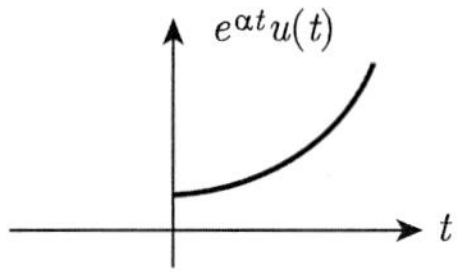

| 그림 10-6 | 두 번째 지수함수

이 함수의 라플라스 변환은 다음과 같다.

$$X(s)=\int_0^{\infty}e^{at}u(t)e^{-st}dt=\int_0^{\infty}e^{-(s-a)t}dt=\frac{1}{s-a}$$

이 $X(s)$가 존재하는 복소평면의 영역을 생각해보자.

$$X(s)=\int_0^{\infty}e^{at}u(t)e^{-(\sigma+j\omega)t}dt=\int_0^{\infty}e^{-(\sigma-a)t}u(t)e^{-j\omega t}dt$$

이 $X(s)$는 $e^{-(\sigma-a)t}u(t)$의 푸리에 변환으로 볼 수 있다. $e^{-(\sigma-a)t}u(t)$가 푸리에 변환이 되려면 적분이 가능해야 하며 다음의 조건을 만족해야 한다.

$$\sigma-a>0 \quad \Rightarrow \quad \sigma>a$$

$a=2$인 경우에 $\sigma>2$이면 푸리에 변환이 가능하며 수렴영역은 다음 그림과 같다.

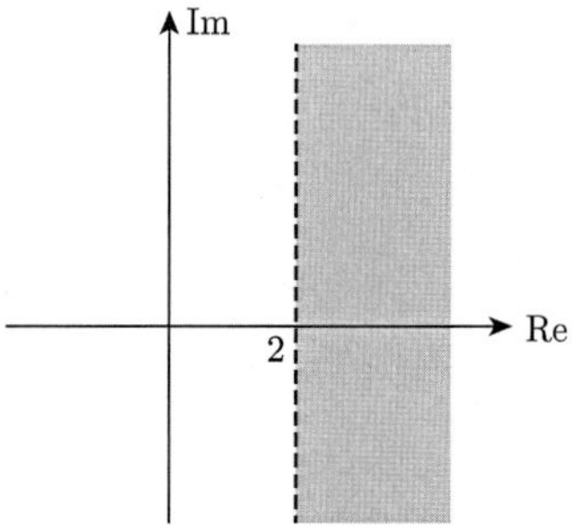

| 그림 10-7 | 두 번째 지수함수의 수렴영역

지금까지 살펴본 두 가지 지수함수의 수렴영역으로부터 다음의 결론을 얻는다.

첫째 : $t \geq 0$인 함수의 라플라스 변환의 수렴영역은 하한값(lower bound)을 갖는다.

둘째 : 어떤 함수의 라플라스 변환의 수렴영역이 허수축($j\omega$ 축)을 포함하면 푸리에 변환도 가능하다.

10.2.2 극점과 영점

어떤 함수를 라플라스 변환하면 복소평면의 입체 또는 곡면으로 변환된다. 이와 같은 라플라스 변환의 3차원 정보를 2차원 평면 위에 나타내는 방법으로 극점(pole)과 영점(zero)이 있다. 일반적으로 라플라스 변환 $X(s)$는 다음과 같이 다항식의 비로 표현된다.

$$X(s)=\frac{N(s)}{D(s)}$$

이 식에서 분모 다항식 $D(s)=0$인 복소평면의 s의 좌표를 극점이라고 한다. 극점의 물리적 의미는 s 평면(복소 평면)에서 $|X(s)|$의 높이가 무한대인 복소평면의 좌표를 의미한다. 또한 분자 다항식 $N(s)=0$인 복소평면의 s의 좌표를 영점이라고 하며 영점의 물리적 의미는 $|X(s)|$의 높이가 0인 좌표를 의미한다.

함수 $x(t)$가 라플라스 변환되면 $X(s)$는 복소평면에서 만들어지는 복소수 값이다. 따라서 $|X(s)|$는 복소평면의 공간에서 만들어지는 입체 또는 곡면이라고 볼 수 있다. $|X(s)|$의 가장 일반적인 곡면은 산과 같은 입체를 상상할 수 있다. 이와 같은 3차원의 입체 또는 곡면을 2차원의 평면에 효과적으로 표기하기 위한 방법이 극점과 영점이다. $|X(s)|$의 곡면을 3차원 컴퓨터그래픽으로 그려도 되지만, 2차원 평면에 극점과 영점으로 나타내어도 $|X(s)|$의 곡면을 어느 정도 예측할 수 있어서 효과적인 도구이다. 즉 극점은 입체의 산꼭대기로, 영점은 계곡의 골짜기로 상상할 수 있다. 그러면 다음 지수함수의 극점과 영점을 구해보기로 한다.

$$x(t)=e^{-t}u(t)$$

이 함수의 라플라스 변환은 다음과 같다.

$$X(s) = \int_0^{\infty} e^{-t}u(t)e^{-st}dt = \int_0^{\infty} e^{-(s+1)t}dt = \frac{1}{s+1}$$

위의 라플라스 변환에서는 영점은 없으며 극점의 좌표는 다음과 같다.

$$s+1=0 \rightarrow s=-1, \text{ 극점의 좌표 : } (-1,\ 0)$$

이와 같은 극점을 3차원 그래프로 나타내보기로 한다. 일반적으로 $X(s)$는 복소 평면에서 정의되는 복소수 값이므로 3차원 그래프로 나타내려면 $|X(s)|$를 플롯하여야 한다. $|X(s)|$는 3차원의 입체이므로 컴퓨터를 사용하면 쉽게 그릴 수 있다. 위의 라플라스 변환의 $|X(s)|$ 그래프를 MatLab을 사용하여 그리면 다음과 같다.

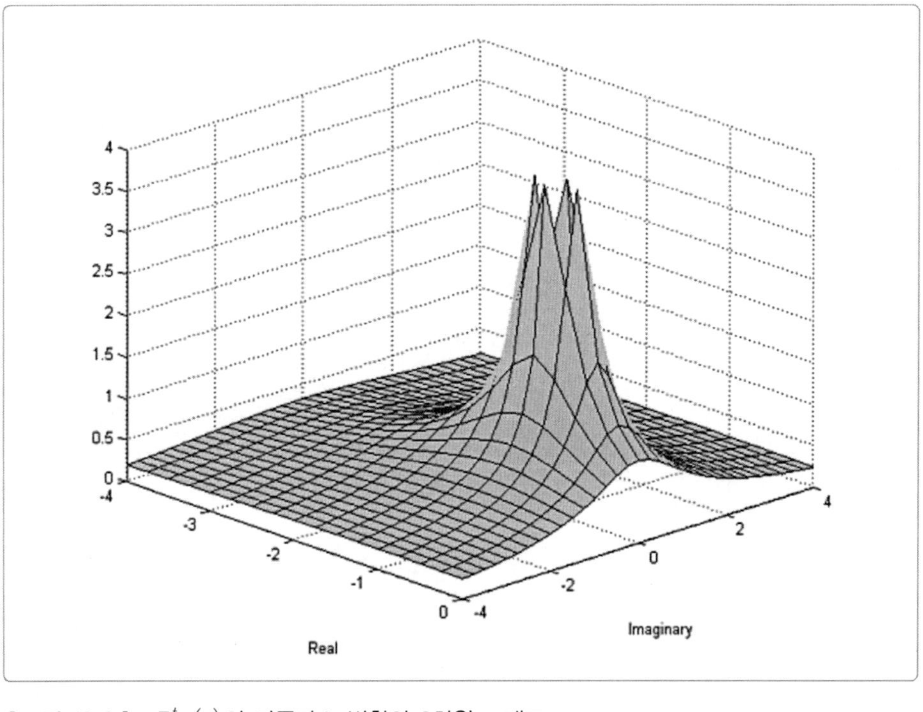

| 그림 10-8 | $e^{-t}u(t)$의 라플라스 변환의 3차원 그래프

그림의 라플라스 변환 3차원 그래프는 실수 부분은 -4부터 0까지, 허수 부분은 $-4j$부터 $4j$까지 나타내었다. 이 그림에서 보듯이 (-1, 0)에 극점이 있음을 알 수 있다.

이 3차원 라플라스 변환 그래프를 보면 라플라스 변환과 푸리에 변환의 관계를 쉽게 이해할 수 있다. 이를 위해 라플라스 변환과 푸리에 변환의 정의를 다시 보자.

$$X(s) = \int_{0}^{\infty} x(t) e^{-st} dt = \int_{0}^{\infty} x(t) e^{-(\sigma + j\omega)t} dt$$

$$X(\omega) = \int_{-\infty}^{\infty} x(t) e^{-j\omega t} dt$$

이 식에서 보듯이 푸리에 변환은 라플라스 변환에서 $\sigma = 0$의 특수한 경우임을 알 수 있다. 즉 허수축에서 구한 라플라스 변환이 푸리에 변환이다. 이를 확인하기 위하여 $x(t) = e^{-t}u(t)$의 푸리에 변환인 $X(\omega) = 1/(1 + j\omega)$의 $|X(\omega)|$를 플롯하면 다음 그림과 같다.

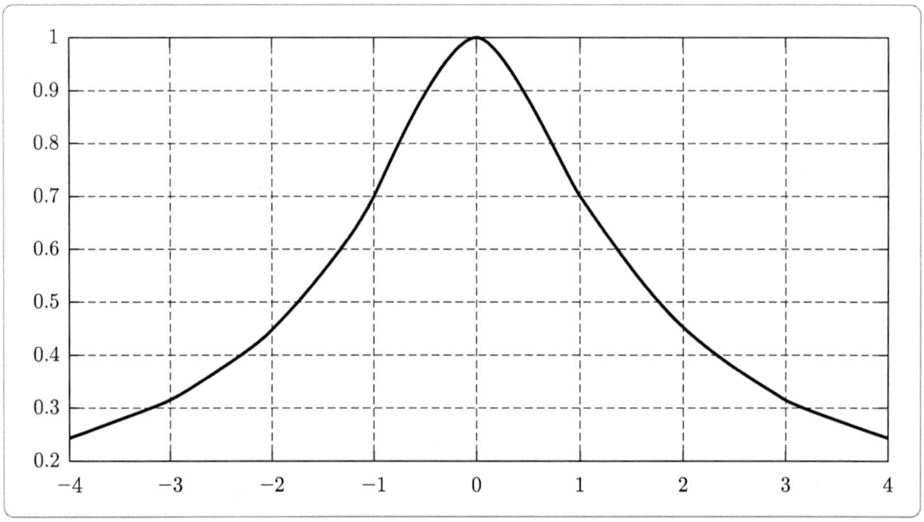

❙ 그림 10-9 ❙ $e^{-t}u(t)$의 푸리에 변환의 2차원 그래프

$e^{-t}u(t)$의 라플라스 변환 그래프와 푸리에 변환 그래프를 비교해보면 푸리에 변환 그래프가 라플라스 변환의 허수축에서의 모양과 같음을 알 수 있다. 즉 라플라스 변환의 3차원 입체를 허수축으로 자르면 그 단면이 바로 푸리에 변환과 같다.

예제 다음 라플라스 변환의 극점과 영점을 구하시오.

$$X(s) = \frac{s^2+9}{s^2+4s+5}$$

풀이 극점의 좌표는 다음과 같다.

$$D(s) = s^2+4s+5 = 0 \ \rightarrow \ s = \frac{-4 \pm \sqrt{16-20}}{2} = -2 \pm j$$

영점의 좌표는 다음과 같다.

$$N(s) = s^2+9 = 0 \rightarrow s^2 = -9 \rightarrow s = \pm 3j$$

이렇게 얻어진 극점-영점도는 다음 그림과 같다.

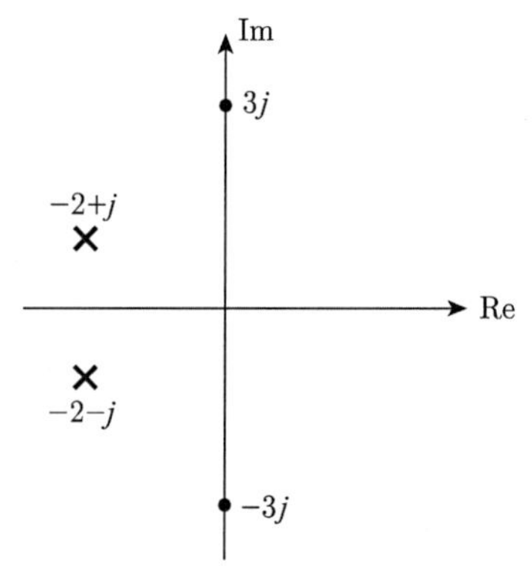

그림 10-10 예제의 극점-영점도

10.3 여러 가지 함수의 라플라스 변환

10.3.1 지수함수의 라플라스 변환

다음과 같은 지수함수의 라플라스 변환을 구해보기로 한다.

$$x(t) = e^{-at}u(t), \ \ a > 0$$

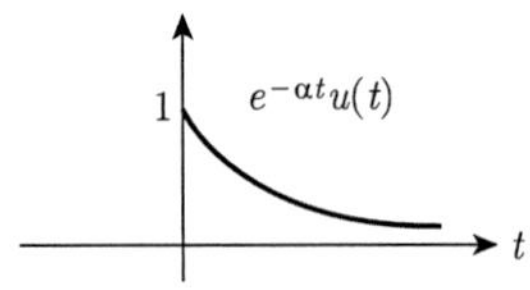

| 그림 10-11 | 지수함수

이 함수의 라플라스 변환은 다음과 같다.

$$X(s)=\int_0^{\infty} e^{-at}u(t)e^{-st}dt=\int_0^{\infty} e^{-(s+a)t}dt$$

$$=\left[\frac{e^{-(s+a)t}}{-(s+a)}\right]_0^{\infty}=\frac{1}{s+a},\quad \mathrm{Re}\{s\}>-a$$

10.3.2 단위계단함수의 라플라스 변환

다음과 같은 단위계단함수의 라플라스 변환을 구해보기로 한다.

$$u(t)=\begin{cases}1, & t\geq 0\\ 0, & t<0\end{cases}$$

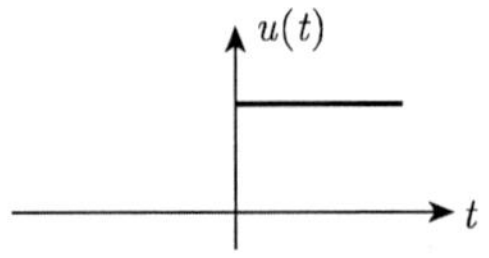

| 그림 10-12 | 단위계단함수

이 함수의 라플라스 변환은 다음과 같다.

$$X(s)=\int_0^{\infty} u(t)e^{-st}dt=\int_0^{\infty} e^{-st}dt$$

$$=\left[\frac{e^{-st}}{-s}\right]_0^{\infty}=\frac{0-1}{-s}=\frac{1}{s},\quad \mathrm{Re}\{s\}>0$$

수렴영역은 다음과 같다. 수렴영역이 Im 축을 포함하지 않으므로 푸리에 변환은 존재하지 않는다.

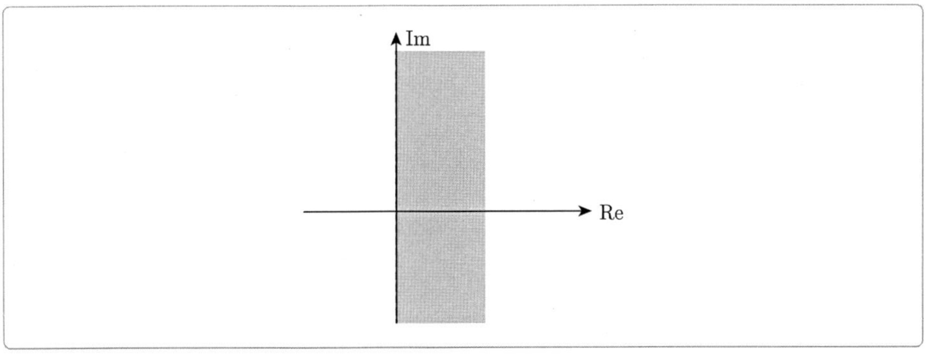

| 그림 10-13 | 예제의 수렴영역

10.3.3 cos 함수의 라플라스 변환

다음과 같은 cos 함수의 라플라스 변환을 구해보기로 한다.

$$x(t) = \cos \omega_0 t u(t)$$

이 함수의 라플라스 변환은 다음과 같다.

$$X(s) = \int_0^\infty \cos \omega_0 t u(t) e^{-st} dt = \int_0^\infty \frac{e^{j\omega_0 t} + e^{-j\omega_0 t}}{2} e^{-st} dt$$

$$= \frac{1}{2}\int_0^\infty e^{-(s-j\omega_0)t} dt + \frac{1}{2}\int_0^\infty e^{-(s+j\omega_0)t} dt$$

$$= \frac{1}{2}\left[\frac{e^{-(s-j\omega_0)t}}{-(s-j\omega_0)}\right]_0^\infty + \frac{1}{2}\left[\frac{e^{-(s+j\omega_0)t}}{-(s+j\omega_0)}\right]_0^\infty$$

$$= \frac{1}{2(s-j\omega_0)} + \frac{1}{2(s+j\omega_0)} = \frac{s}{s^2+\omega_0^2}$$

10.3.4 sin 함수의 라플라스 변환

다음과 같은 sin 함수의 라플라스 변환을 구해보기로 한다.

$$x(t) = \sin \omega_0 t u(t)$$

이 함수의 라플라스 변환은 다음과 같다.

$$X(s) = \int_0^\infty \sin \omega_0 t u(t) e^{-st} dt = \int_0^\infty \frac{e^{j\omega_0 t} - e^{-j\omega_0 t}}{2j} e^{-st} dt$$

$$= \frac{1}{2j} \int_0^\infty e^{-(s - j\omega_0)t} dt - \frac{1}{2j} \int_0^\infty e^{-(s + j\omega_0)t} dt$$

$$= \frac{1}{2j} \left[\frac{e^{-(s - j\omega_0)t}}{-(s - j\omega_0)} \right]_0^\infty - \frac{1}{2j} \left[\frac{e^{-(s + j\omega_0)t}}{-(s + j\omega_0)} \right]_0^\infty$$

$$= \frac{1}{2j(s - j\omega_0)} - \frac{1}{2j(s + j\omega_0)} = \frac{\omega_0}{s^2 + \omega_0^2}$$

10.4 라플라스 변환의 성질

10.4.1 선형성

두 개 함수의 라플라스 변환이 각각 다음과 같다.

$$x_1(t) \leftrightarrow X_1(s), \qquad x_2(t) \leftrightarrow X_2(s)$$

이 때 이들 함수의 가중합에 대한 라플라스 변환은 다음과 같다.

$$ax_1(t) + bx_2(t) \leftrightarrow aX_1(s) + bX_2(s)$$

이 성질을 선형성(linearity)이라고 한다.

예제 함수 $x(t) = (2 + 3e^{-2t})u(t)$의 라플라스 변환, 극점, 영점, 수렴영역을 구하시오.

풀이 각각의 라플라스 변환은 다음과 같다.

$$u(t) \leftrightarrow \frac{1}{s}, \qquad e^{-2t}u(t) \leftrightarrow \frac{1}{s+2}$$

따라서 선형성을 이용하면 라플라스 변환은 다음과 같다.

$$2u(t)+3e^{-2t}u(t) \leftrightarrow \frac{2}{s}+\frac{3}{s+2}=\frac{5s+4}{s(s+2)}$$

따라서 극점과 영점은 각각 다음과 같다.

$$\text{극점} : s=0,\ s=-2,\ \text{영점} : s=-0.8$$

각각의 수렴영역은 $\text{Re}\{s\}>0$과 $\text{Re}\{s\}>-2$이며 다음 그림과 같다.

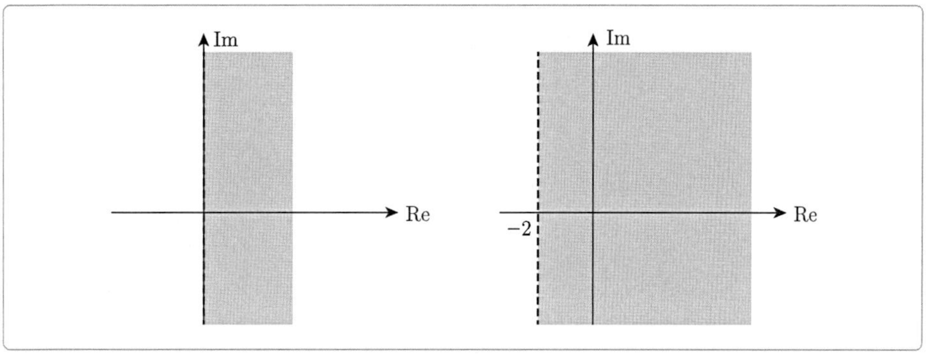

| 그림 10-14 | 예제의 각각의 수렴영역

전체 함수의 수렴영역은 각각의 수렴영역을 모두 만족해야 하므로 $\text{Re}\{s\}>0$이 된다.

10.4.2 시간이동 성질

$x(t)\leftrightarrow X(s)$일 때, 다음과 같은 성질이 있다.

$$x(t-t_0)u(t-t_0) \leftrightarrow e^{-t_0 s}X(s)$$

이 식에서 t_0는 양의 실수이다. 이 성질을 시간이동 성질(time shifting property)이라고 한다.

증명 $\int_0^\infty x(t-t_0)u(t-t_0)e^{-st}dt=\int_{t_0}^\infty x(t-t_0)e^{-st}dt$

이 식에서 $t-t_0=\tau$로 치환하면 다음과 같이 증명된다.

$$\int_{t_0}^{\infty} x(t-t_0)e^{-st}dt = \int_0^{\infty} x(\tau)e^{-s(\tau+t_0)}d\tau$$
$$= e^{-t_0 s}\int_0^{\infty} x(\tau)e^{-s\tau}d\tau = e^{-t_0 s}X(s)$$

10.4.3 주파수이동 성질

$x(t) \leftrightarrow X(s)$일 때, 다음과 같은 성질이 있다.

$$x(t)e^{s_0 t} \leftrightarrow X(s-s_0)$$

이 성질을 주파수이동 성질(frequency shifting property)이라고 한다.

증명 $\int_0^{\infty} x(t)e^{s_0 t}e^{-st}dt = \int_0^{\infty} x(t)e^{-(s-s_0)t}dt = X(s-s_0)$

10.4.4 스케일링 성질

함수 $x(t)$의 라플라스 변환이 다음과 같다.

$$x(t) \leftrightarrow X(s), \qquad \mathrm{Re}\{s\} > b$$

이때 양의 실수 a에 대하여 다음의 관계가 있다.

$$x(at) \quad \leftrightarrow \quad \frac{1}{a}X\left(\frac{s}{a}\right), \qquad \mathrm{Re}\{s\} > ab$$

이 성질을 스케일링 성질(scaling property)이라고 한다.

10.4.5 미분 성질

$x(t) \leftrightarrow X(s)$일 때, 다음과 같은 성질이 있다.

$$\frac{dx(t)}{dt} \quad \leftrightarrow \quad sX(s) - x(0)$$

이 성질을 미분 성질(differentiation property)이라고 한다.

증명 $\mathcal{L}\left\{\frac{dx(t)}{dt}\right\} = \int_0^\infty \frac{dx(t)}{dt} e^{-st} dt$

부분 적분을 이용하면 다음과 같다.

$$\int_0^\infty \frac{dx(t)}{dt} e^{-st} dt = e^{-st} x(t)\Big|_0^\infty - \int_0^\infty x(t)(-s)e^{-st} dt$$
$$= \lim_{t\to\infty} [e^{-st} x(t)] - x(0) + sX(s)$$

참고로 부분적분은 다음과 같다.

$$\int \frac{dx(t)}{dt} y(t) dt = x(t)y(t) - \int_0^\infty x(t) \frac{dy(t)}{dt} dt$$

$\lim_{t\to\infty} [e^{-st} x(t)] = \lim_{t\to\infty} [e^{-\sigma t} e^{-j\omega t} x(t)]$에서 $X(s)$가 존재하므로 $\lim_{t\to\infty} [e^{-\sigma t}] = 0$이 된다. 따라서 다음과 같이 증명할 수 있다.

$$\lim_{t\to\infty} [e^{-st} x(t)] - x(0) + sX(s) = sX(s) - x(0)$$

시간영역에서의 미분은 주파수영역에서의 s의 곱으로 나타난다. 이와 같은 미분 성질은 다음과 같이 확장할 수 있다.

$$\frac{d^2 x(t)}{dt^2} \quad \leftrightarrow \quad s^2 X(s) - sx(0) - x'(0)$$
$$\frac{d^n x(t)}{dt^n} \quad \leftrightarrow \quad s^n X(s) - s^{n-1} x(0) - \cdots - sx^{(n-2)}(0) - x^{(n-1)}(0)$$

10.4.6 적분 성질

0부터 시작되는 함수 $x(t)$에 대하여 다음의 관계가 있다.

$$y(t) = \int_0^t x(\tau) d\tau$$

이 함수의 라플라스 변환은 다음과 같다.

$$Y(s) = \frac{X(s)}{s}$$

이 성질을 적분 성질(integral property)이라고 한다.

10.4.7 주파수영역의 미분성질

다음의 라플라스 변환에서

$$X(s) = \int_0^\infty x(t)e^{-st}dt$$

양변을 s로 미분하면 다음과 같다.

$$\frac{dX(s)}{ds} = \int_0^\infty (-t)x(t)e^{-st}dt$$

따라서 다음의 관계식이 성립한다.

$$-tx(t) \quad \leftrightarrow \quad \frac{dX(s)}{ds}$$

위의 식을 반복하여 적용하면 다음의 식을 얻는다.

$$(-t)^n x(t) \quad \leftrightarrow \quad \frac{d^n X(s)}{ds^n}$$

10.4.8 변조 성질

$x(t) \leftrightarrow X(s)$일 때,

$$x(t)\cos\omega_0 t \quad \leftrightarrow \quad \frac{1}{2}[X(s+j\omega_0) + X(s-j\omega_0)]$$

의 관계가 성립한다. 이 성질을 변조 성질(modulation property)이라고 한다.

증명 $x(t)\cos\omega_0 t = x(t)\dfrac{e^{j\omega_0 t} + e^{-j\omega_0 t}}{2}$

주파수이동 성질을 이용하면 다음과 같이 증명된다.

$$x(t)\frac{e^{j\omega_0 t} + e^{-j\omega_0 t}}{2} \quad \leftrightarrow \quad \frac{1}{2}[X(s+j\omega_0) + X(s-j\omega_0)]$$

10.5 역 라플라스 변환

이 절에서는 주어진 라플라스 변환 $X(s)$로부터 원 함수 $x(t)$를 찾는 방법인 역 라플라스 변환(Inverse Laplace Transform)에 대하여 기술한다. 이 절에서는 부분분수 전개(partial fraction expansion)를 사용한 역 라플라스 변환을 소개하도록 한다. 일반적으로 라플라스 변환 $X(s)$는 분수 형이며 분자와 분모는 각각 다항식으로 이루어진다. 따라서 주어진 라플라스 변환의 식은 다음과 같이 부분 분수의 합으로 전개할 수 있다.

$$X(s)=\sum_{n=0}^{N-1}\frac{b_n}{s+a_n}$$

위와 같이 전개한 후에 다음의 관계식을 이용하여 역 변환한다.

$$\frac{1}{s+a} \leftrightarrow e^{-at}u(t)$$

다음의 예제를 통하여 부분분수 전개 방법을 알아보기로 한다.

$$X(s)=\frac{2s+1}{s^2+5s+4}$$

먼저 다음과 같이 분모다항식을 인수분해하여 부분분수로 전개한다.

$$X(s)=\frac{2s+1}{s^2+5s+4}=\frac{2s+1}{(s+4)(s+1)}=\frac{A_1}{s+4}+\frac{A_2}{s+1}$$

계수 A_1은 다음과 같이 양변에 $(s+4)$를 곱하여 구한다.

$$A_1+\left.\frac{A_2(s+4)}{s+1}\right|_{s=-4}=\left.\frac{2s+1}{s+1}\right|_{s=-4} \qquad \therefore A_1=\frac{7}{3}=2.333$$

계수 A_2는 다음과 같이 양변에 $(s+1)$을 곱하여 구한다.

$$A_2+\left.\frac{A_1(s+1)}{s+4}\right|_{s=-1}=\left.\frac{2s+1}{s+4}\right|_{s=-1} \qquad \therefore A_3=-\frac{1}{3}=-0.333$$

구한 계수의 값을 대입하면 부분분수로 전개된 라플라스 변환은 다음과 같다.

$$X(s)=\frac{2.333}{s+4}-\frac{0.333}{s+1}$$

위의 식은 바로 다음과 같이 역 라플라스 변환이 가능하다.

$$x(t)=2.333e^{-4t}u(t)-0.333e^{-t}u(t)$$

분모다항식의 해가 중근을 갖는 경우의 부분분수 전개 방법에 대하여 다음의 예제를 통하여 알아보기로 한다.

$$X(s)=\frac{2s^2-25s-33}{s^3-3s^2-9s-5}$$

먼저 다음과 같이 분모다항식을 인수분해하여 부분분수로 전개한다.

$$X(s)=\frac{2s^2-25s-33}{s^3-3s^2-9s-5}=\frac{2s^2-25s-33}{(s-5)(s+1)^2}=\frac{A_1}{s-5}+\frac{A_2}{s+1}+\frac{A_3}{(s+1)^2}$$

계수 A_1은 다음과 같이 양변에 $(s-5)$를 곱하여 구한다.

$$A_1+\frac{A_2(s-5)}{s+1}+\frac{A_3(s-5)}{(s+1)^2}\bigg|_{s=5}=\frac{2s^2-25s-33}{(s+1)^2}\bigg|_{s=5}\quad \therefore A_1=-3$$

계수 A_3는 다음과 같이 양변에 $(s+1)^2$을 곱하여 구한다.

$$\frac{A_1(s+1)^2}{s-5}+\frac{A_2(s+1)^2}{s+1}+A_3\bigg|_{s=-1}=\frac{2s^2-25s-33}{s-5}\bigg|_{s=-1}\quad \therefore A_3=1$$

계수 A_2는 다음과 같이 위의 식을 미분하여 구할 수 있다.

$$A_1\frac{2(s+1)(s-5)-(s+1)^2}{(s-5)^2}+A_2\bigg|_{s=-1}$$
$$=\frac{(4s-25)(s-5)-(2s^2-25s-33)}{(s-5)^2}\bigg|_{s=-1}\quad \therefore A_2=5$$

구한 계수의 값을 대입하면 부분분수로 전개된 라플라스 변환은 다음과 같다.

$$X(s) = \frac{-3}{s-5} + \frac{5}{s+1} + \frac{1}{(s+1)^2}$$

위의 라플라스 변환을 역 변환하면 다음과 같다.

$$x(t) = -3e^{5t}u(t) + 5e^{-tu(t)} + te^{-t}u(t)$$

위의 역 변환에서는 주파수영역의 미분성질 $-tx(t) \leftrightarrow \frac{dX(s)}{ds}$를 이용하였다.

10.6 라플라스 변환의 활용 : 미분방정식의 해

라플라스 변환의 용도는 다양하다. 그 중에서 이 책에서는 미분방정식의 해를 찾는 데 사용하는 용도를 알아보기로 한다. 먼저 미분 성질을 이용하여 $Y(s)$를 구한 후에 역 라플라스 변환을 이용하여 미분방정식의 해인 $y(t)$를 구할 수 있다.

예제 다음 미분방정식의 균일해를 구하시오.

$$\frac{d^2y(t)}{dt} + 3\frac{dy(t)}{dt} + 2y(t) = 0, \quad y(0) = 3, \quad \frac{dy(0)}{dt} = 1$$

풀이 $y(t) \leftrightarrow Y(s)$, $\frac{dy(t)}{dt} \leftrightarrow sY(s) - y(0) = sY(s) - 3$,

$$\frac{d^2y(t)}{dt^2} \leftrightarrow s^2Y(s) - sy(0) - \frac{dy(0)}{dt} = s^2Y(s) - 3s - 1$$

주어진 미분방정식을 라플라스 변환하면 다음과 같다.

$$s^2Y(s) - 3s - 1 + 3sY(s) - 9 + 2Y(s) = 0$$

$$\Rightarrow s^2Y(s) + 3sY(s) + 2Y(s) = 3s + 10$$

$$\Rightarrow Y(s) = \frac{3s+10}{s^2+3s+2} = \frac{3s+10}{(s+1)(s+2)} = \frac{A}{s+1} + \frac{B}{s+2}$$

$$A + \left.\frac{B(s+1)}{s+2}\right|_{s=-1} = \left.\frac{3s+10}{s+2}\right|_{s=-1} \quad \therefore A = 7$$

$$B + \left.\frac{A(s+2)}{s+1}\right|_{s=-2} = \left.\frac{3s+10}{s+1}\right|_{s=-2} \quad \therefore B = -4$$

$$Y(s) = \frac{7}{s+1} - \frac{4}{s+2} \qquad \therefore y(t) = 7e^{-t}u(t) - 4e^{-2t}u(t)$$

예제 다음 미분방정식의 해를 구하시오.

$$\frac{d^2y(t)}{dt^2} + 5\frac{dy(t)}{dt} + 6y(t) = e^{-t}u(t), \quad \frac{dy(0)}{dt} = 1, \ y(0) = 2$$

풀이 $s^2Y(s) - 2s - 1 + 5[sY(s) - 2] + 6Y(s) = \dfrac{1}{s+1}$

$$\Rightarrow s^2Y(s) - 5sY(s) + 6Y(s) = \frac{1}{s+1} + 2s + 11$$

$$\Rightarrow (s^2 - 5s + 6)Y(s) = \frac{2s^2 + 13s + 12}{s+1}$$

$$Y(s) = \frac{2s^2 + 13s + 12}{(s+1)(s+2)(s+3)} = \frac{A_1}{s+1} + \frac{A_2}{s+2} + \frac{A_3}{s+3}$$

$$A_1 + \frac{A_2(s+1)}{s+2} + \frac{A_3(s+1)}{s+3}\bigg|_{s=-1} = \frac{2s^2 + 13s + 12}{(s+2)(s+3)}\bigg|_{s=-1} \quad \therefore A_1 = 0.5$$

$$A_2 + \frac{A_1(s+2)}{s+1} + \frac{A_3(s+2)}{s+3}\bigg|_{s=-2} = \frac{2s^2 + 13s + 12}{(s+1)(s+3)}\bigg|_{s=-2} \quad \therefore A_2 = 6$$

$$A_3 + \frac{A_1(s+3)}{s+1} + \frac{A_2(s+3)}{s+2}\bigg|_{s=-3} = \frac{2s^2 + 13s + 12}{(s+1)(s+2)}\bigg|_{s=-3} \quad \therefore A_3 = -4.5$$

$$Y(s) = \frac{0.5}{s+1} + \frac{6}{s+2} - \frac{4.5}{s+1}$$

$$\therefore y(t) = 0.5e^{-t}u(t) + 6e^{-2t}u(t) - 4.5e^{-3t}u(t)$$

예제 다음 그림의 RL 회로 시스템에서 $t = 0$에서 스위치가 닫혔다. 라플라스 변환을 사용하여 출력 전류를 구하시오(단 초기값은 $i(0) = 0$).

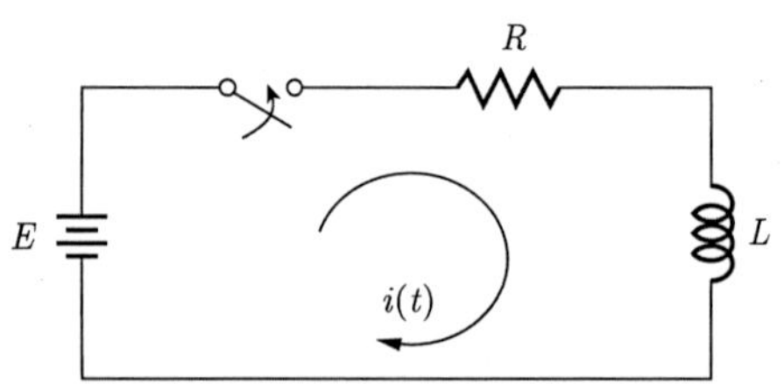

▎그림 10-15 ▎ 예제의 RL 시스템

풀이 $L\frac{di(t)}{dt}+Ri(t)=E$

주어진 미분방정식을 라플라스 변환하면 다음과 같다.

$$L[sI(s)-i(0)]+RI(s)=\frac{E}{s} \Rightarrow I(s)(Ls+R)=\frac{E}{s}$$

$$\Rightarrow \quad I(s)=\frac{E/L}{s(s+R/L)}=\frac{A}{s}+\frac{B}{s+R/L}$$

$$A+\left.\frac{Bs}{s+R/L}\right|_{s=0}=\left.\frac{E/L}{s+R/L}\right|_{s=0} \qquad \therefore A=\frac{E}{R}$$

$$B+\left.\frac{A(s+R/L)}{s}\right|_{s=-R/L}=\left.\frac{E/L}{s}\right|_{s=-R/L} \quad \therefore B=-\frac{E}{R}$$

$$\Rightarrow I(s)=\frac{E}{R}\left(\frac{1}{s}-\frac{1}{s+R/L}\right)\Rightarrow i(t)=\frac{E}{R}(1-e^{-\frac{R}{L}t})u(t)$$

따라서 출력 전류는 다음 그림과 같다.

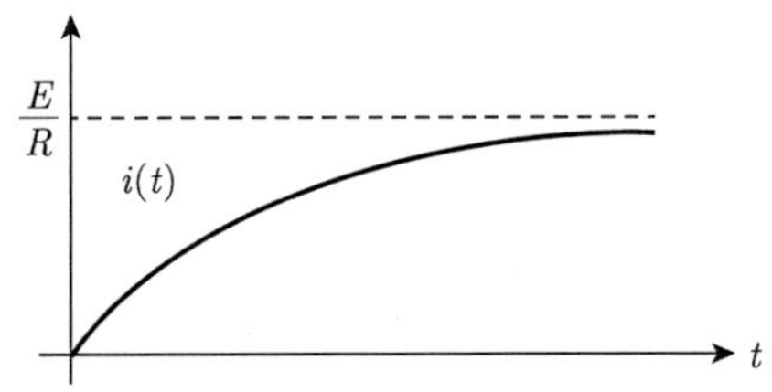

그림 10-16 예제의 출력 전류

예제 앞의 예제에서 미분방정식을 직접 풀어서 출력 전류를 구하시오(단 초기값은 $i(0)=0$).

풀이 $L\frac{di(t)}{dt}+Ri(t)=E \rightarrow \frac{di(t)}{dt}+\frac{R}{L}i(t)=\frac{E}{L} \rightarrow i_f(t)=ce^{-\frac{R}{L}t}$

입력이 상수 E이므로 특수해는 $i_p(t)=n$의 상수로 가정한다.

$$\frac{di_p(t)}{dt}=0, \rightarrow 0+\frac{R}{L}i_p(t)=\frac{E}{L}, \rightarrow i_p(t)=\frac{E}{R}$$

$$\therefore \quad i(t)=i_f(t)+i_p(t)=ce^{-\frac{R}{L}t}+\frac{E}{R}$$

초기조건 $i(0)=0$을 사용하여 c를 구할 수 있다.

$$c+\frac{E}{R}=0,\ \Rightarrow c=-\frac{E}{R} \qquad \therefore i(t)=\frac{E}{R}(1-e^{-\frac{R}{L}t})$$

앞의 두 예제에서 보듯이 라플라스 변환을 사용하여 푼 결과와 미분방정식을 바로 푼 결과가 같음을 알 수 있다.

예제 다음 미분방정식의 해를 구하시오(초기조건은 모두 0).

$$\frac{dy(t)}{dt}+y(t)=\cos t\,u(t)$$

풀이 먼저 양변을 라플라스 변환한다.

$$sY(s)+Y(s)=\frac{s}{s^2+1}, \quad \Rightarrow \quad Y(s)=\frac{s}{(s+1)(s^2+1)}$$

부분분수로 나타내면 다음과 같다.

$$Y(s)=\frac{s}{(s+1)(s^2+1)}=\frac{-1/2}{s+1}+\frac{1}{2}\frac{s+1}{s^2+1}$$
$$=\frac{-1/2}{s+1}+\frac{1}{2}\left(\frac{s}{s^2+1}+\frac{1}{s^2+1}\right)$$

역 라플라스 변환을 통해 다음과 같이 출력을 구할 수 있다.

$$y(t)=-\frac{1}{2}e^{-t}u(t)+\frac{1}{2}\cos tu(t)+\frac{1}{2}\sin tu(t)$$

예제 다음 그림과 같은 RC 회로가 있다. 라플라스 변환을 사용하여 이 회로의 미분방정식의 해를 구하시오. 이 회로의 입력은 $x(t)=\cos 10^5 t\,u(t)$이고, 초기조건은 0이다.

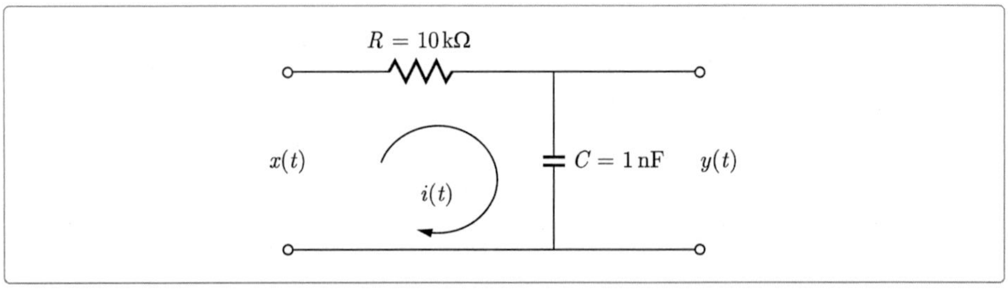

▌그림 10-17▐ 예제의 RC 시스템

풀이 이 시스템의 미분방정식은 다음과 같다.

$$Ri(t)+y(t)=x(t), \qquad i(t)=C\frac{dy(t)}{dt}$$

입력과 출력의 미분방정식을 구하면 다음과 같다.

$$\frac{dy(t)}{dt}+\frac{1}{RC}y(t)=\frac{1}{RC}x(t)$$

$1/RC$의 값은 다음과 같다.

$$\frac{1}{RC}=\frac{1}{10^4\times 10^{-9}}=10^5$$

위의 값을 대입한 최종 미분방정식은 다음과 같다.

$$\frac{dy(t)}{dt}+10^5y(t)=10^5\cos 10^5tu(t)$$

위의 식의 라플라스 변환과 $Y(s)$는 각각 다음과 같다.

$$sY(s)+10^5Y(s)=\frac{10^5s}{s^2+10^{10}} \quad \Rightarrow \quad Y(s)=\frac{10^5s}{(s+10^5)(s^2+10^{10})}$$

$Y(s)$를 부분분수로 나타내면 다음과 같다.

$$Y(s)=\frac{10^5s}{(s+10^5)(s^2+10^{10})}=\frac{A_1}{s+10^5}+\frac{A_2s+A_3}{s^2+10^{10}}$$

위의 식에서 미정 계수의 값들을 구해보기로 한다.

$$\begin{aligned}10^5s&=A_1(s^2+10^{10})+(A_2s+A_3)(s+10^5)\\&=(A_1+A_2)s^2+(A_3+10^2A_2)s+10^{10}A_1+10^5A_3\end{aligned}$$

위의 식의 계수 비교를 통하여 다음의 연립방정식을 얻는다.

$$\begin{cases}A_1+A_2=0\\A_3+10^5A^2=10^5\\A_110^5+A_3=0\end{cases}$$

위의 연립방정식을 풀면 계수의 값들은 다음과 같다.

$$A_1 = -0.5,\ A_2 = 0.5,\ A_3 = 0.5 \times 10^5$$

계수를 대입하면 $Y(s)$는 다음과 같다.

$$Y(s) = \frac{-0.5}{s+10^5} + \frac{0.5s + 0.5\times 10^5}{s^2+10^{10}} = \frac{-0.5}{s+10^5} + \frac{0.5s}{s^2+10^{10}} + \frac{0.5\times 10^5}{s^2+10^{10}}$$

역 라플라스 변환을 통해 다음과 같이 미분방정식의 해를 구할 수 있다.

$$y(t) = -0.5e^{-10^5 t}u(t) + 0.5\cos 10^5 tu(t) + 0.5\sin 10^5 tu(t)$$

연습문제

10-1 다음의 $X(s)$를 역 라플라스 변환하시오.

$$X(s)=\frac{s}{s^2-s-2}$$

10-2 다음의 $X(s)$를 역 라플라스 변환하시오.

$$X(s)=\frac{5s+8}{s^2+3s+2}$$

10-3 다음의 $X(s)$를 역 라플라스 변환하시오.

$$X(s)=\frac{2s^2-3s}{s^3-4s^2+5s-2}$$

10-4 다음의 $X(s)$를 역 라플라스 변환하시오.

$$X(s)=\frac{3s+7}{s^2+5s+6}$$

10-5 다음 미분방정식의 해를 구하시오.

$$\frac{dy(t)}{dt}+3y(t)=u(t),\quad y(0)=2$$

10-6 다음 미분방정식의 해를 구하시오.

$$\frac{dy(t)}{dt}+y(t)=\cos t\,u(t),\ \ y(0)=2$$

10-7 다음 미분방정식의 해를 구하시오.

$$\frac{dy(t)}{dt}+3y(t)=e^{-t}u(t),\ \ y(0)=1$$

10-8 다음 미분방정식의 해를 구하시오.

$$\frac{d^2y(t)}{dt^2}+3\frac{dy(t)}{dt}+2y(t)=u(t),\quad y(0)=2,\ y'(0)=1$$

10-9 어느 시스템을 나타내는 미분방정식이 다음과 같다.

$$\frac{d^2y(t)}{dt^2}+3\frac{dy(t)}{dt}+2y(t)=x(t),\quad y(0)=2,\ y'(0)=1$$

$x(t)=e^{-3t}u(t)$가 입력되었을 때, 출력 $y(t)$를 구하시오.

10-10 다음 미분방정식의 해를 구하시오.

$$\frac{d^2y(t)}{dt^2}+5\frac{dy(t)}{dt}+6y(t)=0,\quad y(0)=3,\ \frac{dy(0)}{dt}=1$$

10-11 다음 그림의 RL 회로에서 $t=0$에서 스위치가 닫혔다. 라플라스 변환을 사용하여 출력 전류 $i(t)$를 구하시오(단 초기값은 $i(0)=0$, $R=2\Omega$, $L=1\text{H}$, $E=2\text{V}$).

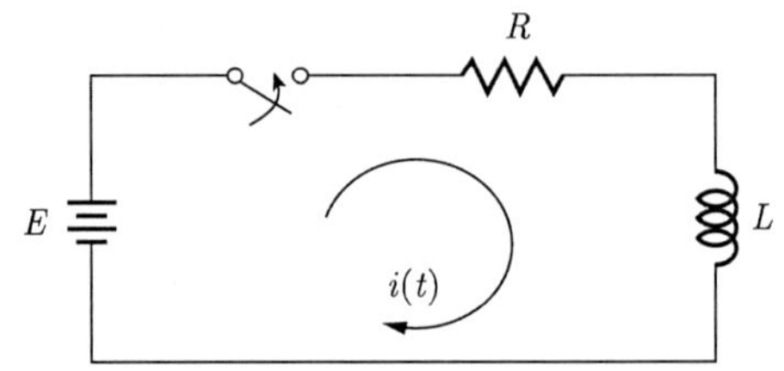

10-12 다음 그림의 직렬 RLC 회로에서 $t=0$에서 스위치가 ①에서 ②로 절환되었다.

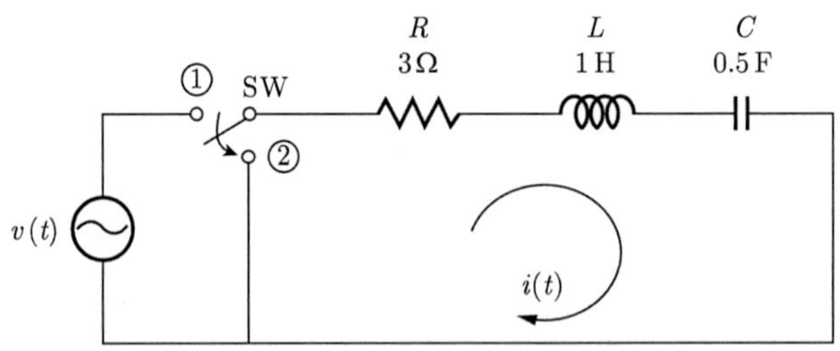

라플라스 변환을 사용하여 전류 $i(t)$를 구하시오.

이 회로에서 초기값은 $i(0)=3A$, $\dfrac{di(0)}{dt}=1A$ 이다.

CHAPTER 11

확률변수

전기/전자/정보통신 공학의 이해를 위하여 확률에 대한 기본 지식이 필요하다. 그 예로서 1과 0을 전송하는 통신시스템을 생각해보기로 하자.

이 통신시스템의 수신기는 송신기가 보내오는 1과 0을 연속적으로 수신한다. 앞으로 수신될 1과 0은 확률적으로 예측할 수밖에 없다.

이와 같은 확률적인 사건에서 사건의 결과에 수치를 매긴 것을 확률변수(random variable)라고 한다. 예를 들면 동전을 던져서 앞면이 나오면 1점의 수치를 매기고 뒷면이 나오면 0점의 수치를 매기면 확률변수가 된다.

컴퓨터 근거리 통신에서는 디지털 정보 1은 12볼트로, 디지털 정보 0은 −12볼트로 변환되어 송수신 되는데 바로 확률변수이다. 즉 수학에서는 동전던지기로 확률변수를 다루지만 이 동전던지기 확률변수가 전기/전자/정보통신 공학에서는 디지털 통신의 확률변수로 응용된다. 이와 같은 디지털통신의 확률변수의 규칙에 따라 디지털 정보를 다음 그림과 같은 신호(시간의 함수)로 전송해 보자.

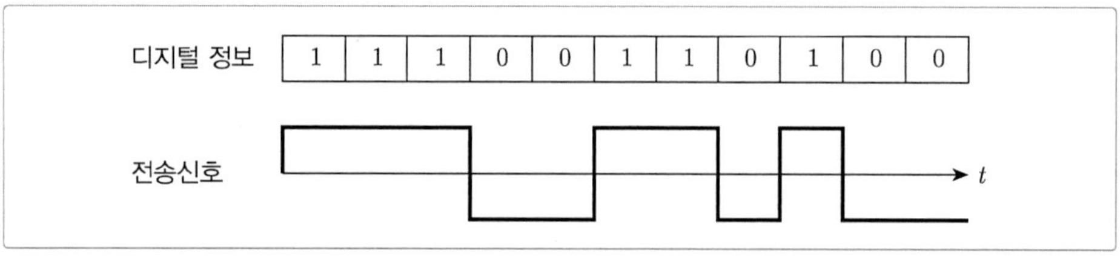

| 그림 11-1 | 디지털 통신의 신호

1과 0을 위의 그림과 같은 신호로 전송하게 되면 확률변수가 시간의 함수로 전개된다. 이와 같은 확률변수의 시간에 따라 전개되어가는 과정을 확률과정(random process, stochastic process)이라고 한다. 이 장에서는 확률, 확률변수, 그리고 확률과정의 기본 지식을 이해해보기로 한다.

11.1 확률

어떤 사건이 시행된 횟수를 N이라고 했을 때 여러 가지 결과 중에서 A라는 결과가 나타난 횟수를 N_A라고 가정하자. 예를 들어 동전던지기 사건이 시행된 횟수를

10번이라고 했을 때 앞면은 두 번 나올 수도 있고, 7번 나올 수도 있고, 그 빈도 수는 0, 1/10, 2/10, 3/10 등 11가지가 가능하다.

그러나 이와 같은 사건의 시행이 수없이 반복되었을 때에, 특정한 결과의 상대적인 빈도 수는 한계 값에 접근한다. 이와 같은 한계 값을 다음과 같이 결과 A의 확률(probability)로 정의한다.

$$P(A) = \lim_{N \to \infty} \frac{N_A}{N}$$

시행 가능한 두 개의 사상(event)에서 한 사상과 다른 사상이 동시에 발생할 수 없는 두 사상을 상호배반 사상이라고 한다.

예를 들면 동전던지기 사건에서 앞면이 나오는 사상 H과 뒷면이 나오는 사상 T는 상호배반 사상이다. 이와 같은 상호배반 사상의 확률을 각각 $P(H)$과 $P(T)$라고 했을 때, H 또는 T가 일어날 확률은 다음과 같다.

$$P(H \text{ or } T) = P(H) + P(T) = 1$$

주사위던지기 사건에서 1부터 6까지의 사상은 상호배반 사상이다. 이 경우에는 1부터 6까지의 어느 하나가 나올 확률은 다음과 같다.

$$P(A_1 \text{ or } A_2 \text{ or } A_3 \text{ or } A_4 \text{ or } A_5 \text{ or } A_6) = \sum_{n=1}^{6} P(A_n) = 1$$

11.2 확률변수

과거에 이미 일어나 사건을 결정론적(deterministic)인 사건이라고 하고 미래에 일어날 사건을 확률론적(probabilistic, stochastic) 사건이라고 한다. 따라서 아직 발생하지 않은 사건은 확률론적으로 설명하는 것이 합리적이다. 이와 같은 확률론적인 사건에서 어떤 결과에 대하여 정해진 규칙에 의한 수치를 매겨 표현한 것을 확률변수(random variable)라고 한다. 예를 들면 동전던지기 사건은 확률론적인 사건이다. 이 실험에서 다음과 같이 사상에 수치를 부여하면 확률변수가 된다.

$$X(Head) = 1, \quad X(Tail) = 0$$

전화기의 벨소리가 울리는 시간도 확률론적인 사건이다. 예를 들면 어느 전화기에서 지금부터 1분 사이에 반드시 한번 전화벨이 울린다고 하면, 다음과 같은 확률변수를 만들 수 있다.

$$X(call) = t, \quad 0 \le t \le 1$$

앞의 두 예에서 보듯이 확률변수는 이산적 확률변수와 연속적 확률변수가 있다. 예를 들어 동전던지기 결과에 수를 부여하면 2가지의 경우만 발생하므로 이와 같은 확률변수를 이산적 확률변수라고 한다. 이와 비교하여 전화벨 확률변수는 그 값이 0부터 1 사이의 어떤 수도 가능하므로 이와 같은 확률변수를 연속적 확률변수라고 한다.

예제 다음과 같은 디지털 데이터 전송 사건을 확률변수로 만드시오. 그림의 전송신호는 5볼트와 −5볼트이다.

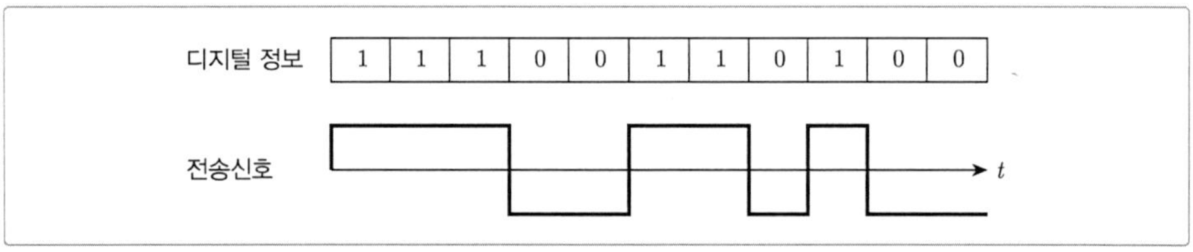

▎그림 11-2▎ 디지털 데이터 전송 확률변수

풀이 $X(1) = 5, \ X(0) = -5$

예제 다음과 같은 디지털 데이터 전송 사건을 확률변수로 만드시오. 디지털 정보 1일 때의 sin 파의 진폭은 5볼트이며, 0일 때의 sin 파의 진폭은 0볼트이다.

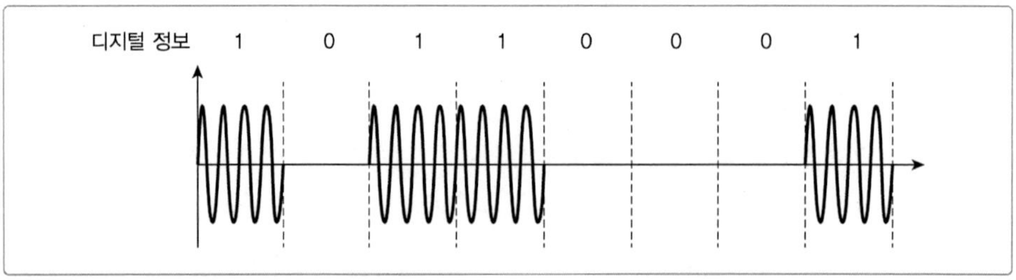

▎그림 11-3▎ 디지털 데이터 전송 확률변수

풀이 $X(1) = 5\sin\omega_0 t, \ X(0) = 0$

11.2.1 확률분포함수

확률변수는 그 값이 결정론적으로 정할 수 없기 때문에 확률분포가 필요하다. 확률분포함수(PDF; Probability Distribution Function)의 정의는 다음과 같다.

$$F_X(x) = P(X \le x)$$

위의 식에서 보듯이 확률분포함수는 확률변수 X가 어떤 정해진 실수 x 이하의 값을 가질 확률이다.

예제 동전던지기 사건의 확률은 $P(H) = p$, $P(T) = q$이다. 이때 각각의 결과에 대한 확률변수를 $X(H) = \pi$, $X(T) = 0$으로 만들었다. 확률분포함수 $F_X(x)$를 구하시오.

풀이 i) $x < 0$, $F_X(x) = P(X \le x) = 0$

ii) $0 \le x < \pi$, $F_X(x) = P(X \le x) = q$

iii) $x \ge \pi$, $F_X(x) = P(X \le x) = 1$

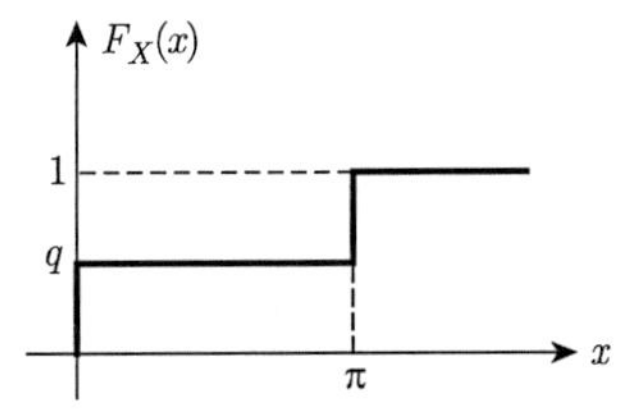

| 그림 11-4 | 동전던지기 확률분포함수

예제 주사위던지기의 확률은 각각 다음과 같다.

$$P(1) = \frac{1}{6},\ P(2) = \frac{1}{6},\ P(3) = \frac{1}{6},\ P(4) = \frac{1}{6},\ P(5) = \frac{1}{6},\ P(6) = \frac{1}{6}$$

이때 확률변수를 다음과 같이 만들었다.

$$X(1) = 10,\ X(2) = 20,\ X(3) = 30,\ X(4) = 40,\ X(5) = 50,\ X(6) = 60$$

이 확률변수의 확률분포함수 $F_X(x)$를 구하시오.

풀이 i) $x < 10$ $F_X(x) = 0$

ii) $10 \le x < 20$ $F_X(x) = \frac{1}{6}$

iii) $20 \le x < 30$ $F_X(x) = \frac{2}{6}$

iv) $30 \le x < 40$ $F_X(x) = \frac{3}{6}$

v) $40 \le x < 50$ $F_X(x) = \frac{4}{6}$

vi) $50 \le x < 60$ $F_X(x) = \frac{5}{6}$

vii) $60 \le x$ $F_X(x) = 1$

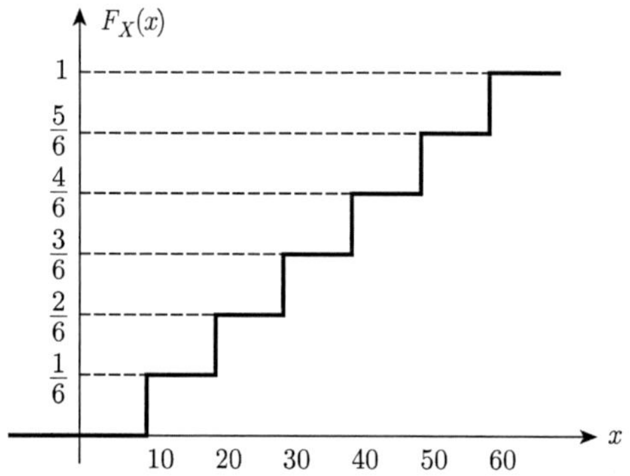

| 그림 11-5 | 주사위던지기 확률분포함수

예제 전화기 콜링이 1분 사이에 한번 발생한다. 확률변수를 다음과 같이 정의하였다.

$$X(call) = t, \quad 0 \le t \le 1$$

이 확률변수의 확률분포함수 $F_X(x)$를 구하시오.

풀이 i) $x < 0$ $F(x) = P(X \le x) = 0$

ii) $0 \le x \le 1$ $F(x) = P(X \le x) = x$

iii) $1 < x$ $F(x) = P(X \le x) = 1$

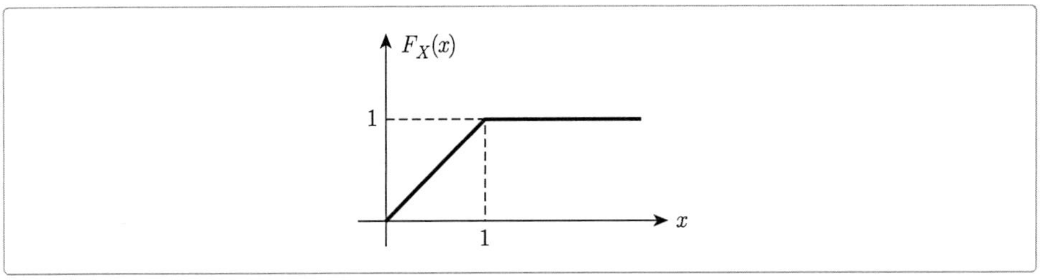

▌그림 11-6▐ 전화기 콜링 확률분포함수

예제 두번 동전던지기 사건에서 각각의 결과에 대한 확률은 다음과 같다.

$$P(HH)=\frac{1}{4},\ P(HT)=\frac{1}{4},\ P(TH)=\frac{1}{4},\ P(TT)=\frac{1}{4}$$

위의 확률에서 H는 앞면이고 T는 뒷면이다. 확률변수는 다음과 같이 만들었다.

$$X(HH)=2,\ X(HT)=1,\ X(TH)=1,\ X(TT)=0$$

이 확률변수의 확률분포함수 $F_X(x)$를 구하시오.

풀이 i) $x<0$ $\quad F(x)=P(X\le x)=0$

ii) $0\le x<1$ $\quad F(x)=P(X\le x)=P(TT)=P(T)P(T)=\frac{1}{4}$

iii) $1\le x<2$ $\quad F(x)=P(X\le x)=P(HT)+P(TH)+P(TT)=\frac{3}{4}$

iv) $2\le x$ $\quad F(x)=P(X\le x)=1$

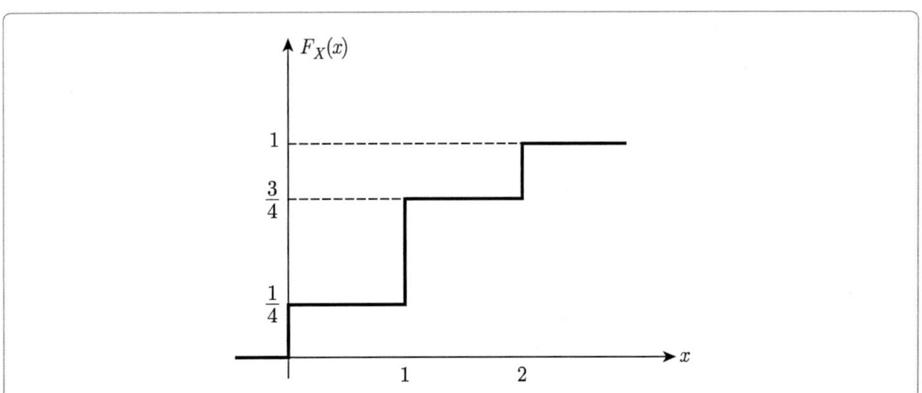

▌그림 11-7▐ 두번 동전던지기 확률분포함수

11.2.2 확률밀도함수

확률분포함수의 미분을 다음과 같이 확률밀도함수(pdf, probability density function)로 정의한다.

$$f_X(x) = \frac{dF_X(x)}{dx}$$

$$\int_{-\infty}^{\infty} f_X(x)dx = 1$$

$$F_X(x) = \int_{-\infty}^{x} f_X(a)da$$

예제 동전던지기의 확률과 확률변수는 각각 다음과 같다.

$$P(H) = p,\ \ P(T) = q$$

$$X(H) = \pi,\ X(T) = 0$$

이 동전던지기 사건의 확률밀도함수를 구하시오.

풀이

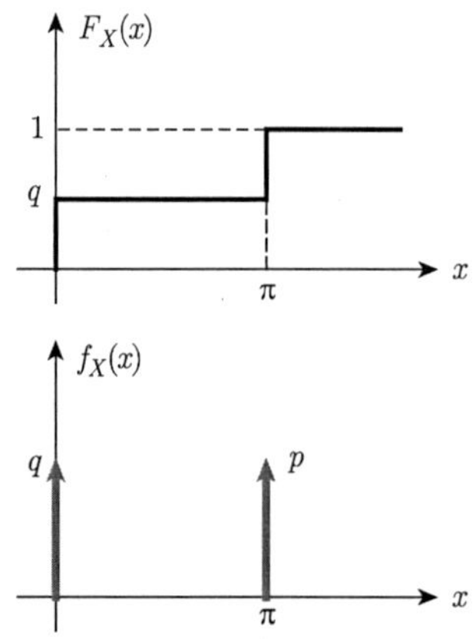

| 그림 11-8 | 동전던지기 사건의 확률밀도함수

위의 예제에서 보듯이 확률분포함수의 $x=0$과 $x=\pi$에서의 기울기가 ∞이다. 따라서 확률밀도함수는 $x=0$과 $x=\pi$에서 화살표 ↑로 표기하며 높이는 ∞이다. 첫 번째 화살표 ↑의 면적은 $0 \le x < \pi$ 구간에서 $\int_{-\infty}^{x} f_X(a)da = F_X(x) = q$이므

로 q가 된다. 두 번째 화살표 ↑의 면적은 $x \le \pi$ 구간에서 $\int_{-\infty}^{x} f_X(a)da = 1$이므로, 1에서 첫 번째 화살표 ↑의 면적 q를 빼면 p가 된다.

예제 주사위던지기의 확률은 각각 다음과 같다.

$$P(1)=\frac{1}{6},\ P(2)=\frac{1}{6},\ P(3)=\frac{1}{6},\ P(4)=\frac{1}{6},\ P(5)=\frac{1}{6},\ P(6)=\frac{1}{6}$$

이때 확률변수를 다음과 같이 만들었다.

$$X(1)=10,\ X(2)=20,\ X(3)=30,\ X(4)=40,\ X(5)=50,\ X(6)=60$$

이 확률변수의 확률밀도함수를 구하시오.

풀이

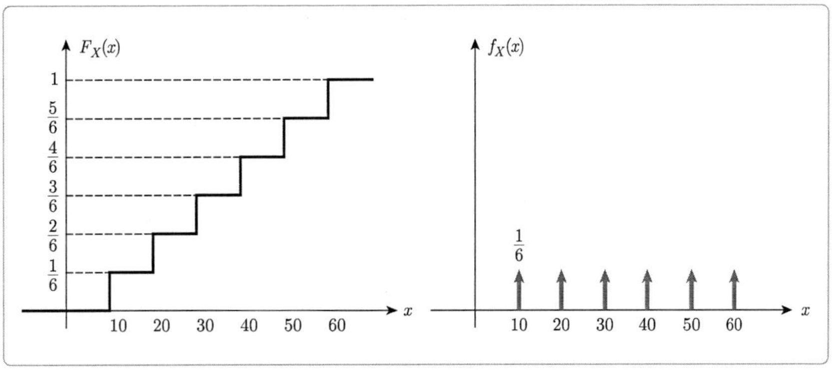

그림 11-9 주사위던지기 사건의 확률밀도함수

예제 전화기 콜링이 1분 사이에 한번 발생한다. 확률변수를 다음과 같이 정의하였다.

$$X(call) = t, \quad 0 \le t \le 1$$

이 확률변수의 확률밀도함수를 구하시오.

풀이

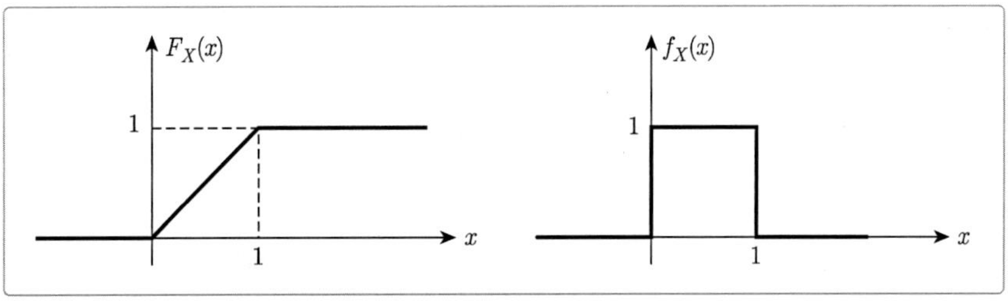

그림 11-10 전화기 콜링 사건의 확률밀도함수

예제 두번 동전던지기 사건에서 각각의 결과에 대한 확률은 다음과 같다.

$$P(HH) = \frac{1}{4},\ P(HT) = \frac{1}{4},\ P(TH) = \frac{1}{4},\ P(TT) = \frac{1}{4}$$

위의 확률에서 H는 앞면이고 T는 뒷면이다. 확률변수는 다음과 같이 만들었다.

$$X(HH) = 2,\ X(HT) = 1,\ X(TH) = 1,\ X(TT) = 0$$

이 확률변수의 확률밀도함수를 구하시오.

풀이

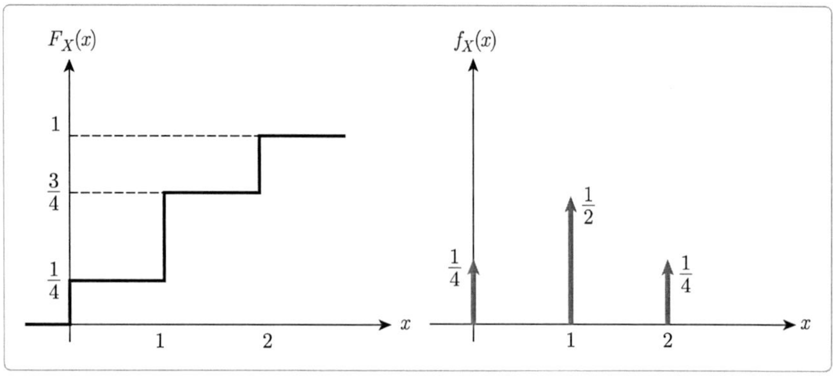

▎그림 11-11 ▎ 두 번 동전던지기의 확률밀도함수

예제 다음 그림과 같은 활쏘기는 확률론적인 사건이다.

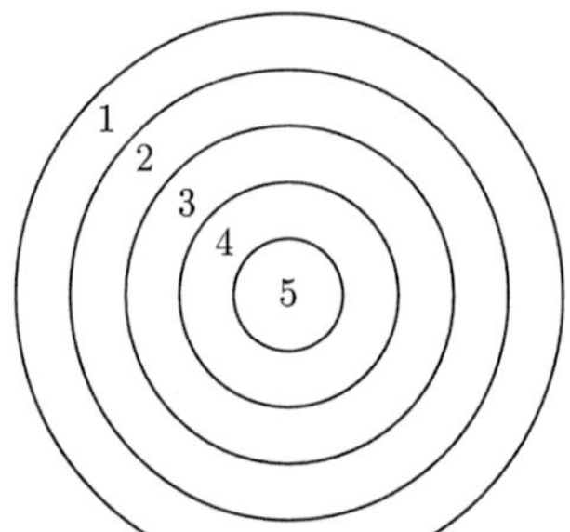

▎그림 11-12 ▎ 활쏘기 확률변수

활쏘기 사건에서 확률변수를 다음과 같이 만들었다. 그리고 어떤 사람 A의 활쏘기 확률은 다음과 같다. 확률분포함수와 확률밀도함수를 구하시오.

$$P(1)=\frac{1}{12},\ P(2)=\frac{1}{4},\ P(3)=\frac{1}{3},\ P(4)=\frac{1}{4},\ P(5)=\frac{1}{12}$$

$$X(1)=10,\ X(2)=20,\ X(3)=30,\ X(4)=40,\ X(5)=50$$

풀이

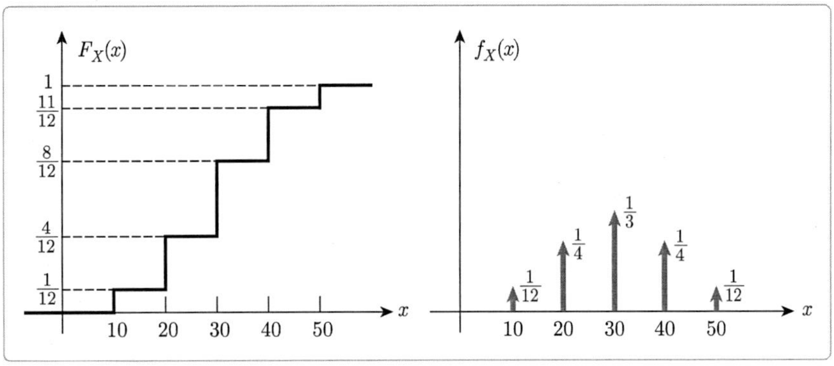

| 그림 11-13 | A의 활쏘기의 확률분포함수와 확률밀도함수

예제 활쏘기 사건의 확률변수는 지난 예제와 같다. 어느 활쏘기 선수 B의 과녁에 대한 확률은 각각 다음과 같다. 확률분포함수와 확률밀도함수를 구하시오.

$$P(1)=\frac{1}{24}\quad P(2)=\frac{1}{24}\quad P(3)=\frac{1}{12}\quad P(4)=\frac{1}{3}\quad P(5)=\frac{1}{2}$$

풀이

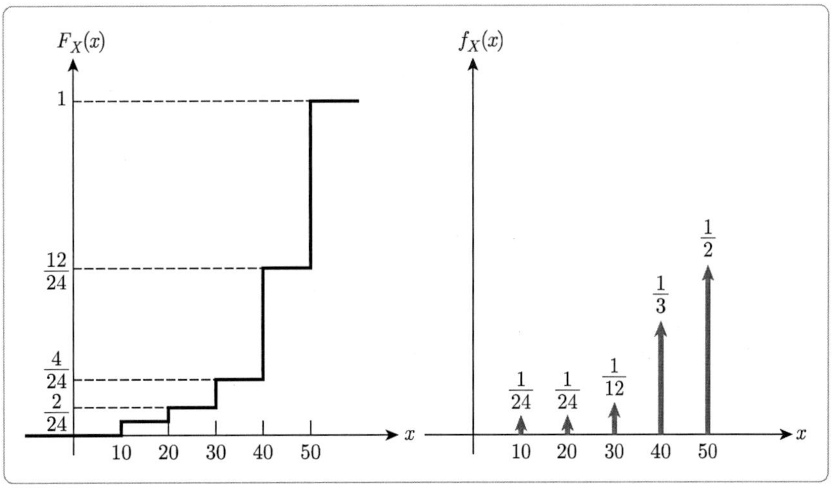

| 그림 11-14 | 선수 B의 활쏘기의 확률분포함수와 확률밀도함수

자연계에서 많은 확률변수들은 가우스성 확률밀도함수(Gaussian pdf)를 갖는다. 이를 정규분포 확률밀도함수라고도 하며 다음과 같이 나타낸다.

$$f(x) = \frac{1}{\sqrt{2\pi\sigma^2}} \exp\left[-\frac{(x-m_x)^2}{2\sigma^2}\right]$$

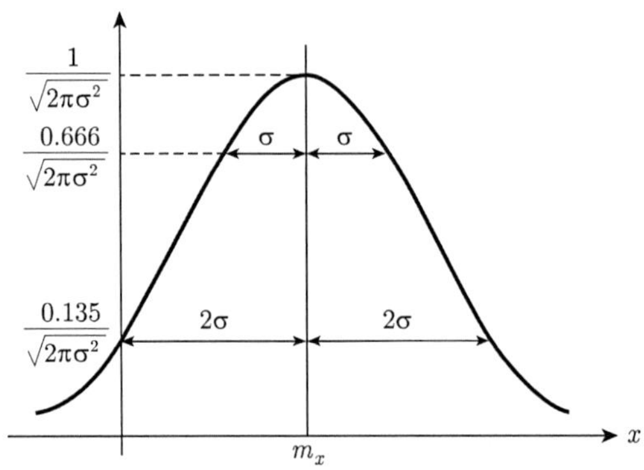

| 그림 11-15 | 가우스성 확률밀도함수

11.2.3 확률변수의 평균

연속적 확률변수의 평균

연속적 확률변수의 평균은 다음의 식으로 정의된다.

$$m_x = \int_{-\infty}^{\infty} x f_X(x) dx$$

예제 전화기 콜링이 1분 사이에 한번 발생한다. 확률변수를 다음과 같이 정의하였다.

$$X(call) = t, \quad 0 \le t \le 1$$

이 확률변수의 확률분포함수와 확률밀도함수는 다음 그림과 같다. 이 확률변수의 평균을 구하시오.

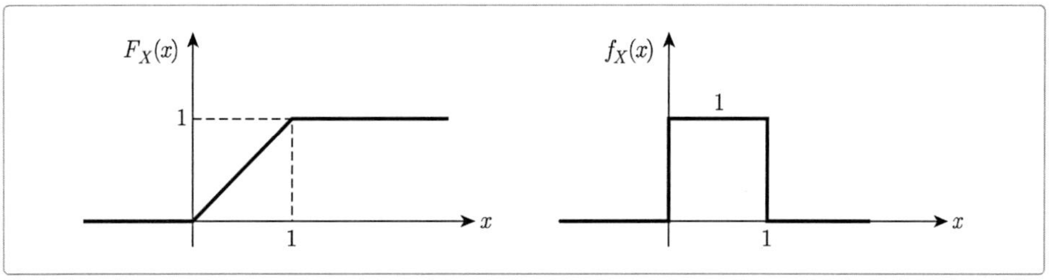

| 그림 11-16 | 전화기 콜링 사건의 확률분포함수와 확률밀도함수

풀이 $m_x = \int_{-\infty}^{\infty} x f_X(x) dx = \int_0^1 x dx$

$= [0.5x^2]_0^1$

$= 0.5$

이산적 확률변수의 평균

어떤 이산적 확률변수의 값을 $x_1, x_2, x_3, \dots, x_N$이라고 하자. 그리고 x_i가 될 확률을 $P(x_i)$라고 정의하면 평균은 다음과 같이 정의된다.

$$m_x = E(X) = \sum_{i=1}^{N} x_i P(x_i)$$

예제 주사위던지기의 확률은 각각 다음과 같다.

$$P(1) = \frac{1}{6},\ P(2) = \frac{1}{6},\ P(3) = \frac{1}{6},\ P(4) = \frac{1}{6},\ P(5) = \frac{1}{6},\ P(6) = \frac{1}{6}$$

그리고 확률변수는 각각 다음과 같다.

$$X(1) = 10,\ X(2) = 20,\ X(3) = 30,\ X(4) = 40,\ X(5) = 50,\ X(6) = 60$$

이 확률변수의 평균을 구하시오.

풀이 $m_x = \sum_{i=1}^{6} x_i P(x_i)$

$= (10)\left(\frac{1}{6}\right) + (20)\left(\frac{1}{6}\right) + (30)\left(\frac{1}{6}\right) + (40)\left(\frac{1}{6}\right) + (50)\left(\frac{1}{6}\right) + (60)\left(\frac{1}{6}\right)$

$$= \frac{10+20+30+40+50+60}{6}$$

$$= \frac{210}{6} = 35$$

예제 이전 예제의 A의 활쏘기 확률변수의 평균을 구하시오.

풀이

$$m_x = 10 \times \frac{1}{12} + 20 \times \frac{1}{4} + 30 \times \frac{1}{3} + 40 \times \frac{1}{4} + 50 \times \frac{1}{12}$$

$$= \frac{10+60+120+120+50}{12}$$

$$= \frac{360}{12} = 30$$

예제 이전 예제의 선수 B의 활쏘기 확률변수의 평균을 구하시오.

풀이

$$m_x = (10)\left(\frac{1}{24}\right) + (20)\left(\frac{1}{24}\right) + (30)\left(\frac{2}{24}\right) + (40)\left(\frac{8}{24}\right) + (50)\left(\frac{12}{24}\right)$$

$$= \frac{10+20+60+320+600}{24}$$

$$= \frac{1010}{24} = 42.08$$

11.2.4 확률변수의 분산

연속적 확률변수의 분산

평균을 중심으로 확률변수가 변동하는 정도를 분산(variance)이라고 한다. 연속적 확률변수의 분산은 다음과 같이 정의한다.

$$\sigma_x^2 = E\{(X-m_x)^2\} = \int_{-\infty}^{\infty} (x-m_x)^2 f(x)dx$$

분산은 다음과 같이 나타낼 수 있다.

$$\begin{aligned}\sigma_x^2 &= E\{(X-m_x)^2\} = E\{X^2 - 2Xm_x + m_x^2\} \\ &= E(X^2) - 2m_x E(X) + m_x^2 \\ &= E(X^2) - m_x^2\end{aligned}$$

예제 전화기 콜링이 1분 사이에 한번 발생한다. 확률변수를 다음과 같이 정의하였다.

$$X(call) = t, \quad 0 \le t \le 1$$

이 확률변수의 확률분포함수와 확률밀도함수는 다음 그림과 같다. 이 확률변수의 분산을 구하시오.

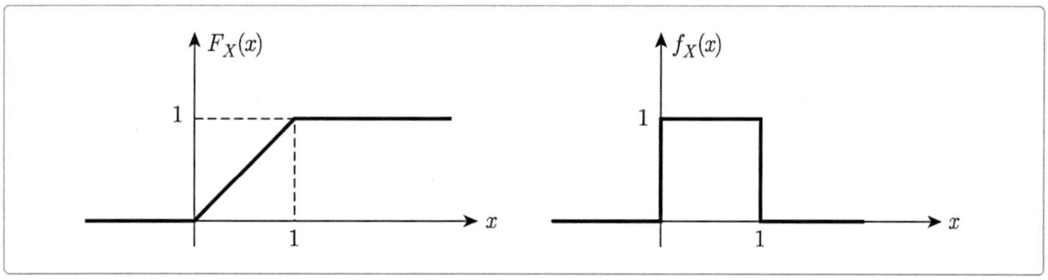

| 그림 11-17 | 전화기 콜링 사건의 확률분포함수와 확률밀도함수

풀이 $\sigma_x^2 = E\{X^2\} - m_x^2 = E\{X^2\} - 0.25$

$$E\{X^2\} = \int_{-\infty}^{\infty} x^2 f_X(x)dx = \int_0^1 x^2 dx = \left[\frac{1}{3}x^3\right]_0^1 = \frac{1}{3}$$

$$\sigma_x^2 = \frac{1}{3} - 0.25 = 0.0833$$

이산적 확률변수의 분산

이산적 확률변수의 분산은 다음과 같이 정의한다.

확률변수 X의 값은 $x_1, x_2, x_3, \ldots$이고 그 확률을 $P(x_i)$라고 하면 이산적 확률변수의 분산은 다음과 같이 정의된다.

$$\sigma_x^2 = \sum_i (x_i - m_x)^2 P(x_i) = E\{X^2\} - m_x^2$$

예제 주사위던지기의 확률은 각각 다음과 같다.

$$P(1) = \frac{1}{6},\ P(2) = \frac{1}{6},\ P(3) = \frac{1}{6},\ P(4) = \frac{1}{6},\ P(5) = \frac{1}{6},\ P(6) = \frac{1}{6}$$

그리고 확률변수는 각각 다음과 같다.

$$X(1) = 10,\ X(2) = 20,\ X(3) = 30,\ X(4) = 40,\ X(5) = 50,\ X(6) = 60$$

이 확률변수의 분산을 구하시오.

풀이 이 확률변수의 분산은 다음 식을 사용하여 구할 수 있다.

$$\begin{aligned}\sigma_x^2 &= \sum_i (x_i - m_x)^2 P(x_i) \\ &= \frac{1}{6}(10-35)^2 + \frac{1}{6}(20-35)^2 + \frac{1}{6}(30-35)^2 + \frac{1}{6}(40-35)^2 \\ &\quad + \frac{1}{6}(50-35)^2 + \frac{1}{6}(60-35)^2 \\ &= \frac{25^2 + 15^2 + 5^2 + 5^2 + 15^2 + 25^2}{6} = \frac{1750}{6} = 291.7\end{aligned}$$

분산은 다음 식을 사용하여 구할 수도 있다.

$$\begin{aligned}\sigma_x^2 &= E\{X^2\} - m_x^2 \\ &= \frac{10^2 + 20^2 + 30^2 + 40^2 + 50^2 + 60^2}{6} - 35^2 = \frac{9100}{6} - 1225 \\ &= 291.7\end{aligned}$$

예제 A반 총 10명과 B반 총 10명의 수학점수는 각각 다음과 같다.

A반	60	60	60	60	60	80	80	80	80	80
B반	65	65	65	65	65	75	75	75	75	75

(a) A반과 B반의 평균을 각각 구하시오.

(b) A반과 B반의 분산을 각각 구하시오.

풀이 (a) A반의 평균은 다음과 같이 구할 수 있다.

$$\begin{aligned}m_x &= E\{X\} \\ &= \frac{60+60+60+60+60+80+80+80+80+80}{10} = \frac{700}{10} = 70\end{aligned}$$

B반의 평균은 다음과 같이 구할 수 있다.

$$\begin{aligned}m_x &= E\{X\} \\ &= \frac{65+65+65+65+65+75+75+75+75+75}{10} = \frac{700}{10} = 70\end{aligned}$$

(b) A반의 분산은 다음과 같이 구할 수 있다.

$$\sigma_x^2 = E\{X^2\} - m_x^2$$
$$= \frac{60^2+60^2+60^2+60^2+60^2+80^2+80^2+80^2+80^2+80^2}{10} - 70^2$$
$$= \frac{50000}{10} - 4900 = 100$$

B반의 분산은 다음과 같이 구할 수 있다.

$$\sigma_x^2 = E\{X^2\} - m_x^2$$
$$= \frac{65^2+65^2+65^2+65^2+65^2+75^2+75^2+75^2+75^2+75^2}{10} - 70^2$$
$$= \frac{49250}{10} - 4900 = 25$$

11.3 확률과정

확률론적인 사건의 사상(event)이 시간에 따라 이산적으로 또는 연속적으로 계속해서 발생할 경우 매 시행 결과에 따른 확률변수는 시간의 함수가 된다. 이 확률변수가 시간적으로 전개되는 과정을 확률과정(Random Process, Stochastic Process)이라고 한다. 다음과 같은 송신신호가 전송되어 수신된 수신신호를 보자.

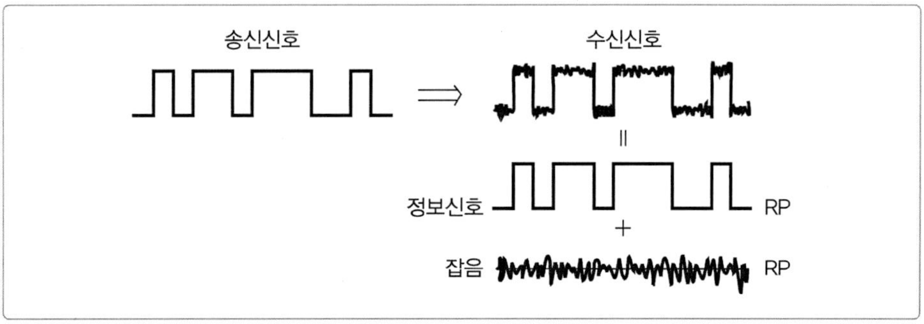

| 그림 11-18 | 송신신호의 수신

수신된 신호는 정보신호와 잡음의 합인데 모두 확률과정이다. 이번에는 반올림양자화 사건을 수없이 많이 시행한 경우에 다음 그림과 같은 양자화잡음을 보자.

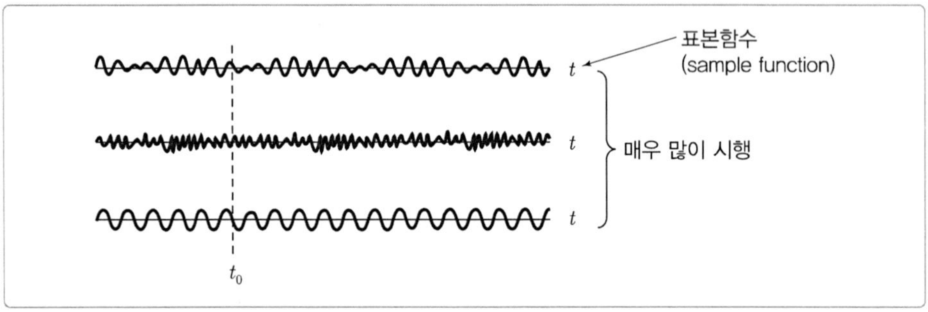

| 그림 11-19 | 반올림양자화 확률과정

수없이 많이 시행한 경우에 각각의 양자화 잡음을 표본함수(sample function)라고 한다. 그림과 같이 특정한 시간 t_0 시점에서 관찰한 것들은 확률변수가 된다.

이와 같은 확률변수 $X(t_0)$가 시간에 따라 전개되는 과정을 확률과정 $X(t)$라고 한다.

연습문제

11-1 디지털 데이터 전송에서 다음 그림과 같이 디지털 정보 1은 5볼트로 전송하고 디지털 정보 0은 −5볼트로 전송하였다. 확률변수를 만드시오.

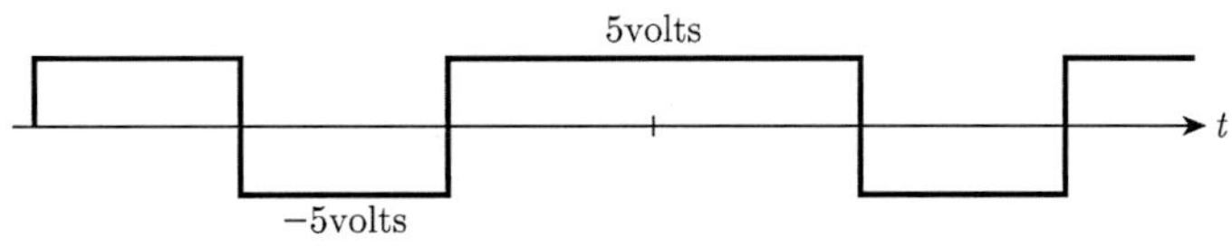

11-2 디지털 데이터 전송에서 다음 그림과 같이 디지털 정보 1은 5볼트로 전송하고 디지털 정보 0은 0볼트로 전송하였다. 확률변수를 만드시오.

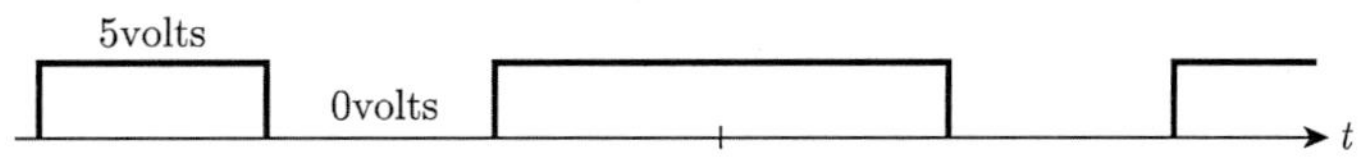

11-3 동전던지기의 앞면(H)이 나올 확률과 뒷면(T)이 나올 확률은 각각 $P(H)=0.5$, $P(T)=0.5$이다. 확률변수는 $X(H)=10$, $X(T)=5$로 정하였다. 이 확률변수의 평균 m_x와 분산 σ_x^2을 구하시오.

11-4 다음과 같은 활쏘기 과녁이 있다.

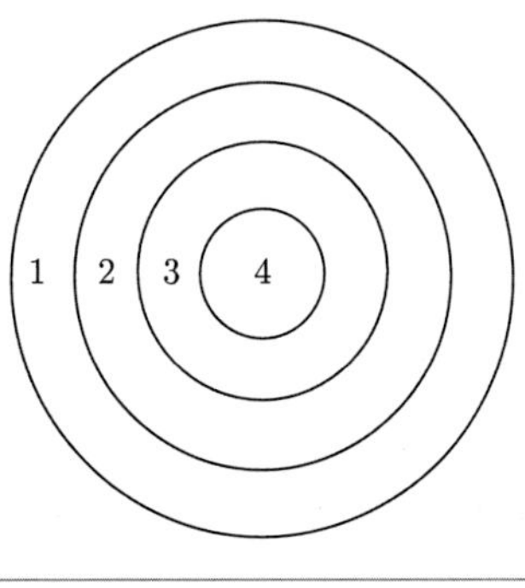

위의 활쏘기 과녁에 대하여 다음과 같이 확률변수를 만들었다.

$$X(1) = 10,\ X(2) = 20,\ X(3) = 30,\ X(4) = 40$$

어느 선수의 활쏘기 확률은 다음과 같다.

$$P(1) = \frac{1}{8},\ P(2) = \frac{1}{4},\ P(3) = \frac{1}{2},\ P(4) = \frac{1}{8}$$

이 확률변수의 확률분포함수 $F_X(x)$와 확률밀도함수 $f_X(x)$를 구하시오.

연습문제 풀이

1장 수

1-1 (2)

1-2 (1)

1-3 (3)

1-4 (4)

1-5 (1)

1-6 (a) 이 이진수가 나타낼 수 있는 256개의 수는 다음 표와 같다.

	부호	2^3	2^2	2^1	2^0	2^{-1}	2^{-2}	2^{-3}	십진수
양수 128개	0	1	1	1	1	1	1	1	15.875
	0	1	1	1	1	1	1	0	15.75
	⋮	⋮	⋮	⋮	⋮	⋮	⋮	⋮	
	0	0	0	0	0	0	0	1	0.125
	0	0	0	0	0	0	0	0	0
음수 128개	1	1	1	1	1	1	1	1	−0.125
	1	1	1	1	1	1	1	0	−0.25
	⋮	⋮	⋮	⋮	⋮	⋮	⋮	⋮	
	1	0	0	0	0	0	0	1	−15.875
	1	0	0	0	0	0	0	0	−16

위의 표에서 보듯이 이 8비트의 고정소수점 이진수가 표기하는 수의 범위는 $-16 \sim 15.875$가 된다.

(b) 인접한 수와 수의 간격은 $2^{-3}(0.125)$이 된다.

(c) $11000.001 = -2^4 + 2^3 + 2^{-3} = -7.875$

2장 함수

2-1 1000 Hz

2-2 1591 Hz

2-3 6.28 msec

2-4 $\log_a 1000 = 5 \rightarrow a^5 = 1000 = 10^3 \rightarrow = a = 10^{\frac{3}{5}} = 10^{0.6} = 3.9811$

2-5 $x(t) = \sin(3141592t) = \sin 2\pi f_0 t$

$$\rightarrow f_0 = \frac{3141592}{2\pi} = \frac{1000000}{2} = 500000 = 500\,\text{kHz}$$

$$\rightarrow T = \frac{1}{f_0} = \frac{1}{500,000}\,\text{sec} = 2\,\mu\text{sec} = 2 \times 10^{-6}\,\text{sec}$$

2-6 이등변 삼각형이므로 다음과 같이 구할 수 있다.

$$\cos 65^\circ = \frac{1}{x} \rightarrow x = \frac{1}{\cos 65^\circ} = 2.3662\,\text{km}$$

2-7

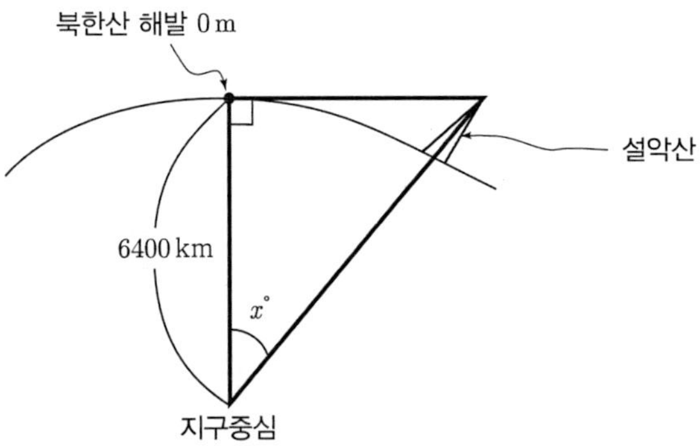

지구둘레 : $2\pi r = 40212\,\text{km}$

$$x^\circ = 360^\circ \times \frac{140}{40212} = 1.2533572^\circ$$

$$\cos 1.2533572^\circ = \frac{6400}{y} \rightarrow y = \frac{6400}{\cos 1.2533572^\circ} = 6401.532\,\text{km}$$

통신장비 설치고도 : 1532 m

2-8 (생략)

2-9 2배로 커지는데 필요한 시간은 2시간이므로 $2^{0.5 \times 2\text{시간}}$으로 구할 수 있다. 따라서 t 시간 후의 세포군의 크기는 $2^{0.5t}$로 나타낼 수 있다.

$$2^{0.5t} = 2{,}000$$

$$\rightarrow 0.5t\log_{10}2 = \log_{10}2000 = \log_{10}2 + \log_{10}1000 = 3.301$$

$$\rightarrow t = \frac{3.301}{0.5 \times 0.301} = 21.934 \simeq 21\text{시간 }56\text{분}$$

3장 미분

3-1 3

3-2 $24x^{-5}$

3-3 $2x - 3y$

3-4 $(2,\ 2.9)$

3-5 $\cos 10^3 t$

3-6 $-\sin 10^6 t$

3-7 $y' = \dfrac{(2x-4)(x-1)-(x^2-4x+3)}{(x-1)^2} = \dfrac{x^2-2x+1}{(x-1)^2} = 1$

3-8 $x^2 - 2x - 1 = z$로 치환한다. 따라서 $y = \sqrt{z}$로 나타낼 수 있다.

$$\frac{\partial y}{\partial x} = \frac{\partial y}{\partial z}\frac{\partial z}{\partial x} = \frac{1}{2\sqrt{z}}(2x-2) = \frac{2(x-1)}{2\sqrt{x^2-2x-1}} = \frac{x-1}{\sqrt{x^2-2x-1}}$$

따라서 $x = 50$, $y = 0$에서의 x 방향의 기울기는 다음과 같다.

$$\frac{\partial z}{\partial x} = \frac{-50}{\sqrt{10000-2500-0}} = -0.5774$$

3-9 기울기가 0인 x의 값을 다음과 같이 찾을 수 있다.

$$y' = 3x^2 + 6x - 9 = 0, \quad 3(x^2+2x-3) = 0$$

$$3(x-1)(x+3) = 0, \ \therefore x = 1, -3$$

$x = 1$과 $x = -3$에서의 y의 값은 각각 다음과 같다.

$$x = 1, \quad y = 1 + 3 - 9 + 6 = 1$$

$$x = -3, \ y = -27 + 27 + 27 + 6 = 33$$

극댓값 : $x = -3$일 때, $y = 33$

극솟값 : $x = 1$일 때, $y = 1$

3-10 $y' = 3x^2 + 1.2x - 3.51 = 0$

$$x = \frac{-1.2 \pm \sqrt{1.44 + 42.12}}{6} = \frac{-1.2 \pm 6.6}{6} = 0.9 \quad \text{or} \ -1.3$$

극댓값 : $x = -1.3$일 때, $y = 5.68$

극솟값 : $x = 0.9$일 때, $y = 0.356$

3-11 $y' = 3x^2 + 4x + 3 = 0$

$$x = \frac{-4 \pm \sqrt{16 - 36}}{6} = \frac{-4 \pm j\sqrt{20}}{6} = \frac{-2 \pm j\sqrt{5}}{3} = -0.6667 \pm j0.7454$$

도함수가 0이 되는 x의 값이 실수 범위에는 존재하지 않는다. 따라서 극댓값이나 극솟값은 없다.

3-12 $y' = 3x^3 + 3x^2 - 6 = 0, \quad 3(x-1)(x^2 + 2x + 2) = 0$

$$x = 1, \ x = \frac{-2 \pm \sqrt{4 - 8}}{2} = \frac{-2 \pm j\sqrt{4}}{2} = -1 \pm j$$

극솟값 : $x = 1$일 때, $y = 2.75$

4장 적분

4-1 9

4-2 3

4-3 18

4-4 0.25

4-5 5779

4-6 $x = \sin\theta \rightarrow dx = \cos\theta\, d\theta$

$$\int \frac{1}{\sqrt{1-x^2}} dx = \int \frac{\cos\theta}{\sqrt{1-\sin^2\theta}} d\theta = \int d\theta = \theta + C = \sin^{-1} + C$$

4-7 부분적분법을 이용하여 구하면 다음과 같다.

$$g(x) = x, \quad f'(x) = \cos x$$

$$\int x\cos x\, dx = x\sin x - \int \sin x\, dx = x\sin x + \cos x + C$$

4-8 부분적분법을 이용하여 구해보자. 이 식에서 $g(x) = \sin x$으로 정의하여야 부분적분법 공식의 우변 적분 안에서 $g'(x) = \cos x$가 되고, 부분적분법을 한 번 더 적용하면 다시 $\sin x$가 되어 구할 수 있다.

$$g(x) = \sin x, \quad f'(x) = e^x$$

이제 부분적분법의 공식을 두 번 이용하면 다음과 같다.

$$\begin{aligned}\int e^x \sin x dx &= e^x \sin x - \int e^x \cos x dx \\ &= e^x \sin x - \left\{e^x \cos x + \int e^x \sin x\, dx\right\} \\ &= e^x \sin x - e^x \cos x - \int e^x \sin x\, dx\end{aligned}$$

위의 식으로부터 다음의 부정적분을 구할 수 있다.

$$2\int e^x \sin x dx = e^x \sin x - e^x \cos x$$

$$\therefore \int e^x \sin x dx = \frac{e^x}{2}(\sin x - \cos x) + C$$

4-9 주어진 함수는 $[1, e]$ 구간에서 양의 함수이므로 다음과 같이 구할 수 있다.

$$S = \int_a^b |f(x)|\, dx = \int_1^e \frac{1}{x}\, dx = [\ln x]_1^e = (\ln e - 0) = 1$$

4-10 두 곡선이 만나는 두 점의 x 좌표는 다음과 같다.

$$x^2 - 2x = 4x - x^2 \rightarrow 2x^2 - 6x = 0 \quad \therefore x = 0, 3$$

$$S = \int_0^3 [(4x - x^2) - (x^2 - 2x)]dx = \int_0^3 (-2x^2 + 6x)dx$$

$$= \left[-\frac{2}{3}x^3 + 3x^2\right]_0^3 = 9$$

4-11 (a) 이 곡선의 극솟값과 극댓값을 찾기 위해 먼저 미분한다.

$$y' = -3x^2 + 15x - 12$$
$$= -3(x^2 - 5x + 4)$$
$$= -3(x-1)(x-4)$$

따라서 이 곡선은 다음의 극솟값과 극댓값을 갖는다.

$$x = 1 \rightarrow f(1) = 3$$
$$x = 4 \rightarrow f(4) = 16.5$$

이 곡선의 $x = 0$과 $x = 5$에서의 함숫값은 각각 다음과 같다.

$$f(0) = 8.5, \quad f(5) = 11$$

이 결과를 이용하여 곡선을 그리면 다음과 같다.

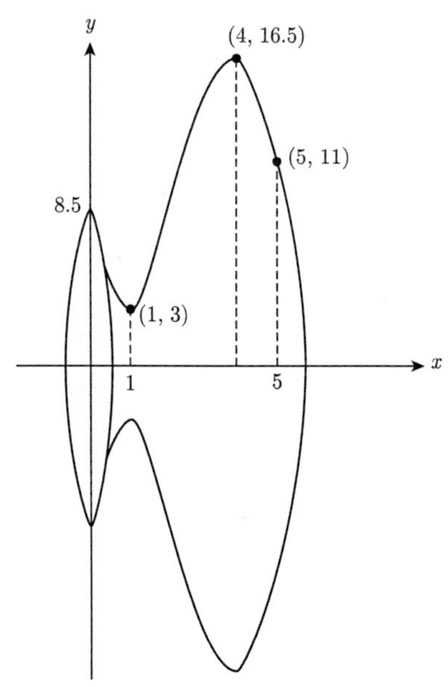

그림 III-1 예제의 화병의 곡선

(b)

$$V = \pi \int_0^5 y^2 dx = \pi \int_0^5 (-x^3 + 7.5x^2 - 12x + 8.5)^2 dx$$

$$= \pi \int_0^5 (x^6 - 15x^5 + 80.25x^4 - 197x^3 + 271.5x^2 - 204x + 72.5) dx$$

$$= \pi \left[\frac{1}{7}x^7 - \frac{15}{6}x^6 + \frac{80.25}{5}x^5 - \frac{197}{4}x^4 + \frac{271.5}{3}x^3 - \frac{204}{2}x^2 + 72.5x \right]_0^5$$

$$= \pi (11160.7 - 39062.5 + 50156.25 - 30781.25 + 11312.5 - 2550 + 362.5)$$

$$= 598.2\pi = 1879.3$$

4-12 $V = \pi \int_0^{10} y^2 dx = \pi \int_0^{10} (-0.05x^2 + 20)^2 dx$

$$= \pi \int_0^{10} (0.0025x^4 - 2x^2 + 400) dx = \pi \left[\frac{0.0025}{5}x^5 - \frac{2}{3}x^3 + 400x \right]_0^{10}$$

$$= \pi (50 - 666.6 + 4000) = 3383.4\pi = 10623$$

4-13 $x^2 + (y-1)^2 = 1 \;\rightarrow\; (y-1)^2 = 1 - x^2$

$$\rightarrow y - 1 = \pm \sqrt{1-x^2} \;\rightarrow\; y = 1 \pm \sqrt{1-x^2}$$

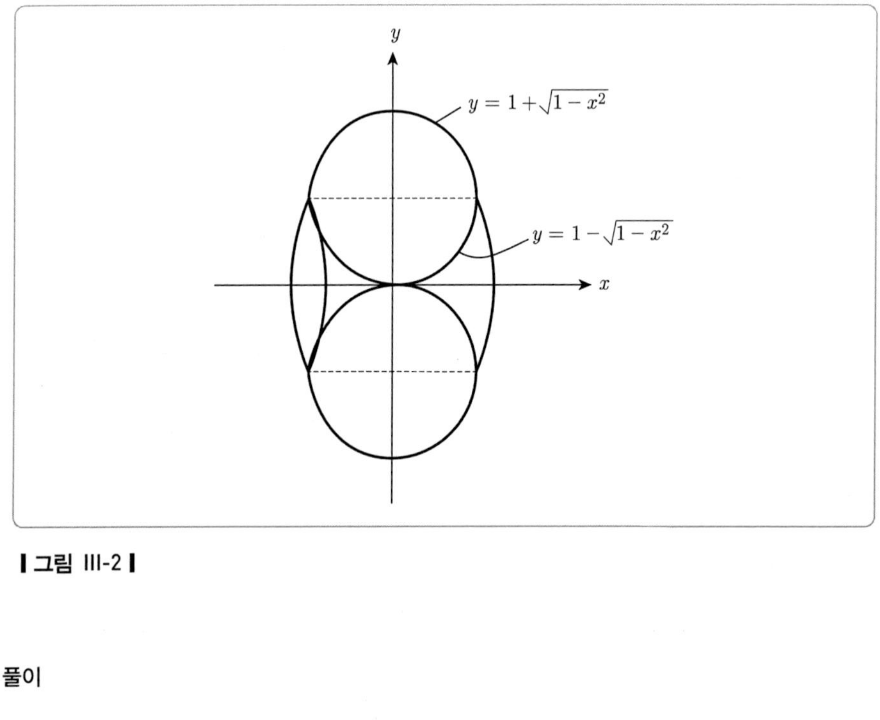

❙ 그림 III-2 ❙

$$
\begin{aligned}
V &= 2\left[\int_0^1 \pi(1+\sqrt{1-x^2})^2 dx - \int_0^1 \pi(1-\sqrt{1-x^2})^2 dx\right] \\
&= 2\pi\int_0^1 [(1+2\sqrt{1-x^2}+1-x^2)-(1-2\sqrt{1-x^2}+1-x^2)]dx \\
&= 8\pi\int_0^1 \sqrt{1-x^2}\,dx \\
&= 8\pi\frac{\pi}{4} = 2\pi^2 = 19.7392
\end{aligned}
$$

4-14

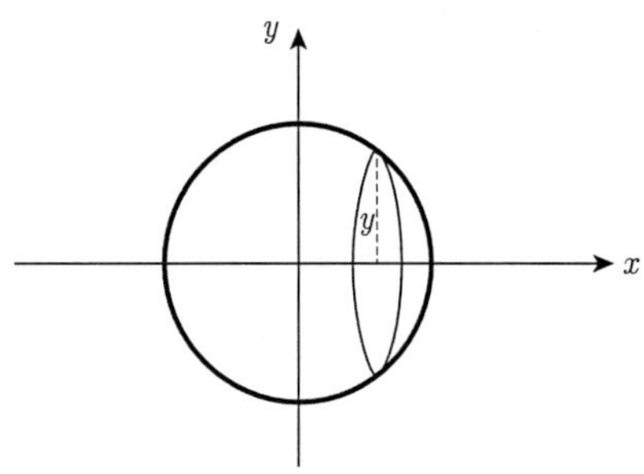

$$x^2+y^2=1 \;\rightarrow\; y^2=1-x^2 \;\rightarrow y=\sqrt{1-x^2}$$

$$
\begin{aligned}
S &= 2\int_0^1 2\pi y\sqrt{1+(y')^2}\,dx = 4\pi\int_0^1 \sqrt{1-x^2}\sqrt{1+\frac{x^2}{1-x^2}}\,dx \\
&= 4\pi\int_0^1 \sqrt{1-x^2}\sqrt{\frac{1}{1-x^2}}\,dx \\
&= 4\pi\int_0^1 dx = 4\pi[x]_0^1 = 4\pi = 12.566
\end{aligned}
$$

4-15 (생략)

4-16 (생략)

5장 행렬

5-1 32768

5-2 23.73 MByte

5-3 11

5-4 3

5-5 $\begin{bmatrix} 1 & 2 & 3 \\ 4 & 5 & 6 \\ 7 & 8 & 9 \end{bmatrix}\begin{bmatrix} 1 & 2 & 1 \\ 1 & 2 & 1 \\ 1 & 2 & 1 \end{bmatrix} = \begin{bmatrix} 6 & 12 & 6 \\ 15 & 30 & 15 \\ 24 & 48 & 24 \end{bmatrix}$

5-6 $\begin{vmatrix} 1 & 2 & 3 \\ 4 & 5 & 6 \\ 7 & 8 & 9 \end{vmatrix} = 0$

5-7 분모에 대한 행렬식

$$D = \begin{vmatrix} 1 & 1 & 1 \\ 2 & -1 & 1 \\ 3 & 2 & -1 \end{vmatrix} = 11$$

분자에 대한 행렬식은 각각 다음과 같이 구해진다.

$$D_1 = \begin{vmatrix} 13 & 1 & 1 \\ 8 & -1 & 1 \\ 11 & 2 & -1 \end{vmatrix} = 33 \qquad D_2 = \begin{vmatrix} 1 & 13 & 1 \\ 2 & 8 & 1 \\ 3 & 11 & -1 \end{vmatrix} = 44 \qquad D_3 = \begin{vmatrix} 1 & 1 & 13 \\ 2 & -1 & 8 \\ 3 & 2 & 11 \end{vmatrix} = 66$$

$$x = \frac{D_1}{D} = \frac{33}{11} = 3, \quad y = \frac{D_2}{D} = \frac{44}{11} = 4, \quad z = \frac{D_3}{D} = \frac{66}{11} = 6$$

5-8 분모에 대한 행렬식

$$D = \begin{vmatrix} 2 & -1 & -1 \\ 4 & 2 & -1 \\ 4 & 3 & 0 \end{vmatrix} = 6$$

분자에 대한 행렬식은 각각 다음과 같이 구해진다.

$$D_1 = \begin{vmatrix} 3 & -1 & -1 \\ 15 & 2 & -1 \\ 18 & 3 & 0 \end{vmatrix} = 18 \qquad D_2 = \begin{vmatrix} 2 & 3 & -1 \\ 4 & 15 & -1 \\ 4 & 18 & 0 \end{vmatrix} = 12 \qquad D_3 = \begin{vmatrix} 2 & -1 & 3 \\ 4 & 2 & 15 \\ 4 & 3 & 18 \end{vmatrix} = 6$$

$$x = \frac{D_1}{D} = \frac{18}{6} = 3, \quad y = \frac{D_2}{D} = \frac{12}{6} = 2, \quad z = \frac{D_3}{D} = \frac{6}{6} = 1$$

5-9 ① 행렬식 $|A|$를 구한다.

$$|A|=\begin{vmatrix}-1 & 0 & 1\\ -1 & 1 & -1\\ 4 & -2 & 1\end{vmatrix}=-1$$

② 소행렬식의 행렬을 만든다.

$$|A_{11}|=\begin{vmatrix}1 & -1\\ -2 & 1\end{vmatrix}=-1 \quad |A_{12}|=\begin{vmatrix}-1 & -1\\ 4 & 1\end{vmatrix}=3 \quad |A_{13}|=\begin{vmatrix}-1 & 1\\ 4 & -2\end{vmatrix}=-2$$

$$|A_{21}|=\begin{vmatrix}0 & 1\\ -2 & 1\end{vmatrix}=2 \quad |A_{22}|=\begin{vmatrix}-1 & 1\\ 4 & 1\end{vmatrix}=-5 \quad |A_{23}|=\begin{vmatrix}-1 & 0\\ 4 & -2\end{vmatrix}=2$$

$$|A_{31}|=\begin{vmatrix}0 & 1\\ 1 & -1\end{vmatrix}=-1 \quad |A_{32}|=\begin{vmatrix}-1 & 1\\ -1 & -1\end{vmatrix}=2 \quad |A_{33}|=\begin{vmatrix}-1 & 0\\ -1 & 1\end{vmatrix}=-1$$

③ 다음의 부호를 붙여 여인수 행렬을 만든다.

$$\begin{matrix}+ & - & +\\ - & + & -\\ + & - & +\end{matrix}$$

따라서 여인수 행렬 B는 다음과 같다.

$$B=\begin{bmatrix}-1 & -3 & -2\\ -2 & -5 & -2\\ -1 & -2 & -1\end{bmatrix}$$

④ 행렬 B의 전치행렬 B^T를 만든다.

$$B^T=\begin{bmatrix}-1 & -2 & -1\\ -3 & -5 & -2\\ -2 & -2 & -1\end{bmatrix}$$

⑤ 마지막으로 $\dfrac{1}{|A|}$를 곱한다.

$$A^{-1}=\frac{1}{-1}\begin{bmatrix}-1 & -2 & -1\\ -3 & -5 & -2\\ -2 & -2 & -1\end{bmatrix}=\begin{bmatrix}1 & 2 & 1\\ 3 & 5 & 2\\ 2 & 2 & 1\end{bmatrix}$$

5-10 이 연립방정식을 행렬로 나타내면 다음과 같다.

$$\begin{bmatrix}1 & -1 & 2\\ 2 & 0 & -1\\ 1 & 1 & 1\end{bmatrix}\begin{bmatrix}x_1\\ x_2\\ x_3\end{bmatrix}=\begin{bmatrix}1\\ 2\\ 3\end{bmatrix} \rightarrow AX=B$$

먼저 역행렬 A^{-1}를 구한다.

① 행렬식 $|A|$ 를 구한다.

$$|A|=\begin{vmatrix}1 & -1 & 2\\2 & 0 & -1\\1 & 1 & 1\end{vmatrix}=8$$

② 소행렬식의 행렬을 만든다.

$$|A_{11}|=\begin{vmatrix}0 & -1\\1 & 1\end{vmatrix}=1 \quad |A_{12}|=\begin{vmatrix}2 & -1\\1 & 1\end{vmatrix}=3 \quad |A_{13}|=\begin{vmatrix}2 & 0\\1 & 1\end{vmatrix}=2$$

$$|A_{21}|=\begin{vmatrix}-1 & 2\\1 & 1\end{vmatrix}=-3 \quad |A_{22}|=\begin{vmatrix}1 & 2\\1 & 1\end{vmatrix}=-1 \quad |A_{23}|=\begin{vmatrix}1 & -1\\1 & 1\end{vmatrix}=2$$

$$|A_{31}|=\begin{vmatrix}-1 & 2\\0 & -1\end{vmatrix}=1 \quad |A_{32}|=\begin{vmatrix}1 & 2\\2 & -1\end{vmatrix}=-5 \quad |A_{33}|=\begin{vmatrix}1 & -1\\2 & 0\end{vmatrix}=2$$

③ 다음의 부호를 붙여 여인수 행렬을 만든다.

$$\begin{matrix}+ & - & +\\- & + & -\\+ & - & +\end{matrix}$$

따라서 여인수 행렬 B는 다음과 같다.

$$B=\begin{bmatrix}1 & -3 & 2\\3 & -1 & -2\\1 & 5 & 2\end{bmatrix}$$

④ 행렬 B의 전치행렬 B^T를 만든다.

$$B^T=\begin{bmatrix}1 & 3 & 1\\-3 & -1 & 5\\2 & -2 & 2\end{bmatrix}$$

⑤ 마지막으로 $\dfrac{1}{|A|}$를 곱한다.

$$A^{-1}=\frac{1}{8}\begin{bmatrix}1 & 3 & 1\\-3 & -1 & 5\\2 & -2 & 2\end{bmatrix}=\begin{bmatrix}1/8 & 3/8 & 1/8\\-3/8 & -1/8 & 5/8\\1/4 & -1/4 & 1/4\end{bmatrix}$$

양변에 역행렬을 곱하면 다음과 같다.

$$X=A^{-1}B=\begin{bmatrix}1/8 & 3/8 & 1/8\\-3/8 & -1/8 & 5/8\\1/4 & -1/4 & 1/4\end{bmatrix}\begin{bmatrix}1\\2\\3\end{bmatrix}=\begin{bmatrix}5/4\\5/4\\1/2\end{bmatrix}=\begin{bmatrix}1.25\\1.25\\0.5\end{bmatrix}$$

$x_1 = 1.25,\ x_2 = 1.25,\ x_3 = 0.5$

5-11 첨가행렬은 다음과 같다.

$$\begin{bmatrix} 1 & 1 & 1 & 6 \\ 2 & -1 & 1 & 3 \\ 3 & 2 & -1 & 4 \end{bmatrix}$$

전향소거법

2행에서 (1행의 2배)를 빼면 다음과 같다.(2행의 1열을 0으로 만든다.)

$$\begin{bmatrix} 1 & 1 & 1 & 6 \\ 0 & -3 & -1 & -9 \\ 3 & 2 & -1 & 4 \end{bmatrix}$$

3행에서 (1행의 3배)를 빼면 다음과 같다.(3행의 1열을 0으로 만든다.)

$$\begin{bmatrix} 1 & 1 & 1 & 6 \\ 0 & -3 & -1 & -9 \\ 0 & -1 & -4 & -14 \end{bmatrix}$$

2행과 3행을 바꾸면 다음과 같다.

$$\begin{bmatrix} 1 & 1 & 1 & 6 \\ 0 & -1 & -4 & -14 \\ 0 & -3 & -1 & -9 \end{bmatrix}$$

2행과 3행에 각각 -1을 곱하면 다음과 같다.

$$\begin{bmatrix} 1 & 1 & 1 & 6 \\ 0 & 1 & 4 & 14 \\ 0 & 3 & 1 & 9 \end{bmatrix}$$

3행에서 (2행의 3배)를 빼면 다음과 같다.(3행의 1열을 0으로 만든다.)

$$\begin{bmatrix} 1 & 1 & 1 & 6 \\ 0 & 1 & 4 & 14 \\ 0 & 0 & -11 & -33 \end{bmatrix}$$

3행에 $-1/11$을 곱하면 다음과 같다.(3행의 3열을 1로 만든다.)

$$\begin{bmatrix} 1 & 1 & 1 & 6 \\ 0 & 1 & 4 & 14 \\ 0 & 0 & 1 & 3 \end{bmatrix}$$

역대입법

$$x + y + \ z = 6$$

$$y + 4z = 14$$

$$z = 3$$

두 번째 식에 $z = 3$을 대입하면 y는 다음과 같다.

$$y + 12 = 14 \rightarrow y = 2$$

첫 번째 식에 $y = 2,\ z = 3$을 대입하면 x는 다음과 같다.

$$x + 2 + 3 = 6 \rightarrow x = 1$$

최종적으로 구한 3원1차연립방정식의 해는 다음과 같다.

$$x = 1,\ y = 2,\ z = 3$$

5-12 첨가행렬은 다음과 같다.

$$\begin{bmatrix} 2000 & 3000 & 4000 & 30000 \\ 1 & 1 & 1 & 11 \\ 0 & 1 & -2 & 0 \end{bmatrix}$$

전향소거법

1행과 2행을 바꾼다.(1행의 1열을 1로 만든다.)

$$\begin{bmatrix} 1 & 1 & 1 & 11 \\ 2000 & 3000 & 4000 & 30000 \\ 0 & 1 & -2 & 0 \end{bmatrix}$$

2행에 $1/1000$을 곱한다.

$$\begin{bmatrix} 1 & 1 & 1 & 11 \\ 2 & 3 & 4 & 30 \\ 0 & 1 & -2 & 0 \end{bmatrix}$$

2행에서 (1행의 2배)를 빼면 다음과 같다.(2행의 1열을 0으로 만든다.)

$$\begin{bmatrix} 1 & 1 & 1 & 11 \\ 0 & 1 & 2 & 8 \\ 0 & 1 & -2 & 0 \end{bmatrix}$$

-3행에서 2행을 빼면 다음과 같다.(3행의 2열을 0으로 만든다.)

$$\begin{bmatrix} 1 & 1 & 1 & 11 \\ 0 & 1 & 2 & 8 \\ 0 & 0 & -4 & -8 \end{bmatrix}$$

3행에 $-1/4$을 곱한다.(3행의 3열을 1로 만든다.)

$$\begin{bmatrix} 1 & 1 & 1 & 11 \\ 0 & 1 & 2 & 8 \\ 0 & 0 & 1 & 2 \end{bmatrix}$$

역대입법

$$x+y+z=11$$

$$y+2z=8$$

$$z=2$$

두 번째 식에 $z=2$를 대입하면 y는 다음과 같다.

$$y+4=8 \rightarrow y=4$$

첫 번째 식에 $y=4$, $z=2$을 대입하면 x는 다음과 같다.

$$x+4+2=11 \rightarrow x=5$$

최종적으로 구한 3원1차연립방정식의 해는 다음과 같다.

$$x=5,\quad y=4,\quad z=2$$

6장 벡터

6-1 7.071

6-2 $5\boldsymbol{i}+2\boldsymbol{j}-3\boldsymbol{k}$

6-3 11

6-4 73.2

6-5 $-15\boldsymbol{k}$

6-6 $-22\boldsymbol{i}+2\boldsymbol{j}-20\boldsymbol{k}$

6-7 $\boldsymbol{A}+\boldsymbol{B}=4\boldsymbol{i}+6\boldsymbol{j}+5\boldsymbol{k},\ \|\boldsymbol{A}+\boldsymbol{B}\|=\sqrt{16+36+25}=\sqrt{77}=8.775$

6-8 $$\boldsymbol{a}\times\boldsymbol{b}=\begin{vmatrix}\boldsymbol{i} & \boldsymbol{j} & \boldsymbol{k}\\ 0 & 0 & 15\\ 3 & 4 & 0\end{vmatrix}=\boldsymbol{i}\begin{vmatrix}0 & 15\\ 4 & 0\end{vmatrix}-\boldsymbol{j}\begin{vmatrix}0 & 15\\ 3 & 0\end{vmatrix}+\boldsymbol{k}\begin{vmatrix}0 & 0\\ 3 & 4\end{vmatrix}=-60\boldsymbol{i}+45\boldsymbol{j}$$

6-9 $$\boldsymbol{a}\times\boldsymbol{b}=\begin{vmatrix}\boldsymbol{i} & \boldsymbol{j} & \boldsymbol{k}\\ 9 & 0 & 0\\ 0 & 8 & 0\end{vmatrix}=\boldsymbol{i}\begin{vmatrix}0 & 0\\ 8 & 0\end{vmatrix}-\boldsymbol{j}\begin{vmatrix}9 & 0\\ 0 & 0\end{vmatrix}+\boldsymbol{k}\begin{vmatrix}9 & 0\\ 0 & 8\end{vmatrix}=72\boldsymbol{k}$$

6-10 $$\boldsymbol{F}=\boldsymbol{I}\times\boldsymbol{B}=\begin{vmatrix}\boldsymbol{i} & \boldsymbol{j} & \boldsymbol{k}\\ 3 & 0 & 0\\ 3 & 4 & 0\end{vmatrix}=\boldsymbol{i}\begin{vmatrix}0 & 0\\ 4 & 0\end{vmatrix}-\boldsymbol{j}\begin{vmatrix}3 & 0\\ 3 & 0\end{vmatrix}+\boldsymbol{k}\begin{vmatrix}3 & 0\\ 3 & 4\end{vmatrix}=12\boldsymbol{k}$$

7장 복소수

7-1 5.831

7-2 $0.5+0.5j$

7-3 $0.866+0.5j$

7-4 $0.939+0.342j$

7-5 $$\frac{2j}{3+j}=\frac{2j(3-j)}{(3+j)(3-j)}=\frac{2+6j}{10}=0.2+0.6j$$

7-6 $|z|=\sqrt{9+2}=\sqrt{11}=3.3166$

7-7 $$z=\sqrt{3}+j=2\left(\cos\left(\frac{\pi}{6}\right)+j\sin\left(\frac{\pi}{6}\right)\right)$$

7-8 $$e^{-\frac{\pi}{4}j}=\cos\left(\frac{\pi}{4}\right)-j\sin\left(\frac{\pi}{4}\right)=0.707-j0.707$$

7-9 $(\sqrt{3}+j)^{12}=[2(\cos 30^\circ + j\sin 30^\circ)]^{12}=2^{12}(\cos 360^\circ + j\sin 360^\circ)$

$$=2^{12}=4096$$

7-10 $(1-j)^{24}=\left[\sqrt{2}\left(\cos\left(\frac{-\pi}{4}\right)+j\sin\left(\frac{-\pi}{4}\right)\right)\right]^{24}$

$$=2^{12}(\cos(-6\pi)+j\sin(-6\pi))=2^{12}=4096$$

8장 미분방정식

8-1 $D^2y+4Dy+3y=0 \rightarrow (D^2+4D+3)y=0$

$$t^2+4t+3=0 \rightarrow (t+3)(t+1)=0 \rightarrow t=-3,\ -1$$

$$\therefore\ y=c_1e^{-3x}+c_2e^{-x}$$

8-2 $Dy_f+2y_f=0 \rightarrow (D+2)y_f=0$

$$t+2=0 \rightarrow t=-2 \quad \therefore\ y_f=ce^{-2x}$$

$$Let\ y_p=a\sin 4x+b\cos 4x \rightarrow Dy_p=4a\cos 4x-4b\sin 4x$$

$$4a\cos 4x-4b\sin 4x+2(a\sin 4x+b\cos 4x)=\sin 4x$$

$$(2a-4b)\sin 4x+(4a+2b)\cos 4x=\sin 4x$$

$$\begin{cases}2a-4b=1\\4a+2b=0\end{cases} \rightarrow a=0.1,\ b=-0.2$$

$$y_p=0.1\sin 4x-0.2\cos 4x$$

$$y=y_f+y_p=ce^{-2x}+0.1\sin 4x-0.2\cos 4x$$

8-3 $(D^2+3D+2)y_f=0$

$$t^2+3t+2=0 \rightarrow t=-1,\ -2 \quad \therefore\ y_f=c_1e^{-x}+c_2e^{-2x}$$

$$Let\ y_p=ax^2+bx+c \rightarrow Dy_p=2ax+b \rightarrow D^2y_p=2a$$

$$2a+3(2ax+b)+2(ax^2+bx+c)=2x^2$$

$$2ax^2+(6a+2b)x+(2a+3b+2c)=2x^2$$

$$2a=2$$
$$6a+2b=0$$
$$2a+3b+2c=0$$

$$\rightarrow a=1,\ b=-3,\ c=3.5$$

$$y_p=x^2-3x+3.5 \quad y=y_f+y_p=c_1e^{-x}+c_2e^{-2x}+x^2-3x+3.5$$

8-4 $(D+5)y_f=0$

$$t+5=0 \rightarrow t=-5 \quad \therefore\ y_f=ce^{-5x}$$

$$Let\ y_p=ae^{-x} \rightarrow Dy_p=-ae^{-x}$$

$$-ae^{-x}+5ae^{-x}=3e^{-x}$$

$$4a=3 \rightarrow a=0.75$$

$$y_p=0.75e^{-x}$$

$$y=y_f+y_p=ce^{-5x}+0.75e^{-x}$$

8-5 $L\dfrac{di(t)}{dt}+Ri(t)=0 \rightarrow \dfrac{di(t)}{dt}+\dfrac{R}{L}i(t)=0$

$$i(t)=ce^{-\frac{R}{L}t} \rightarrow i(0)=c=\frac{V}{R}=\frac{10}{2}=5\,A$$

$$\frac{R}{L}=\frac{2}{10^{-2}}=2\times10^2 \Rightarrow i(t)=5e^{-2\times10^2t}$$

8-6 (a) $L\dfrac{di(t)}{dt}+Ri(t)=x(t)$

$$L\frac{di(t)}{dt}=y(t) \Rightarrow \frac{di(t)}{dt}=\frac{1}{L}y(t)$$

$$i(t)=\int\frac{di(t)}{dt}dt=\frac{1}{L}\int y(t)dt$$

$$y(t)+\frac{R}{L}\int y(t)dt=x(t) \rightarrow \frac{dy(t)}{dt}+\frac{R}{L}y(t)=\frac{dx(t)}{dt}$$

저항 $R=200\Omega$이고 인덕턴스 $L=1mH=10^{-3}H$이므로 R/L은 다음과 같다.

$$\frac{R}{L}=\frac{200}{10^{-3}}=2\times10^5$$

저항과 인덕턴스를 대입한 미분방정식은 다음과 같다.

$$\frac{dy(t)}{dt}+2\times10^5y(t)=\frac{dx(t)}{dt}$$

입력이 $x(t)=\sin 10^5 t$이므로 이를 대입한 최종 미분방정식은 다음과 같다.

$$\frac{dy(t)}{dt}+2\times10^5y(t)=10^5\cos 10^5 t$$

특수해를 다음과 같이 가정한다.

$$y_p(t)=a\sin 10^5 t+b\cos 10^5 t$$

a와 b는 다음과 같이 구한다.

$$\frac{dy_p(t)}{dt}=10^5 a\cos 10^5 t-10^5 b\sin 10^5 t$$

$$10^5 a\cos 10^5 t-10^5 b\sin 10^5 t+2\times10^5(a\sin 10^5 t+b\cos 10^5 t)=10^5\cos 10^5 t$$

$$(2\times10^5 a-10^5 b)\sin 10^5 t+(10^5 a+2\times10^5 b)\cos 10^5 t=10^5\cos 10^5 t$$

$$\begin{cases}2\times10^5 a-10^5 b=0\\10^5 a+2\times10^5 b=1\end{cases}\Rightarrow\begin{cases}2a-b=0\\a+2b=1\end{cases}\qquad\therefore a=0.2,\quad b=0.4$$

$$y_p(t)=0.2\sin 10^5 t+0.4\cos 10^5 t$$

이 특수해를 그래프로 나타내면 다음 그림과 같다.

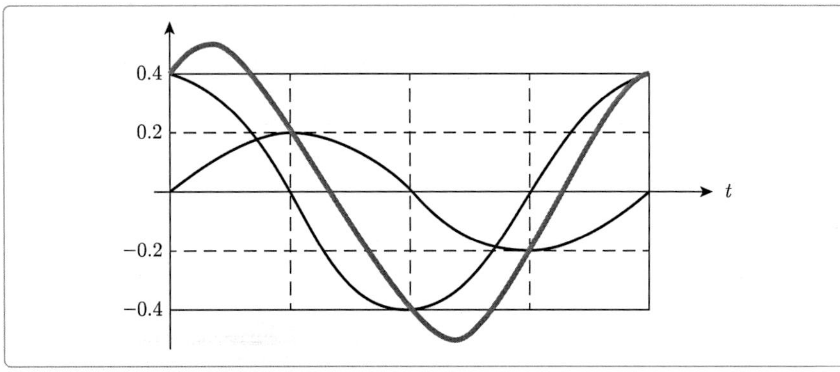

위의 특수해의 그래프에서 정확한 진폭과 위상을 구해보기로 한다. 먼저 극대값 또는 극솟값을 구하기 위하여 다음과 같이 미분한다.

$$y_p{}' = 0.2\times 10^5 \cos 10^5 t - 0.4\times 10^5 \sin 10^5 t = 0$$

$$0.2\times 10^5 \cos 10^5 t = 0.4\times 10^5 \sin 10^5 t \rightarrow \tan 10^5 t = 0.5 \rightarrow 10^5 t = 26.565^\circ$$

극댓값은 다음과 같다.

$$y_{\max} = 0.2\sin(26.565^\circ) + 0.4\cos(26.565^\circ) = 0.4472$$

따라서 특수해는 다음과 같이 진폭과 위상의 변형을 나타낼 수 있다.

$$y_p = 0.2\sin 10^5 t + 0.4\cos 10^5 t = 0.4472\sin(10^5 t + 63.435^\circ)$$

입력의 진폭 1은 출력의 진폭 0.4472로 변형되었다. 즉 이득은 0.4472이다.

(b) 이 시스템의 미분방정식은 다음과 같다.

$$\frac{dy(t)}{dt} + 2\times 10^5 y(t) = \frac{dx(t)}{dt}$$

입력이 $x(t) = \sin 10^6 t$이므로 이를 대입한 최종 미분방정식은 다음과 같다.

$$\frac{dy(t)}{dt} + 2\times 10^5 y(t) = 10^6 \cos 10^6 t$$

특수해를 다음과 같이 가정한다.

$$y_p(t) = a\sin 10^6 t + b\cos 10^6 t$$

a와 b는 다음과 같이 구한다.

$$\frac{dy_p(t)}{dt} = 10^6 a\cos 10^6 t - 10^6 b\sin 10^6 t$$

$$10^6 a\cos 10^6 t - 10^6 b\sin 10^6 t + 2\times 10^5 (a\sin 10^6 t + b\cos 10^6 t) = 10^6 \cos 10^6 t$$

$$(2\times 10^5 a - 10^6 b)\sin 10^6 t + (10^6 a + 2\times 10^5 b)\cos 10^6 t = 10^6 \cos 10^6 t$$

$$\begin{cases} 2\times 10^5 a - 10^6 b = 0 \\ 10^6 a + 2\times 10^5 b = 10^6 \end{cases} \Rightarrow \begin{cases} 2a - 10b = 0 \\ 10a + 2b = 10 \end{cases} \quad \therefore a = 0.9615,\ \ b = 0.1923$$

$$y_p(t) = 0.9615\sin 10^6 t + 0.1923\cos 10^6 t$$

위의 특수해의 정확한 진폭과 위상을 구해보기로 한다. 먼저 극대값 또는 극솟값을 구하기 위하여 다음과 같이 미분한다.

$$y_p{}' = 0.9615\times10^6\cos 10^6t - 0.1923\times10^6\sin 10^6t = 0$$

$$0.9615\times10^6\cos 10^6t = 0.1923\times10^6\sin 10^6t$$

$$\rightarrow \tan 10^6t = 5 \ \rightarrow 10^6t = 78.69\,^\circ$$

극대값은 다음과 같다.

$$y_{\max} = 0.9615\sin(78.69\,^\circ) + 0.1923\cos(78.69\,^\circ) = 0.9805$$

따라서 특수해는 다음과 같이 진폭과 위상의 변형을 나타낼 수 있다.

$$y_p(t) = 0.9615\sin 10^6t + 0.1923\cos 10^6t = 0.9805\sin(10^6t + 11.31\,^\circ)$$

입력의 진폭 1은 출력의 진폭 0.9805로 변형되었다. 즉, 이득은 0.9805이다.

9장 푸리에 변환

9-1 직류성분은 없으므로 $a_0 = 0$이다. 또한 우함수인 $\cos k\omega_0 t$도 사용될 수 없으므로 $a_k = 0$이다. 따라서 $\sin k\omega_0 t$만을 사용하여 급수로 나타낼 수 있다. 단 k가 짝수이면 오히려 구형파가 파괴되므로 홀수의 k만을 사용하여 다음과 같이 나타내어야 한다.

$$x(t) = b_1\sin t + b_3\sin 3t + b_5\sin 5t + b_7\sin 7t + b_9\sin 9t$$

$$b_k = \frac{2}{T}\int_{t_0}^{t_0+T} x(t)\sin k\Omega_0 t\,dt = \frac{1}{\pi}\int_0^{2\pi} x(t)\sin kt\,dt$$

$$= \frac{1}{\pi}\left\{\int_0^{\pi}\sin kt\,dt - \int_{\pi}^{2\pi}\sin kt\,dt\right\} = \frac{4}{k\pi}$$

$$\therefore \quad b_1 = \frac{4}{\pi} = 1.273, \quad b_3 = \frac{4}{3\pi} = 0.424, \quad b_5 = \frac{4}{5\pi} = 0.255$$

$$b_7 = \frac{4}{7\pi} = 0.182, \quad b_9 = \frac{4}{9\pi} = 0.141$$

9-2 $\omega_0 = 2\pi / T = 1$

$$a_0 = \frac{1}{T}\int_{t_0}^{t_0+T} \tilde{x}(t)\,dt = \frac{1}{2\pi}\int_0^{\pi} 4dt = \frac{1}{2\pi}[4t]_0^{\pi} = 2$$

$$a_1 = 0,\ a_2 = 0,\ a_3 = 0,\ b_2 = 0$$

$$b_1 = \frac{2}{T}\int_0^{2\pi} x(t)\sin t\,dt = \frac{1}{\pi}\int_0^{\pi} 4\sin t dt = \frac{4}{\pi}[-\cos t]_0^{\pi}$$

$$= \frac{4}{\pi}(1+1) = \frac{8}{\pi} = 2.5465$$

$$b_3 = \frac{2}{T}\int_0^{2\pi} x(t)\sin 3t\,dt = \frac{1}{\pi}\int_0^{\pi} 4\sin 3t dt = \frac{4}{\pi}\left[\frac{-\cos 3t}{3}\right]_0^{\pi}$$

$$= \frac{4}{3\pi}(1+1) = \frac{8}{3\pi} = 0.8488$$

9-3 $$X(\omega) = \int_{-\infty}^{\infty} x(t)e^{-j\omega t}dt = \int_{-0.5}^{0.5} e^{-j\omega t}dt = \left[\frac{e^{-j\omega t}}{-j\omega}\right]_{-0.5}^{0.5}$$

$$= \frac{1}{j\omega}(e^{j0.5\omega} - e^{-j0.5\omega})$$

$$= \frac{2}{\omega}\frac{(e^{j0.5\omega} - e^{-j0.5\omega})}{2j} = \frac{2\sin 0.5\omega}{\omega}$$

9-4 $$x(t) = \frac{1}{2\pi}\int_{-\infty}^{\infty} X(\omega)e^{j\omega t}d\omega = \frac{1}{2\pi}\int_{-2\pi}^{2\pi} e^{j\omega t}d\omega = \frac{1}{2\pi}\left[\frac{e^{j\omega t}}{jt}\right]_{-2\pi}^{2\pi}$$

$$= \frac{1}{2\pi jt}(e^{j2\pi t} - e^{-j2\pi t}) = \frac{\sin 2\pi t}{\pi t}$$

10장 라플라스 변환

10-1 $$X(s) = \frac{s}{s^2 - s - 2} = \frac{s}{(s-2)(s+1)} = \frac{A_1}{s-2} + \frac{A_2}{s+1}$$

$$A_1 + \left.\frac{A_2(s-2)}{s+1}\right|_{s=2} = \left.\frac{s}{s+1}\right|_{s=2} \quad \therefore A_1 = \frac{2}{3}$$

$$A_2 + \frac{A_1(s+1)}{s-2}\bigg|_{s=-1} = \frac{s}{s-2}\bigg|_{s=-1} \quad \therefore A_2 = \frac{1}{3}$$

$$X(s) = \frac{2/3}{s-2} + \frac{1/3}{s+1}, \quad x(t) = \frac{2}{3}e^{2t}u(t) + \frac{1}{3}e^{-t}u(t)$$

10-2 $X(s) = \dfrac{5s+8}{s^2+3s+2} = \dfrac{5s+8}{(s+2)(s+1)} = \dfrac{A_1}{s+2} + \dfrac{A_2}{s+1}$

$A_1 = 2, \ A_2 = 3$

$$X(s) = \frac{2}{s+2} + \frac{3}{s+1}, \quad x(t) = 2e^{-2t}u(t) + 3e^{-t}u(t)$$

10-3 $X(s) = \dfrac{2s^2-3s}{s^3-4s^2+5s-2} = \dfrac{2s^2-3s}{(s-2)(s-1)^2} = \dfrac{A_1}{s-2} + \dfrac{A_2}{s-1} + \dfrac{A_3}{(s-1)^2}$

$$A_1 + \frac{A_2(s-2)}{s-1} + \frac{A_3(s-2)}{(s-1)^2}\bigg|_{s=2} = \frac{2s^2-3s}{(s-1)^2}\bigg|_{s=1} \quad \therefore A_1 = 2$$

$$\frac{A_1(s-1)^2}{s-2} + \frac{A_2(s-1)^2}{s-1} + A_3\bigg|_{s=1} = \frac{2s^2-3s}{s-2}\bigg|_{s=1} \quad \therefore A_3 = 1$$

$$A_1\frac{2(s-1)(s-2)-(s-1)^2}{(s-2)^2} + A_2\bigg|_{s=1} = \frac{(4s-3)(s-2)-(2s^2-3s)}{(s-2)^2}\bigg|_{s=1}$$

$\therefore A_2 = 0$

$$X(s) = \frac{2}{s-2} + \frac{1}{(s-1)^2}$$

$$\Rightarrow x(t) = 2e^{2t}u(t) + te^{t}u(t)$$

10-4 $X(s) = \dfrac{3s+7}{s^2+5s+6} = \dfrac{A_1}{s+3} = \dfrac{A_2}{S+2}$

$A_1 = 2, \quad A_2 = 1$

$x(t) = 2e^{-3t}u(t) + e^{-2t}u(t)$

10-5 $sY(s) - 2 + 3Y(s) = \dfrac{1}{s}, \quad (s+3)Y(s) = 2 + \dfrac{1}{s}$

$$Y(s) = \frac{2s+1}{s(s+3)} = \frac{1/3}{s} + \frac{5/3}{s+3} \rightarrow y(t) = \frac{1}{3}u(t) + \frac{5}{3}e^{-3t}u(t)$$

10-6 $sY(s)-2+Y(s)=\dfrac{s}{s^2+1}$, $(s+1)Y(s)=2+\dfrac{s}{s^2+1}=\dfrac{2s^2+s+2}{s^2+1}$

$$Y(s)=\frac{2s^2+s+2}{(s+1)(s^2+1)}=\frac{3/2}{s+1}+\frac{1/2(s+1)}{s^2+1}$$

$$=\frac{3/2}{s+1}+\frac{1}{2}\left(\frac{s}{s^2+1}+\frac{1}{s^2+1}\right)$$

$$y(t)=\frac{3}{2}e^{-t}u(t)+\frac{1}{2}\cos tu(t)+\frac{1}{2}\sin tu(t)$$

10-7 $sY(s)-1+3Y(s)=\dfrac{1}{s+1}$, $(s+3)Y(s)=1+\dfrac{1}{s+1}$

$$Y(s)=\frac{s+2}{(s+1)(s+3)}=\frac{1/2}{s+1}+\frac{1/2}{s+3}$$

$$y(t)=\frac{1}{2}e^{-t}u(t)+\frac{1}{2}e^{-3t}u(t)$$

10-8 $s^2Y(s)-2s-1+3sY(s)-6+2Y(s)=\dfrac{1}{s}$

$$(s^2+3s+2)Y(s)=\frac{2s^2+7s+1}{s}$$

$$Y(s)=\frac{2s^2+7s+1}{s(s+1)(s+2)}=\frac{1/2}{s}+\frac{4}{s+1}+\frac{-5/2}{s+2}$$

$$y(t)=\frac{1}{2}u(t)+4e^{-t}u(t)-\frac{5}{2}e^{-2t}u(t)$$

10-9 $s^2Y(s)-2s-1+3sY(s)-6+2Y(s)=\dfrac{1}{s+3}$

$$(s^2+3s+2)Y(s)=\frac{2s^2+13s+22}{s+3}$$

$$Y(s)=\frac{2s^2+13s+22}{(s+1)(s+2)(s+3)}=\frac{A_1}{s+1}+\frac{A_2}{s+2}+\frac{A_3}{s+3}$$

$$A_1+\frac{A_2(s+1)}{s+2}+\frac{A_3(s+1)}{s+3}\bigg|_{s=-1}=\frac{2s^2+13s+22}{(s+2)(s+3)}\bigg|_{s=-1}=5.5$$

$$A_2 + \frac{A_1(s+2)}{s+1} + \frac{A_3(s+2)}{s+3}\bigg|_{s=-2} = \frac{2s^2+13s+22}{(s+1)(s+3)}\bigg|_{s=-2} = -4$$

$$A_3 + \frac{A_1(s+3)}{s+1} + \frac{A_2(s+3)}{s+2}\bigg|_{s=-3} = \frac{2s^2+13s+22}{(s+1)(s+2)}\bigg|_{s=-3} = 0.5$$

$$Y(s) = \frac{5.5}{s+1} + \frac{-4}{s+2} + \frac{0.5}{s+3}$$

$$y(t) = 5.5e^{-t}u(t) - 4e^{-2t}u(t) + 0.5e^{-3t}u(t)$$

10-10 $y(t) \leftrightarrow Y(s),\ \frac{dy(t)}{dt} \leftrightarrow sY(s) - y(0^-) = sY(s) - 3,$

$$\frac{dy^2(t)}{dt^2} \leftrightarrow s^2Y(s) - sy(0^-) - \frac{dy(0^-)}{dt} = s^2Y(s) - 3s - 1$$

$$s^2Y(s) - 3s - 1 + 5sY(s) - 15 + 6Y(s) = 0$$

$$\Rightarrow s^2Y(s) + 5sY(s) + 6Y(s) = 3s + 16$$

$$\Rightarrow Y(s) = \frac{3s+16}{s^2+5s+6} = \frac{3s+16}{(s+2)(s+3)} = \frac{10}{s+2} - \frac{7}{s+3}$$

$$\therefore y(t) = 10e^{-2t}u(t) - 7e^{-3t}u(t)$$

10-11 $L\frac{di(t)}{dt} + Ri(t) = E$

$$[sI(s) - i(0^-)] + 2I(s) = \frac{2}{s}$$

$$\Rightarrow I(s)(s+2) = \frac{2}{s} \quad \Rightarrow \quad I(s) = \frac{2}{s(s+2)} = \frac{A}{s} + \frac{B}{s+2}$$

$$A + \frac{Bs}{s+2} = \frac{2}{s+2} \quad \Rightarrow \quad A = 1$$

$$B + \frac{A(s+2)}{s} = \frac{2}{s} \quad \Rightarrow \quad B = -1$$

$$\Rightarrow I(s) = \frac{1}{s} - \frac{1}{s+2} \Rightarrow i(t) = (1 - e^{-2t})u(t)$$

10-12 $L\frac{di(t)}{dt} + Ri(t) + \frac{1}{C}\int i(t)dt = 0$

$$\rightarrow L\frac{d^2i(t)}{dt^2}+R\frac{di(t)}{dt}+\frac{1}{C}i(t)=0\rightarrow \frac{d^2i(t)}{dt^2}+\frac{R}{L}\frac{di(t)}{dt}+\frac{1}{LC}i(t)=0$$

$$\rightarrow \frac{d^2i(t)}{dt^2}+3\frac{di(t)}{dt}+2i(t)=0$$

$$i(t)\Leftrightarrow I(s)$$

$$\frac{di(t)}{dt}\Leftrightarrow sI(s)-i(0)=sI(s)-3$$

$$\frac{d^2i(t)}{dt^2}\Leftrightarrow s^2I(s)-si(0)-\frac{di(0)}{dt}=s^2I(s)-3s-1$$

$$s^2I(s)+3sI(s)+2I(s)=3s+10$$

$$\Rightarrow I(s)=\frac{3s+10}{s^2+3s+2}=\frac{3s+10}{(s+2)(s+1)}=\frac{A}{s+2}+\frac{B}{s+1}$$

$$A=\left.\frac{3s+10}{s+1}\right|_{s=-2}=-4 \qquad B=\left.\frac{3s+10}{s+2}\right|_{s=-1}=7$$

$$I(s)=\frac{-4}{s+2}+\frac{7}{s+1}\Rightarrow \ i(t)=-4e^{-2t}u(t)+7e^{-t}u(t)$$

11장 확률변수

11-1 $X(1)=5,\ X(0)=-5$

11-2 $X(1)=5,\ X(0)=0$

11-3 평균은 다음과 같다.

$$m_x=\sum_{i=1}^{2}x_iP(x_i)=10\times0.5+5\times0.5=7.5$$

분산은 다음과 같다.

$$\sigma_x^2=\sum_{i=1}^{2}(x_i-m_x)^2P(x_i)=(10-7.5)^2\times0.5+(5-7.5)^2\times0.5=6.25$$

11-4 확률분포함수와 확률밀도함수는 각각 다음 그림과 같다.

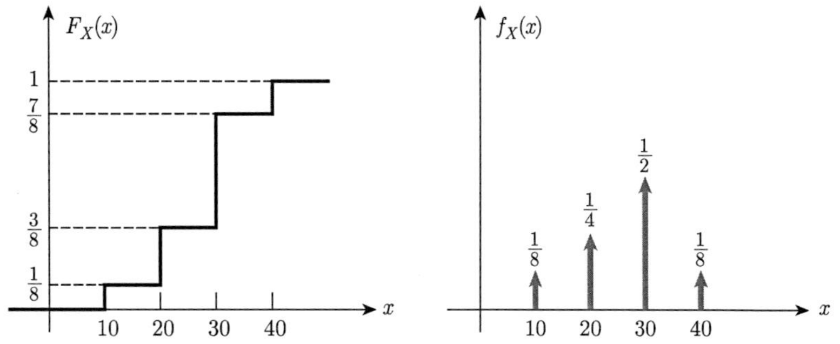

그리스 문자

그리스문자		호칭	
A	α	alpha	알파
B	β	beta	베타
Γ	γ	gamma	감마
Δ	$\delta(\partial)$	delta	델타
E	ϵ	epsilon	입실론
Z	ζ	zeta	제타
H	η	eta	에타
Θ	θ	theta	세타
I	ι	iota	이오타
K	κ	kappa	카파
Λ	λ	lambda	람다
M	μ	mu	뮤
N	ν	nu	뉴
Ξ	ξ	xi	크사이
O	o	Omicron	오미크론
Π	π	Pi	파이
P	ρ	rho	로
Σ	σ	sigma	시그마
T	τ	tau	타우
Y	υ	upsilon	웁실론
Φ	$\phi(\varphi)$	phi	화이
X	χ	chi	카이
Ψ	ψ	psi	프사이
Ω	ω	omega	오메가

주요 공식

삼각 항등식

$$\sin(A \pm B) = \sin A \cos B \pm \cos A \sin B$$

$$\cos(A \pm B) = \cos A \cos B \mp \sin A \sin B$$

$$\tan(A \pm B) = \frac{\tan A \pm \tan B}{1 \mp \tan A \tan B}$$

$$\sin A \sin B = \frac{1}{2}\{\cos(A-B) - \cos(A+B)\}$$

$$\sin A \cos B = \frac{1}{2}\{\sin(A+B) - \sin(A-B)\}$$

$$\cos A \cos B = \frac{1}{2}\{\cos(A+B) + \cos(A-B)\}$$

$$\sin A + \sin B = 2\sin\left(\frac{A+B}{2}\right)\cos\left(\frac{A-B}{2}\right)$$

$$\sin A - \sin B = 2\cos\left(\frac{A+B}{2}\right)\sin\left(\frac{A-B}{2}\right)$$

$$\cos A + \cos B = 2\cos\left(\frac{A+B}{2}\right)\cos\left(\frac{A-B}{2}\right)$$

$$\cos A - \cos B = -2\sin\left(\frac{A+B}{2}\right)\sin\left(\frac{A-B}{2}\right)$$

$$\sin^2 A = \frac{1}{2}(1 - \cos 2A)$$

$$\cos^2 A = \frac{1}{2}(1 + \cos 2A)$$

$$\sin^2 A + \cos^2 A = 1$$

$$\cos^2 A - \sin^2 A = \cos 2A$$

$$\sin 2A = 2\sin A \cos A$$

$$\cos 2A = \cos^2 A - \sin^2 A = 1 - 2\sin^2 A = 2\cos^2 A - 1$$

$$e^{\pm j\omega} = \cos\omega \pm j\ \sin\omega$$

$$\sin\omega = \frac{e^{j\omega} - e^{-j\omega}}{2j}$$

$$\cos\omega = \frac{e^{j\omega} + e^{-j\omega}}{2}$$

$$\tan\omega = \frac{1}{j}\frac{e^{j\omega} - e^{-j\omega}}{e^{j\omega} + e^{-j\omega}}$$

지수함수와 로그함수

$$e^A e^B = e^{A+B}$$

$$\frac{e^A}{e^B} = e^{A-B}$$

$$\ln AB = \ln A + \ln B$$

$$\ln\frac{A}{B} = \ln A - \ln B$$

지수 급수의 합

$$\sum_{n=0}^{N} a^n = \frac{1-a^{N+1}}{1-a}$$

$$\sum_{n=0}^{\infty} a^n = \frac{1}{1-a},\ |a| < 1$$

$$\sum_{n=0}^{\infty} na^n = \frac{1}{(1-a)^2},\ |a| < 1$$

참고문헌

- 김문경, 김성대, 정윤근, “기초공업수학” 북스힐
- 김선희, 김원종, 남진우, 이재춘, 정동현
  “전기전자통신공학도를 위한 공업수학” 북스힐
- 야마시타 아키라 지음, 박윤경, 이현수 옮김, 곽동주 감역
  “문과생도 이해하는 전기전자수학” 한빛아카데미
- 김대수, “선형대수학” 생능출판사
- 김동식, “쉽게 가르치고 배우는 공업수학” 생능출판사
- 장영범, “신호 및 시스템” 도서출판 홍릉(2021)
- 장영범, “아날로그 및 디지털 통신시스템” 홍릉과학출판사(2015)
- 장영범, “쉽게 이해되는 공업수학” 홍릉과학출판사(2019)

찾아보기

[ㅈ]

[ㅊ]